大中型沼气站
安全生产管理制度
实用手册

U0348988

◆ 杨光辉　刘玉祥　刘永岗　著

中国农业科学技术出版社

图书在版编目（CIP）数据

大中型沼气站安全生产管理制度实用手册／杨光辉，刘玉祥，刘永岗著 . —北京：中国农业科学技术出版社，2019. 12

ISBN 978-7-5116-4542-5

Ⅰ. ①大…　Ⅱ. ①杨…②刘…③刘…　Ⅲ. ①沼气利用–安全生产–生产管理–手册　Ⅳ. ①TK63-62

中国版本图书馆 CIP 数据核字（2019）第 292197 号

责任编辑	白姗姗
责任校对	贾海霞
出 版 者	中国农业科学技术出版社
	北京市中关村南大街 12 号　邮编：100081
电　　话	（010）82106638（编辑室）　（010）82109702（发行部）
	（010）82109709（读者服务部）
传　　真	（010）82106650
网　　址	http：//www. castp. cn
经 销 者	各地新华书店
印 刷 者	北京富泰印刷有限责任公司
开　　本	787mm×1 092mm　　1/16
印　　张	16. 25
字　　数	402 千字
版　　次	2019 年 12 月第 1 版　2019 年 12 月第 1 次印刷
定　　价	80. 00 元

前　言

　　安全生产是经济和社会发展的一个永恒的课题。大中型沼气站是易燃易爆的场所，加强站内安全生产管理，是沼气生产企业管理的基本原则。沼气站的安全生产管理制度，是保障沼气生产工、锅炉工等从业人员在生产过程中人身安全和财产安全的最基本的规定。大中型沼气站安全生产各项规章制度应根据国家和行业有关安全生产的法律法规、规范标准，结合自身实际制定，是每名职工都必须严格遵守的工作准则。本书在总结山西省农业农村厅、晋城市农业农村局、泽州县保福村沼气站"双控"管理标准化试点工作经验的基础上，系统地阐述了大中型沼气站安全管理基础知识、安全责任制度、日常安全管理制度、运行操作规程、双重预防体系构建，并附录大中型沼气站安全管理台账和表格、安全事故应急预案以及应急演练案例等内容，具有很强的实用性。本书适用于大中型沼气站的安全管理、生产操作及维修维护人员使用。

　　本书在编写过程中，参考了国内学者发表的文献资料，得到了农业农村部沼气科学研究所冉毅和席江、晋城泽泰安全技术服务有限公司元瑞斌、泽州县农业农村局毋俊芳及保福村沼气站等有关专家和技术人员的指导与帮助，谨此表示衷心的感谢。

著　者

2019 年 10 月

目 录

第一章　大中型沼气站安全管理基础知识

第一节　基本概念

一、沼气站的定义

沼气工程是以农业废弃物和规模化畜禽养殖场粪污等有机物的厌氧消化为主要技术环节，集污水处理、沼气生产、资源化利用为一体的系统工程。沼气站是指沼气工程沼气生产环节所在的特定区域。

二、沼气站的组成

沼气站主要由沼气工程的原料预处理系统、厌氧消化系统、沼渣沼液的后处理系统和沼气净化储存系统四部分组成。

三、沼气站的规模分类

沼气站的规模按沼气工程的日产沼气量，厌氧消化装置的容积，以及配套系统等进行划分。规模分特大型、大型、中型和小型四种，见下表。

表　沼气站规模分类

规模	日产沼气量 Q（m^3/d）	厌氧消化装置单体容积 V_1（m^3）	厌氧消化装置总体容积 V_2（m^3）
特大型	$Q \geq 5\ 000$	$V_1 \geq 2\ 500$	$V_2 \geq 5\ 000$
大　型	$500 \leq Q < 5\ 000$	$500 \leq V_1 < 2\ 500$	$500 \leq V_2 < 5\ 000$
中　型	$150 \leq Q < 500$	$300 \leq V_1 < 500$	$300 \leq V_2 < 1\ 000$
小　型	$5 \leq Q < 150$	$20 \leq V_1 < 300$	$20 \leq V_2 < 60$

第二节　大中型沼气站的安全管理

一、大中型沼气站安全管理的概念

大中型沼气站安全管理是以实现沼气站安全稳定运行为目标而进行的有关决策、组织、计划和控制等方面的活动，主要运用现代安全管理原理、方法和手段，分析和研究各种不安全因素，防止安全事故的发生。

二、安全法则

（一）墨菲法则（Murphy's Law）

1. 法则来源

爱德华·墨菲是美国爱德华兹空军基地的上尉工程师。1949 年，他和他的上司斯塔普少校参加美国空军进行的 MX981 火箭减速超重实验。这个实验的目的是测定人类对加速度的承受极限。其中有一个实验项目是将 16 个火箭加速度计悬空装置在受试者上方，当时有两种方法可以将加速度计固定在支架上，而不可思议的是，竟然有人有条不紊地将 16 个加速度计全部装在错误的位置。于是墨菲做出了这一著名的论断，如果做某项工作有多种方法，而其中有一种方法将导致事故，那么一定有人会按这种方法去做。

2. 法则内容

墨菲法则主要内容有 4 个方面：一是任何事都没有表面看起来那么简单；二是所有的事都会比你预计的时间长；三是会出错的事总会出错；四是如果你担心某种情况发生，那么它就更有可能发生。

"墨菲法则"的根本内容是"凡是可能出错的事有很大概率会出错"，指的是任何一个事件，只要具有大于零的概率，就不能够假设它不会发生。

3. 法则启示

由于小概率事件在沼气生产过程中发生的可能性很小，因此，就给人们一种错误的理解，即在一次活动中不会发生。与事实相反，正是由于这种错觉，麻痹了人们的安全意识，加大了事故发生的可能性，其结果是事故可能频繁发生。墨菲法则正是从强调小概率事件重要性的角度明确指出，虽然危险事件发生的概率很小，但在沼气生产过程中仍可能发生，因此，不能忽视，必须引起高度重视。

（二）海因里希法则（Heinrich's Law）

1. 法则来源

这个法则是 1941 年美国的海因里希从统计许多灾害开始得出的。当时，海因里希统计了 55 万件机械事故，其中，死亡、重伤事故 1 666 件，轻伤 48 334 件，其余则为无伤害事故。从而得出一个重要结论，即在机械事故中，死亡、重伤，轻伤和无伤害事故的比例为 1：29：300，国际上把这一法则叫事故法则。这个法则说明，在机械生产过程中，每发生 330 起意外事件，有 300 件未产生人员伤害，29 件造成人员轻伤，1 件导致重伤或死亡。

对于不同的生产过程，不同类型的事故，上述比例关系不一定完全相同，但这个统计规律说明了在进行同一项活动中，无数次意外事件，必然导致重大伤亡事故的发生。要防止重大事故的发生必须减少和消除无伤害事故，要重视事故的苗头和未遂事故，否则终会酿成大祸。

例如，某机械师企图用手把皮带挂到正在旋转的皮带轮上，因未使用拨皮带的杆，且站在摇晃的梯板上，又穿了一件宽大长袖的工作服，结果被皮带轮绞入碾死。事故调查结果表明，他这种上皮带的方法使用已有数年之久。查阅四年病志（急救上药记录），发现他有33次手臂擦伤后治疗处理记录，他手下工人均佩服他手段高明，结果还是导致死亡。这一事例说明，重伤和死亡事故虽有偶然性，但是不安全因素或动作在事故发生之前已暴露过许多次，如果在事故发生之前，抓住时机，及时消除不安全因素，许多重大伤亡事故是完全可以避免的。

2. 法则内容

海因里希首先提出了事故因果连锁论，用以阐明导致伤亡事故的各种原因及与事故间的关系。该理论认为，伤亡事故的发生不是一个孤立的事件，尽管伤害可能在某瞬间突然发生，却是一系列事件相继发生的结果。

海因里希把工业伤害事故的发生、发展过程描述为具有一定因果关系的事件的连锁发生过程，即：

（1）人员伤亡的发生是事故的结果。

（2）事故的发生是由于：①人的不安全行为；②物的不安全状态。

（3）人的不安全行为或物的不安全状态是由于人的缺点造成的。

（4）人的缺点是由于不良环境诱发的，或者是由先天的遗传因素造成的。

3. 法则启示

在大中型沼气站安全生产管理中，要采取一切措施，想方设法消除各种安全隐患。在每个隐患消除的过程中，消除了事故链中的某一个因素，可能就避免了一个重大事故的发生。

第三节 大中型沼气站安全管理制度的作用

一、明确安全生产职责

通过制定大中型沼气站的安全生产责任制，明确大中型沼气站各岗位人员的安全生产职责，使全体从业人员都知道"谁应干什么"或"什么事应该由谁干"，避免为实现安全生产应干的事没有人干，有利于避免互相推诿，有利于各在其位、各司其职、各尽其责。

二、规范安全生产行为

通过制定大中型沼气站的安全生产规章和操作规程，明确了全体从业人员在履行安全生产管理职责或生产操作时应"怎样干"，有利于规范管理人员的管理行为，提高管理的质量；有利于规范操作人员的操作行为，避免因不安全行为而导致发生事故。

三、建立安全生产秩序

大中型沼气站通过贯彻执行国家安全生产法规和安全操作规程等安全生产规章制度，使沼气站能建立起安全生产的秩序。沼气站制定了违章处理制度、事故处理制度、追究不履行安全生产职责责任的制度和安全生产奖惩制度，建立了安全生产的制约机制，能有效地制止违章和违纪行为，激励从业人员自觉、严格地遵守国家安全生产法规和本单位的安全生产规章制度，有利于企业完善安全生产条件，维护安全生产秩序。

第二章 大中型沼气站安全责任制度

第一节 安全生产管理机构

一、安全生产管理机构的设立

根据《中华人民共和国安全生产法》第二十一条规定："矿山、金属冶炼、建筑施工、道路运输单位和危险物品的生产、经营、储存单位，应当设置安全生产管理机构或者配备专职安全生产管理人员"。

二、安全生产管理机构的职责

（一）组织或者参与拟订沼气站安全生产规章制度、操作规程和生产安全事故应急救援预案。

（二）组织或者参与沼气站安全生产教育和培训，如实记录安全生产教育和培训情况。

（三）督促落实沼气站重大危险源的安全管理措施。

（四）组织或者参与沼气站应急救援演练。

（五）检查沼气站的安全生产状况，及时排查生产安全事故隐患，提出改进安全生产管理的建议。

（六）制止和纠正违章指挥、强令冒险作业、违反操作规程的行为。

（七）督促落实沼气站安全生产整改措施。

（八）组织或者参与沼气站安全生产责任制的考核，提出健全完善安全生产责任制的建议。

（九）督促落实沼气站安全生产风险管控措施和重大事故隐患整改治理措施。

（十）组织沼气站安全生产检查，对检查发现的问题和生产安全事故隐患按照有关规定进行处理，并形成书面记录备查。

（十一）法律、法规规定的其他安全生产工作职责。

第二节 大中型沼气站管理人员安全责任

一、主要负责人的安全责任

（一）建立、健全并落实沼气站安全生产责任制。

（二）组织制定并落实沼气站安全生产规章制度和操作规程。

（三）组织制定并实施沼气站安全生产教育和培训计划。

（四）保证沼气站安全生产投入的有效实施。

（五）建立健全沼气站安全生产风险分级管控和生产安全事故隐患排查治理工作机制，督促、检查沼气站的安全生产工作，及时消除生产安全事故隐患。

（六）组织制定并实施沼气站的生产安全事故应急救援预案。

（七）及时、如实报告生产安全事故。

（八）法律、法规规定的其他安全生产工作职责。

二、站长（兼生产负责人）岗位安全职责

站长（兼生产负责人）是沼气站安全生产第一责任人，全面负责沼气站安全生产工作。安全生产职责如下。

（一）建立、健全安全生产责任制

1. 组织制定本站各岗位人员的安全生产责任制。

2. 组织审定本站安全生产责任制，明确各岗位的责任人员、责任范围和考核标准。

（二）组织制定本站安全生产规章制度

1. 组织审定本站安全生产规章制度。

2. 负责确定本站年度安全生产工作计划。

3. 负责建立安全生产工作例会制度，并定期组织召开。

（三）组织制定、督促实施安全生产教育和培训计划

组织审定本站安全生产培训计划及考核制度，并督促落实。

（四）保证安全生产必需的资金投入

负责审批年度安全费用提取和使用计划，保证安全费用足额提取和使用，并组织开展监督检查。

（五）督促、检查安全生产工作，及时消除事故隐患

1. 负责组织重大隐患排查治理工作，并督促落实。

2. 定期召开本站安全生产工作会议，每季度参加一次全站的综合性安全检查。

3. 组织开展或督促开展职业病危害防治工作，依法为从业人员办理工伤保险。

（六）组织制定并实施生产安全事故应急救援预案

负责审批本站生产安全事故应急救援预案，每年至少参加 1 次应急救援演练。

（七）及时、如实报告生产安全事故

1. 按规定及时、如实报告生产安全事故。

2. 负责组织事故抢险救援。

（八）组织保障

负责建立安全生产组织领导机构和管理机构，依法配备安全生产管理人员。

（九）依法办企，依法管企

1. 贯彻执行党和国家安全生产方针政策、法律法规和标准规定。

2. 负责本站依法生产和建设。

3. 积极参与并督促安全管理人员参加安全生产知识和管理能力考核并取得合格证。

（十）安全生产职责落实与考核

1. 督促企业安全生产管理人员依法履行安全生产职责，负责企业安全生产目标、安全生产责任制落实情况的监督考核。

2. 落实对生产安全事故责任人的处理意见，督促落实事故防范措施。

3. 督促落实上级安全监管监察指令。

（十一）其他

履行法律法规规定的其他安全生产职责。

三、安全管理人员的安全责任

安全管理人员履行本站安全生产监督管理职责。安全生产职责如下。

（一）组织或者参与拟订本单位安全生产规章制度、操作规程和生产安全事故应急救援预案

1. 参与制定各岗位人员的安全生产责任制，明确各岗位人员的责任范围和考核标准。

2. 组织或参与编制操作规程和生产安全事故应急救援预案。

（二）组织安全生产教育与培训，如实记录安全生产教育和培训情况

1. 组织制定本站安全培训计划，监督检查安全培训、考核工作情况。

2. 参与本站安全文化建设、安全生产宣传教育工作，宣传贯彻党和国家安全生产方针政策、法律法规和标准规定。

（三）督促落实本站重大危险源的安全管理措施

1. 负责制定安全生产大检查和隐患排查治理制度，并组织实施。

2. 负责应急救援的机构设置、人员配备、救护装备和设施等工作。

3. 制定沼气站年度安全生产工作计划。

4. 参与制定重大灾害预防措施和治理方案。

（四）组织开展本站应急救援演练

组织开展本站应急救援演练。

（五）检查安全生产状况、排查事故隐患

1. 监督检查本站事故隐患排查治理情况。每季度至少组织开展 1 次综合性安全检查；组织开展全年的季节性和节假日安全检查。

2. 监督检查各岗位人员落实安全生产责任制及贯彻执行党和国家安全生产方针政策、法律法规、标准规定等。

3. 总结分析生产安全事故原因，吸取事故教训，制定防范措施，并监督落实。

（六）履行职责，制止违章

1. 负责向上级安全监管部门报告隐患排查治理情况。

2. 负责制定本站年度安全生产工作决定。组织企业安全生产目标、安全生产责任落实情况的监督考核。

3. 积极参与并督促主要负责人参加安全生产知识和管理能力考核并取得合格证。

4. 负责职业病危害防治工作，查处职业病危害防治措施不到位组织生产行为。

5. 监督检查安全费用提取和使用情况。

（七）落实事故隐患整改措施

1. 参加事故抢险救援，配合协助生产安全事故调查；组织对较大涉险事故调查；监督检查非人身事故调查；督促事故责任人的处理和防范措施落实。

2. 组织落实安全生产监管监察指令，及时反馈落实情况。

（八）其他

履行法律法规规定的其他安全生产职责。

四、维修管理人员的安全责任

（一）严格执行检维修制度和设备检维修安全操作规程。

（二）参加检维修项目的危害辨识、风险控制活动。

（三）执行危险作业时，应办理危险作业许可证。

（四）参加设备检修前的移交检查确认和工作完成后的交付生产使用工作，并建立记录。

（五）明确设备检维修工作任务，在工作中杜绝违章指挥、违章操作、违反劳动纪律行为发生。

（六）对落实检维修安全措施负有责任。

（七）负责对检维修采取的安全措施及落实情况提出意见。

五、综合办公室管理人员的安全责任

（一）认真贯彻执行党和国家安全生产方针、政策、法规及上级有关安全生产的指示，全面负责综合办公室的安全生产工作。

（二）执行站长的工作指令，做好全站的安全管理工作。

（三）组织拟订本站安全生产规章制度、操作规程和生产安全事故应急救援预案，并保证其有效实施。

（四）组织本站安全生产教育和培训，如实记录安全生产教育和培训情况。

（五）督促检查本站的安全生产工作，组织开展各类安全检查，及时消除生产安全事故隐患；督促落实安全生产整改措施。

（六）制止和纠正违章指挥、强令冒险作业、违反操作规程的行为。

（七）参与对生产安全事故的调查处理，及时、如实报告生产安全事故。

（八）组织开展安全生产竞赛活动，总结推广先进经验，负责奖惩制度的实施。

（九）负责组织编制本站年度安全生产工作计划、年度安全费用提取和使用计划、年度安全培训计划和生产安全事故应急预案等工作。

（十）负责建立健全各类安全管理文件、档案和记录。

（十一）实施安全标准化管理，落实加强安全基础、基层建设各项工作，提高安全管理水平。

（十二）组织开展本站的应急救援演练。

（十三）完成领导安排的其他工作。

六、财务管理人员的安全责任

（一）维护财经纪律，加强财务管理，搞好会计核算。

（二）保证安全生产费用投入，专款专用，并建立安全生产费用使用台账。按时足额缴纳工伤保险费用。

（三）负责安全生产费用的提取。

（四）负责监督检查安全生产费用的使用情况，严禁挪作他用，发现问题，及时向领导汇报。

（五）按规定管好财务档案，做好计算机的管理使用。防止数据丢失、损坏，加强防火、防水和防盗工作，防止意外事故发生。

（六）认真做好领导印章、财务印章、票据的安全使用、保管工作。

（七）负责建立健全财务经营管理制度，防止违反财经纪律的现象发生，确保财产的安全。

（八）完成领导布置的其他工作。

第三节　大中型沼气站岗位安全职责

一、沼气生产工岗位安全职责

（一）认真学习和严格遵守各项安全规章制度，遵守劳动纪律，不违章作业，对本岗位的安全生产负责。

（二）上岗必须按规定着装，会正确使用各种防护器具和灭火器材。

（三）熟悉掌握本岗位安全信息，知悉本岗位操作过程中存在的事故风险和安全控制措施。

（四）严格执行安全操作规程，做好各项记录。交接班必须交接安全情况，交班要为接班创造良好的安全生产条件。

（五）负责本岗位班前、班中、班后的安全检查，及时排除故障，做到生产必须安全。

（六）不得随意拆除安全设施和安全装置，因设备检修保养拆除的，应在检修保养后恢复。

（七）正确分析、判断和处理各种事故苗头，把事故消灭在萌芽状态。在发生事故时，及时、如实向上级报告，按事故预案正确处理，并保护现场，做好详细记录。

（八）正确操作，精心维护设备，保持作业环境整洁，搞好文明生产。

（九）有权拒绝违章作业的指令，对他人违章作业加以劝阻和制止。

二、电工岗位安全职责

（一）严格执行各项规章制度和安全技术操作规程，遵守劳动、操作、工艺、施工纪律，不违章作业。对本岗位的安全生产负直接责任。

（二）正确穿戴绝缘鞋、绝缘手套等劳动保护用品。高处作业应系安全带。负责本岗位工具的使用和保管，定期维护和保养，确保使用时安全可靠。

（三）拒绝违章作业的指令，对他人违章作业加以劝阻和制止。电工必须经过专业培训，应熟悉电气安全知识和触电急救方法。

（四）作业时应将施工线路电源切断，并悬挂断电施工标志牌，安排专人监护，监护人不得随意离岗。

（五）熟练掌握岗位操作技能和故障排除方法，做好巡回检查和交接班检查，及时发现和消除事故隐患，自己不能解决的应立即报告。

（六）积极参加各种安全活动，提高安全意识和技能。

（七）任何电器未经检查，一律视为有电，严禁用手触及。

（八）认真做好用电、维修记录，对容易导致事故发生的重点部位进行经常性监督、检查。

（九）一旦发生事故，立即采取安全及急救措施，防止事态扩大，保护好现场，同时立即向上级汇报。

三、锅炉工岗位安全职责

（一）司炉人员需持有司炉工操作证，并严格依照安全操作规程操作。

（二）非司炉人员禁止进入锅炉房，坚守工作岗位，不准擅自离岗；认真做好交接班工作，并认真填写交接班记录。

（三）维护检查锅炉必须两人以上组织实施，并做好维护检查登记。

（四）锅炉用水必须经过软化处理，以延长锅炉使用年限。

（五）严禁在锅炉房内及其附近存放易燃易爆物品，严禁存放私人物品、洗晒衣物。

（六）按领导的安排，依据维修保养制度的要求，对锅炉进行维修保养，消灭跑气、冒气、滴水、漏水现象。

（七）做好锅炉日常维修保养及各类压力表及供暖设备年度检修工作，严禁锅炉及附属设备带故障运行。

（八）锅炉及附属设备要清洁，室内环境干净、整洁。

（九）工作时间内遵守劳动纪律及各项规章制度，做到不离岗、不脱岗。

（十）完成领导交办的其他任务。

四、值班人员岗位安全职责

（一）值班人员应履行职责，加强责任心，保持警惕，严禁脱岗、睡岗，做到勤巡视、勤检查，对当班的安全工作负责。

（二）热情接待外来人员，及时和妥善处理值班中出现的各种问题，重大事情应迅速报告，并认真做好值班记录。

（三）提高警惕，做好安全保卫工作，防止各种事故的发生。

（四）保管好值班室内公物，保持室内整洁卫生，履行好交接手续。

（五）值班时应做到不喝酒、不串岗、不睡岗，不擅自找人代岗，禁止在值班室内乱接电线。

（六）值班期间值班人员不得做与本职工作无关的事，不得将无关人员带入岗位。

（七）积极做好领导交办的其他事宜。

（八）及时收、发各类报刊、信件，做好每天的考勤记录。

第三章　大中型沼气站日常安全管理制度

第一节　综合安全管理制度

一、规章管理制度

（一）目的

为规范本沼气站各类安全生产规章制度和操作规程的编制、发布、使用、评审、修订等，加强规章制度和操作规程的管理，特制定本制度。

（二）范围

本制度适用于沼气站内所有安全生产规章制度与操作规程的编制、发布、使用、评审、修订等环节。

（三）编制

1. 安全生产规章制度的编制

由办公室负责组织相关部门、人员进行编制。

编制安全生产规章制度应符合以下要求。

（1）要符合相关法律、法规、政策、技术标准的要求。

（2）内容要符合沼气站实际情况，适用于相应的岗位。

（3）文体统一，用词精准，逻辑严密，力求完整。

2. 操作规程的编制

由车间负责组织相关部门、人员进行编制。

编写操作规程时应符合以下要求。

（1）操作规程必须保证操作步骤的完整、细致、准确、量化，有利于装置和设备的可靠运行。

（2）操作规程必须与优化操作、节能降耗、降低损耗、提高产品质量、安全环保有机地结合起来。

（3）操作规程必须明确岗位操作人员的职责，做到分工明确、配合密切。

（4）操作规程必须能够在生产实践中不断完善，实现从实践到理论的提高。

（四）审核、发布

规章制度和操作规程编制完成后要报送安全生产领导小组，由安全生产领导小组组织相关人员进行审核。

审核完成后报送主要负责人批准发布。

（五）使用

1. 规章制度在发布生效后，各部门要严格执行，并保存相应的执行记录，以作为今后改善沼气站管理状况的依据。

2. 操作规程经批准正式生效后，分发至相应岗位实行，各岗位在生产过程中要严格执行操作规程，并提出改善意见。

（六）评审

1. 规章制度在运行一年后，由安全生产领导小组组织相关人员，根据运行情况和反馈意见进行适宜性评审。

2. 新发布的操作规程在运行三个月后，由主要负责人组织相关技术人员，根据使用情况和反馈意见进行适宜性评审，以后每年进行一次评审。

（七）修订

1. 办公室根据评审结论修订安全生产规章制度，保障其适宜性。

2. 各工段根据评审结论修订操作规程，保障其适宜性。

3. 当法律法规、政策、标准和上级要求发生变化时，沼气站相关部门及时对相关规章制度和操作规程进行修订、报批。

二、消防安全管理制度

（一）目的

为规范本站的消防安全管理工作，加强职工的消防意识，消除火灾隐患，特制定本制度。

（二）范围

本制度适用于本站各部门及所有人员。

（三）职责

安全管理人员负责本站的消防安全工作。

（四）程序和内容

1. 消防安全教育、培训

（1）每年以创办消防知识宣传栏、开展知识竞赛等多种形式，提高全体员工的消防安全意识。

（2）定期组织员工学习消防法规和各项规章制度。

（3）应针对岗位特点进行消防安全教育培训。

（4）对消防设施维护保养和使用人员应进行实地演示和培训。

（5）对新员工进行岗前消防培训，经考试合格后方可上岗。

2. 防火巡查、检查

（1）安全管理员每周对本站进行防火巡查。

（2）检查中发现火灾隐患，检查人员应填写检查记录，并按照规定，要求有关人员在记录上签名。

（3）应将检查情况及时通报并进行整改。

3．安全疏散设施管理

（1）应保证本站内各疏散通道、安全出口畅通，严禁占用疏散通道，严禁在安全出口或疏散通道上安装栅栏等影响疏散的障碍物。

（2）应按规范设置符合国家规定的消防安全疏散指示标志和应急照明设施。

（3）严禁工作期间将安全出口上锁。

（4）严禁在工作期间将安全疏散指示标志关闭、遮挡或覆盖。

4．消防设施、器材

消防设施管理由安全管理人员负责。安全管理人员定期对消防设施、器材进行检修、维护保养，并填写记录。

（五）用火、用电安全管理

1．用电安全管理

（1）严禁随意拉设电线，严禁超负荷用电。

（2）电气线路、设备安装应由持证电工负责。

（3）各部门下班后，该关闭的电源应予以关闭。

（4）禁止私用电热棒、电炉等大功率电器。

2．用火安全管理

（1）严格执行动火审批制度，确需动火作业时，作业人员应按规定向安全管理人员申请"动火许可证"。

（2）动火作业前应清除动火点附近5m区域范围内的易燃易爆危险物品或做适当的安全隔离，并应配备适当种类、数量的灭火器材随时备用，结束作业后应即时归还，若有动用应如实报告。

（3）如在作业点就地动火施工，应按规定向安全管理人员申请，派人现场监督，并不定时派人巡查。离地面2m以上的高架动火作业，必须保证有一人在下方专职负责随时扑灭可能引燃其他物品的火花。

三、安全警示标志管理制度

（一）目的

为了使安全标志管理规范化，充分发挥安全标志在安全生产中的作用，减少或避免事故的发生，特制定本制度。

（二）范围

适用于本站安全警示标志的管理工作。

（三）引用标准和文件

GB 2894—1996　安全标志

GB 16179—1996　安全标志使用导则

GB 2893—1982　安全色

GB 6527.2—1986　安全色使用导则

GB 7231—2003　工业管道的基本识别色、识别符号和安全标识

YBT 9256—1996　钢结构、管道涂装技术规程

GBZ 158—2003 工业场所职业危害警示标识

GB 13495—1992 消防安全标识

（四）职责

1. 采购人员负责本站所需使用的安全标志的采购工作。

2. 安全管理人员负责安全标志的保管、设置、日常管理与维护的检查督促工作。

（五）程序

1. 安全标志的采购

（1）安全管理人员负责汇总、编制安全标志需求计划，提交采购人员进行采购。

（2）安全标志的供方所提供的安全标志应符合《安全标志》的规定。

（3）所采购的安全标志到货后，即提交安全管理人员进行验收并保管。

2. 安全标志的设置

（1）安全标志的设置应根据现场的危险特点，参照《安全标志使用导则》标准进行设置。

（2）在有必要提醒员工或他人注意的场所，应设置安全标志。

（3）安全标志的设置应针对场所危险和传递安全信息的需求，正确选择相应的标志类型。

（4）安全标志的设置应尽量与人眼的视线高度一致。

（5）设置的安全标志应完整、清洁、内容齐全。

（6）安全标志不宜设置在可移动的物体上以及人员视线障碍物的后面。

（7）安全标志应设置在明亮的环境中，并相距危险点适当的距离，以便相关人员有足够的时间来注意它所表示的信息。

（8）多个安全标志一起设置时，应按警告、禁止、指令、提示类型的顺序，先左后右、先上后下排列。

（9）安全标志的设置方式可多样化，但应遵循稳固、明显、有效的原则。

3. 安全标志的日常管理与维护

（1）危险场所已设置的安全标志，由设置者（或危险场所的作业部门）进行管理、维护。

（2）安全管理人员在日常巡检应经常性对已设置安全标志的管理、维护工作进行监督和检查。

（3）危险已消除的场所，原设置的安全标志应及时收回保管。

（4）沾满灰尘、油脂类等脏物的安全标志，应及时清理干净，以确保其所表达的安全信息明确无误。

（5）安全标志破损，已影响其安全信息的表达时，应及时调换。

（6）安全标志发生位移，应及时调正，以防止相关人员不能及时地注意、明白安全标志所表达的安全信息而发生意外。

（7）任何人不得故意损坏安全标志（或在安全标志上涂画），不得挪作他用。

四、相关方管理制度

（一）目的

为加强外来部门及人员到本站作业的安全管理，消除安全隐患，杜绝安全事故的发生，特制定本制度。

（二）范围

适用于外来部门及人员的安全作业制度化管理。

（三）管理职责

1. 综合办公室是相关方管理的主管部门。

2. 综合办公室负责签订安全协议或合同，审核各类证件和资质进行厂级教育。

（四）工作程序

1. 相关方管理的范围

（1）将生产经营项目、场所、设备、发包或者出租。

（2）外来施工部门进入本站内部施工。

（3）聘用短期合同工、临时工。

（4）进场送货、取货的物流。

2. 外来施工部门安全管理

（1）对外来施工部门资质审查。依法取得相应等级的资质证书、营业执照、施工安全资质证书、项目负责人和安全责任人，建立安全生产管理制度，具备安全生产保障条件。

（2）外来施工部门进入本站施工区，在签订工程承包协议的同时，签订安全生产管理协议。

（3）安全协议明确双方安全责任、安全防范措施、设备管理、安全教育、防火管理、安全检查、违反规定的处罚条款。

（4）进行工程建设施工部门（外来维修人员），应遵守工程建设安全生产有关管理规定，严格按安全标准组织施工，并随时接受行业安全检查人员依法实施的监督检查，采取必要的安全防护措施及正确使用、穿戴劳动安全防护用品，消除事故隐患。

（5）相关方部门（外来维修部门）车辆、人员进出应听从本站相关人员的安排管理。

（6）相关部门人员进入本站生产危险作业区域内的，本站安全管理人员应将区域内的危害因素、注意安全事项、防范的措施等内容如实告知相关方人员，防止事故发生。

（7）承包工程发生变化重新签订安全协议。

3. 生产区域内临时作业等安全管理

（1）对生产区域内临时作业及其他外来人员以安全教育、张贴外来人员须知等形式告知安全注意事项。

（2）进入生产现场，按规定佩戴和使用相应的劳动防护用品。

（3）对生产区禁烟、车辆限行等要有明显标识。

4. 其他事项

（1）施工部门用电、用水必须告知本站安全管理人员，由本站水、电工安排供给；拆除水、汽管道及供电线路时，必须告知安全管理人员安排水、电工监管。若自作主张拆除及安装使用造成浪费及安全事故、人员伤亡的，由施工方负责。

（2）外来施工部门及人员务必积极配合本站管理人员，协调好各种事项，安全、有序、按质、按量、按时完成本站施工项目。

（3）相关方需较长时间在本站内区域作业的，应按本站安全方面规定的条款，由本站综合办公室与相关方签订专项安全合同，并接受本站综合办公室的监督。

（4）由于施工部门安全及防护措施不力造成安全事故（生产安全、人身安全、生物安全）方面的一切损失、法律责任和因此发生的费用，由施工部门承担。

五、"三违"管理制度

（一）目的

"三违"行为是引发事故，甚至引发特大、重大事故的最主要、最直接的原因，也是日常安全生产管理中的顽疾。惩治"三违"就是将事故消灭在萌芽状态，对确保安全生产具有重要意义。为了有效杜绝"三违"现象，保障员工的生命、健康，维护本站的根本利益，规范"三违"行为处理的管理，进一步强化安全生产稳定形式，规范员工的安全行为，特制定本制度。

（二）范围

本制度适用于本站全体员工。

（三）要求

1. 安全管理人员负责本站"三违"的全面管理，负责组织查处"三违"的行为，并对"三违"行为人员进行教育、通报和处罚。

2. 本站全体员工均应认真履行安全生产责任制，安全管理人员要高度重视、做好表率，在安全生产中带头抵制"三违"行为，并按规定进行"三违"检查。

3. 各生产岗位操作人员和施工人员应自觉遵守劳动纪律、安全规定和操作规程，禁止在工作中因担心完不成任务或抢时间而冒险违章。

4. 任何员工均有义务检举"三违"行为。

（四）内容

1. "三违"行为

（1）违章指挥。

（2）强令冒险作业。

（3）违反操作规程。

2. "三违"考核条款

（1）严重违章禁令条款，以下属直接威胁员工生命的严重违章，如有发生给予警告以上的处分，不重复考核。

①设备检修时未按要求停电、挂牌的。

②擅自启动已停机挂牌设备的。

③处理设备故障该停机而未停机的。

④穿、跨越运转中设备或未按规程进行停机就实施清扫、加油、修理等作业的。

⑤高处作业不系安全带的。

⑥擅自调整、取消设备安全装置的。

⑦在重点防火部位无证动火的。

⑧擅自操作不属于自己工作范围内的设备设施的。

⑨违章指挥强令冒险作业的。

⑩饮酒后作业的。

⑪带负荷拉闸（制动设备）的。

⑫监护作业一人独自作业的。

（2）有下列违章行为之一的，按情节严重程度给予定量罚款处罚。

①设备检修挂、摘牌不到位有责任的。

②有毒有害区域（含有限空间）巡检、作业未带相关有效检测器的。

③指挥吊装、遥控操作者不跟踪吊物的。

④高空抛物的。

⑤动火作业无防护措施或无监护人的。

⑥无证进入要害部位、将食品带入要害部位的。

⑦将安全限位开关作紧急停机开关使用的。

⑧用手代替工具作业或操作的。

⑨带电设备未做接地的。

⑩将禁止物品带入生产区域的。

⑪违反规定存在冒险（侥幸）作业的。

⑫动力线破损（或裸露金属线）的。

⑬起吊设备安全装置失效的或带有隐患的。

（3）有下列违章行为之一的，按情节严重程度给予定量罚款处罚。

①攀越设备、设施、安全栏杆的。

②坐、靠在设备、安全设施上的。

③现场设备检修后防护设施未恢复的。

④在吊物下行走、站立的。

⑤在现场禁烟区（按本站规定）吸烟的。

⑥使用不符合安全规定的工器具。

⑦操作安全装置失灵设备、设施的。

⑧生产区域、厂房内打闹的。

⑨吊索具捆绑挂方式不当的。

⑩操作设备站位不合适的。

⑪物品摆放影响明示的或默许的安全通道的。

⑫私拉（布）动力线的。

⑬使用的工具有隐患或选取不当的。

⑭使用有缺陷的防护用品的。

⑮设备设施未停稳而操作（作业）的。

⑯人员与运转中的设备设施未保持安全距离的。

⑰易燃易爆场所未配置消防器材或配备已经失效的。

⑱忽视或漠视警告、警示，不听劝阻退离危险部位的。

（4）有下列违章行为之一的，按情节严重程度给予定量罚款处罚。

①进入生产现场未戴安全帽的。

②进入生产现场劳防用品穿戴不齐的。

③粉尘岗位人员不佩戴防尘口罩的。

④照明不足（或无照明）影响行走的或操作的。

⑤物品摆放不稳定的。

⑥私自顶班或换岗作业的。

六、特种作业人员管理制度

（一）目的

为加强特种作业人员管理，增强特种作业人员的安全意识和实际安全操作技能，避免伤亡，保证安全生产，结合本站具体情况，特制定本制度。

（二）范围

本站内所有从事特种作业人员和特种设备操作人员。

（三）要求

1. 特种作业的概念

特种作业是指容易发生事故，对操作者本人、他人的安全健康及设备、设施的安全可能造成重大危害的作业，如电工作业、焊接与热切割作业等（具体详见特种作业目录）。从事特种作业的人员称为特种作业人员。

2. 特种作业人员必须具备以下基本条件

（1）工作认真负责，遵章守纪。

（2）年满十八周岁。

（3）初中以上文化程度。

（4）按上岗要求的技术业务理论考核和实际操作技能考核成绩合格。

（5）身体健康，无妨碍从事本工作的疾病和生理缺陷。

（四）培训与复审

1. 培训安全管理人员应按要求组织特种作业人员及特种设备操作人员参加培训。

2. 复审取得《特种作业人员操作证》和《特种设备操作人员证件》人员，按照相关规定，定期进行证书的复审，未按期复审和复审不合格者，其操作证将失效。

（五）日常管理

1. 特种作业人员必须持证上岗，严禁无证操作。

2. 本站应加强对特种作业人员的管理，做好培训、复审的组织工作和日常工作。

3. 建立特种作业人员的档案。

七、工伤保险管理制度

（一）目的

为保障员工利益，及时缴纳工伤保险费用。在发生工伤事故后，能够及时报告、统计、调查和处理工伤事故。根据《工伤保险条例》《国务院关于修改〈工伤保险条例〉的决定》和上级要求，结合实际情况，特制定本制度。

（二）适用范围

本制度适用于本站员工工伤保险的缴纳及发生工伤事故时的赔付管理工作。

（三）职责

1. 综合办公室（安全管理人员）负责工伤保险事务的管理工作。

2. 综合办公室（安全管理人员）负责发生工伤事故后的调查取证工作。

3. 财务负责人负责全体员工工伤保险金的缴纳工作。

（四）定义及内容

1. 定义

（1）工伤是指职工在从事职业活动或者与职业活动有关的活动时所遭受的不良因素的伤害和职业病伤害。

根据《工伤保险条例》第十四条的规定，职工有下列情形之一的，应当认定为工伤。

①在工作时间和工作场所内，因工作原因受到事故伤害的。

②工作时间前后在工作场所内，从事与工作有关的预备性或者收尾性工作受到事故伤害的。

③在工作时间和工作场所内，因履行工作职责受到暴力等意外伤害的。

④患职业病的。

⑤因工外出期间，由于工作原因受到伤害或者发生事故下落不明的。

⑥在上下班途中，受到非本人主要责任的交通事故或者城市轨道交通、客运轮渡、火车事故伤害的。

⑦法律、行政法规规定应当认定为工伤的其他情形。

同时，根据本条例第十五条的规定，职工有下列情形之一的，视同工伤。

①在工作时间和工作岗位，突发疾病死亡或者在 48 小时之内经抢救无效死亡的。

②在抢险救灾等维护国家利益、公共利益活动中受到伤害的。

③职工原在军队服役，因战、因公负伤致残，已取得革命伤残军人证，到用人部门后旧伤复发的。

（2）工伤保险是指劳动者在工作中或在规定的特殊情况下，遭受意外伤害或患职业病导致暂时或永久丧失劳动能力以及死亡时，劳动者或其遗属从国家和社会获得物质帮助的一种社会保险制度。

上述定义包含以下两层含义。

①工伤发生时劳动者本人可获得物质帮助。

②劳动者因工伤死亡时其遗属可获得物质帮助。

2. 工伤保险的缴纳

（1）工伤保险的缴纳范围为本站全体员工（包括临时工）。

（2）定期统计本站应缴纳的工伤保险费用。缴纳工伤保险费用的数额为全体职工工资总额乘以缴费费率之积。

（3）主要负责人应对统计的工伤保险缴纳费用进行审批。

（4）财务负责人应定期向社会保险基金管理局缴纳工伤保险费用，并保管好相关凭证。

3. 工伤保险的申报及赔付

（1）员工在作业场所因工负伤，须立即上报主要负责人。

（2）所有上报的事故不论是否有工伤，都必须于第二天认真进行事故追查，原因清楚、责任明确。准确记录有关信息。各种登记、报告、分析必须存档。

（3）发生工伤事故的部门必须在工伤事故发生后的 3 日内将完整的事故报告及事故分析报告交于综合办公室（时间、地点、受伤经过，部位须写清楚）。特别情况应在10 日内完成报告手续。

（4）需鉴定的工伤问题，先由部门写出申请，汇总完整的相关材料，经综合办公室审查，主要负责人批准。

（5）综合办公室搜集完整相关的工伤保险申报材料后，按照国家相关规定向社会保险基金管理局申报工伤赔付。

（6）工伤保险申请赔偿完毕后，应及时将工伤赔偿金发放给受害人。

（7）工伤复工员工要求重新住院及转院治疗，必须经本站鉴定，方可办理相关手续。

（8）工伤经鉴定复工人员应先进行岗前安全培训后，经有关领导批准后复岗。

4. 处罚

（1）发生工伤事故的部门必须按综合办公室的处理意见采取有效的防范措施，积极组织处理，进行整改。凡不采取有效措施整改导致事故重复发生的，从重追究部门领导人员的责任。

（2）凡对工伤事故隐瞒不报、谎报、故意迟延不报、故意破坏事故现场、指使他人提供假证、拒绝接受调查以及拒绝提供有关情况和资料的，有关部门负责人给予从重处理。

（3）凡违章作业、违反劳动纪律造成的工伤事故直接责任者，本站将给予处罚。

八、安全生产费用使用管理制度

（一）目的

为了做好本站的安全生产费用管理工作，保障安全生产费用足额提取和使用，确保生产、经营活动正常有序地开展。根据《中华人民共和国安全生产法》《山西省安全生产条例》和《企业安全生产费用提取和使用管理办法》的规定，结合本站的实际情况，特制定本制度。

（二）范围

本制度适用于本站安全生产费用的提取及使用。

（三）内容

1. 安全生产费用的提取

（1）按照国家规定，本站安全管理人员根据安全生产费用规定的使用范围、安全生产情况和年度安全生产费用提取预算额，编制年度安全生产费用使用计划，并报主要负责人审批。

（2）每月初，财务负责人按照相关规定，报主要负责人审批通过后，足额提取安全生产费用。

（3）财务人员应建立安全生产费用的专项科目，确保专款专用。

2. 安全生产费用的使用

（1）安全生产费用应用于以下安全生产事项。

①完善、改造和维护安全防护设备设施。

②安全生产教育培训和配备劳动防护用品。

③重大危险源监控、事故隐患评估和整改。

④安全生产检查、咨询及标准化建设支出。

⑤职业危害防治，职业危害因素检测、监测和职业健康体检。

⑥设备设施安全性能检测检验。

⑦应急救援器材、装备的配备及应急救援演练。

⑧安全标志及标识。

⑨其他与安全生产直接相关的物品或者活动。

（2）安全生产费用的使用，应在安全生产费用使用台账中填写，由主要负责人审批后，方可使用。

（3）月度安全生产费用结余的，应转入下月使用。当月使用安全生产费用不足的，超出部分应从正常成本费用中支出。

九、文件和档案管理制度

（一）目的

为加强本站档案管理，实现档案管理的规范化、制度化，更好地为本站各项工作服务，根据《中华人民共和国档案法》有关规定，结合本站实际情况，特制定本制度。

（二）范围

适用于本站各类文件和各类档案资料的管理。

（三）职责

综合办公室是本站文件和记录控制的归口管理部门，负责文件和档案资料的发布和归档事宜。

（四）归档范围

1. 凡是反映本站工作活动、具有查察利用价值的文件材料均属归档范围。

2. 下列文件资料需归档管理。

（1）上级部门下发的文件。

（2）报上级部门文件。

（3）本站下发的文件。

3. 下列安全生产档案资料需归档管理。

（1）本站营业执照、许可证等重要证书。

（2）管理制度、责任制度、操作规程等汇编资料。

（3）安全会议纪要，工作计划、总结等。

（4）安全教育培训档案，包括员工、相关方的教育培训记录、考核记录、证件信息等。

（5）劳动防护用品采购及发放记录。

（6）隐患排查档案资料。

（7）危险源档案资料。

（8）相关方档案资料，包括签订的合同、协议书等。

（9）"三同时"档案资料。

（10）职业卫生检测、职工健康体检档案资料。

（11）应急预案档案资料。

（12）技术图纸等资料。

（13）上级安全管理部门要求归档的其他资料。

（五）归档要求

1. 立卷归档要求

（1）各类需归档的档案资料，统一交由办公室进行管理。

（2）为便于安全生产档案的管理，综合办公室应分类别建立各类安全生产档案，并保持其有效性。

2. 保管期限

各类文件、资料、档案等至少应保存 3 年以上，法律法规有其他要求的，遵循相关规定执行。

3. 档案的鉴定与销毁

综合办公室对所保存的安全生产档案进行鉴定，对于保存期限已满或已失效的档案材料，按规定进行销毁。

4. 保管形式

综合办公室应设置安全生产档案专柜、指定人员负责档案的日常管理。

（六）借阅管理

1. 借阅档案、技术资料必须严格履行登记手续，归还的档案、技术资料要进行检查、清点，并在登记簿上注销。

2. 借阅人不得泄密、涂改、拆散、转借复印和携带档案外出，如有特殊情况需要转借或携带档案外出时，须经相关负责人批准。

十、安全教育培训管理制度

（一）目的

为提高员工的安全意识和安全操作能力，增强员工安全生产责任感，实现安全生产目标，特制定本制度。

（二）范围

适用于本站安全教育培训的管理工作。

（三）职责

综合办公室是安全教育培训的主管部门。

（四）程序

每年初，安全管理人员应根据本站各岗位实际情况，制定安全教育培训计划。

（五）要求

1. 安全教育培训适用于以下对象。

（1）主要负责人、安全管理人员、特种作业人员和特种设备操作人员。

（2）新入厂的人员。

（3）新工艺、新技术、新材料、新设备设施投入使用前，对岗位操作人员进行安全教育培训。

（4）转岗、离岗人员。

（5）相关方人员。

（6）外来参观人员。

（7）其他需要进行安全教育的人员。

2. 综合办公室应建立主要负责人、安全管理人员、特种作业人员和特种设备操作人员档案，识别本站该类人员的培训需求，做好培训取证及到期复训的准备工作。

（六）安全培训教育内容

1. 从业人员培训

综合办公室根据国家、地方及行业的规定以及本站实际情况，按照年度培训计划组织从业人员开展培训工作。培训内容包括制度法规、操作规范、应急救援等内容。

2. 管理人员的培训

主要负责人及安全生产管理人员应由有关主管部门对其进行培训和考核。

3. 新从业人员的培训教育

新从业人员必须经过安全培训教育并经考核合格方可上岗。

（1）站级安全培训教育内容。

①本站安全生产情况及安全生产基本知识。

②本站安全生产规章制度和劳动纪律。

③从业人员安全生产权利和义务。

④有关事故案例等。

（2）部门级安全培训教育内容。

①所从事工种可能遭受的职业伤害和伤亡事故。

②所从事工种的安全职责、操作技能及强制性标准。

③安全设备设施、个人防护用的使用和维护。

④预防事故和职业危害的措施及应注意的安全事项。

⑤自救互救、急救方法、疏散和现场紧急情况的处理。

（3）岗位级安全培训教育内容。

①岗位安全操作规程。

②岗位之间工作衔接配合的安全与职业卫生事项。

4. 其他人员的培训教育

其他人员包括转岗、顶岗及脱离岗位达 6 个月以上者、外来参观学习人员及外来施工人员。对此类员工的培训由本站综合办公室组织实施。

（七）安全培训教育的形式

根据培训内容进行设计，可灵活多样，如课堂讲授、演练、开座谈会、观看录像等。

（八）培训效果保证

为保证培训的有效性和适宜性，培训负责人对每项培训要做好以下工作。

1. 进行培训签到。

2. 做好培训效果的评价调查及效果验证。

3. 将以上培训记录交综合办公室进行统一归档管理，至少保存二年。

十一、劳动防护用品（具）管理制度

（一）目的

为确保本站安全生产的顺利开展，规范劳保用品的管理和使用，避免伤亡事故的发生，特制定本制度。

（二）范围

本制度适用于本站劳动防护用品管理流程、发放管理、使用管理、进入工作岗位防护品着装标准管理、其他管理的基本要求。

（三）术语

1. 劳动防护用品（具）

是指劳动者在劳动过程中为免遭事故、减轻事故和职业危害伤害所配备的防护装备。劳动防护用品分为一般劳动防护用品和特种劳动防护用品。

2. 劳动防护用品分类

（1）头部护具类。安全帽。

（2）呼吸护具类。防尘口罩、过滤式防毒面具、自动式空气呼吸器、长管面具。

（3）眼（面）护具类。焊接眼面防护具、防冲击眼护具。

（4）防护鞋类。防静电鞋、胶面防砸安全靴、电绝缘鞋。

（四）管理职责

1. 综合办公室

负责防护用品发放标准管理，防护用品发放和使用的监督检查管理，汇总分析防护用品信息管理，评价供应商管理，负责防护用品的需求采购，负责供应商资质认定管理、采购合同管理，防护用品质量异议管理，负责防护用品的质量检验、质量异议处理、按需求配送及发放管理。

2. 安全管理人员

负责防护用品的配置、发放、使用的监督检查管理，上报配置需求及采购计划管理，使用情况信息反馈管理。

（五）程序

1. 防护用品采购管理

（1）综合办公室建立防护用品供应商档案。

（2）各部门根据防护用品发放标准，向综合办公室申报采购计划，经负责人审核通过后，进行采购。

（3）综合办公室对防护用品进行质量验证，合格后方可入库。

2. 发放管理

（1）职工个人防护用品的发放范围包括在册职工（包括合同工、临时工）。

（2）严格按照防护用品发放标准发放，发放情况进行登记。未经批准不得随意更改发放标准；综合办公室根据实际情况不定期调整发放标准。

（3）新入厂职工，在经过安全教育培训后，在上岗前按相关岗位标准发放防护用品。

（4）一名职工配发一个工种的防护用品，兼其他工种按其主要工种标准发放；对其他作业所必需的防护用品如不能代用，按其工种（岗位）标准发放。

（5）凡脱离作业岗位连续6个月以上的职工，防护用品使用时间从离开岗位之日起顺延。

（6）新增工种或新项目投产，需配置标准以外的防护用品，按实际情况向综合办公室申报，经审核批准后执行发放。

（7）因公损坏而失去防护作用的，经相关负责人批准后，可更换，年限从更换之日计算。

（8）发放给职工的个人防护用品，因保管不利，不到更换期损坏或丢失的，按使用期限进行赔偿：使用期未满1/3的，按原值的80%予以赔偿；使用期未满1/2的，按原值的60%予以赔偿；使用期过半但未到期的，按原值的30%予以赔偿；有意损坏者，按原价的两倍处以罚款。凭财务收款单据予以补发。

3. 使用管理

（1）进入工作岗位、检修现场作业，必须按规定穿戴防护品，特殊工种岗位，按规定穿着特殊工作服，并正确使用。

（2）使用者必须熟悉防护用品的型号、功能、适用范围和使用方法。使用前，要认真检查，确认完好、可靠、有效，严防误用，或使用不符合安全要求的防护器具，禁止违章使用或擅自代用。

（3）防护用品应善保护，不得拆改，应经常保持整洁、完好，起到有效的保护作用，如有缺损应及时处理。

（4）发放的防护用品不允许变卖。

4. 进入工作岗位防护用品着装标准管理

（1）在工作岗位，必须按照要求穿戴劳动防护用品。

（2）进入本站区域进行建筑施工作业人员必须严格按照国家有关规定做好"三保"（指安全帽、安全带和安全网）。

5. 其他管理

（1）在防护用品出现质量问题时，及时上报综合办公室进行处理。

（2）防护用品配置、发放、使用情况的检查要纳入各级安全检查之中，做好检查记录，发现问题及时纠正。

十二、安全日巡查制度

为了维护本站生产安全及员工人身安全，结合实际，特制定此安全日巡查制度。

（一）安全巡查人员由专人负责。

（二）安全巡查人员应尽心尽职，认真负责巡查整个工作区域，确保环境安全。

（三）在站区范围内进行安全巡查时，应建立安全巡查记录。发现紧急情况时应及时上报站内领导，并组织人员做好前期安全防护工作。

（四）安全巡查人员当及时纠正违章行为，妥善处置火灾隐患。无法处置时，应当立即上报。

（五）巡查内容。

（1）设备设施运行情况。

（2）消防设施、器材的完好情况。

（3）操作人员的违规情况。

（4）其他影响安全生产的情况。

（六）安全巡查人员应每日填写安全巡查记录。

（七）发现重大隐患情况时应上报站内领导。

十三、出入管理制度

（一）外来人员或车辆出站，经检查无携带物资，即可放行，但应进行登记。如有物资携带出厂，应办理物资出门证，否则门卫不予放行。

（二）上班前与下班后，非加班工作人员不得在站内逗留。

（三）非工作时间入站，要经站内领导同意，否则门卫不予放行。

（四）非工作原因找人不得入站，由门卫电话通知。外来办事人员或车辆进入要经站内领导同意，并进行登记后方可进入，否则不予放行。

（五）任何部门人员，车辆出入站区必须无条件接受门卫的检查与指挥。

（六）易燃品、易爆品、管制刀具等危险物品严禁带入站区。

（七）外来人员进入站内，需有专人带领，且严格遵守各项警告标示及告示牌之注意事项。

十四、现场临时用电安全管理制度

（一）现场临时用电必须按照《施工现场临时用电安全技术规范》（JGJ 46—2005）的要求，建立相关的管理文件和档案资料。

（二）现场临时用电必须由安全管理人员负责管理，明确职责。现场各类配电箱和开关箱必须确定检修和维护责任人。

（三）临时用电应实行审批制度，凡进行临时用电作业应事先提出申请，填写临时用电作业票，经同意批准后，制定必要的防范措施后，方可执行。临时用电的期限一般不应超过半年，超出时间需另行审批。

（四）临时用电配电线路必须按规范架设整齐，架空线路必须采用绝缘导线，不得采用塑胶软线。电缆线路必须按规定沿附着物敷设或采用埋地方式敷设，不得沿地面明敷设。

（五）各类配电箱、开关箱外观应完整、牢固、防雨、防尘，箱体应外涂安全色标，统一编号，箱内无杂物。停止使用的配电箱应切断电源，箱门上锁。固定式配电箱应设围栏，并有防雨防砸措施。

（六）独立的配电系统必须按规范采用三相五线制的接零保护系统，非独立系统可根据现场实际情况采取相应的接零或接地保护方式。各种电气设备和电力施工机械的金属外壳、金属支架和底座必须按规定采取可靠的接零或接地保护。

（七）在采用接零或接地保护方式的同时，必须逐级设置漏电保护装置，实行分级保护，形成完整的保护系统。漏电保护装置的选择应符合规定。

（八）手持电动工具的使用，依据国家标准的有关规定采用绝缘型的手持电动工具。工具的绝缘状态、电源线、插头和插座应完好无损，电源线不得任意接长或调换，维修和检查应由专业人员负责。

（九）一般场所采用220V电源照明的必须按规定布线和装设灯具，并在电源一侧装漏电保护器。特殊场所必须按国家标准规定使用安全电压照明器。

（十）使用行灯和低压照明灯具，其电源电压不应超过36V，行灯灯体与手柄应坚固、绝缘良好，电源线应使用橡套电缆线，不得使用塑胶线。行灯和低压灯的变压器应装设在电箱内，符合户外电气安装要求。

（十一）使用电焊机应单独设开关，电焊机外壳应做接零或接地保护。一次线长度应小于5m，二次线长度应小于30m。电焊机两侧接线应压接牢固，并安装可靠防护罩。电焊把线应双线到位，不得借用金属管、金属脚手架、轨道及结构钢筋做回路地线。

（十二）临时用电设施和器材必须使用正规厂家的合格产品，严禁使用假冒伪劣等不合格产品。安全电气产品必须经过国家级专业检测机构认证。

（十三）检修各类配电箱、开关箱、电器设备和电力施工机具时，必须切断电源，拆除电气连接并悬挂警示标牌。试车和调试时应确定操作程序和设立专人监护。

第二节　安全技术管理制度

一、设备设施安全管理制度

（一）目的

为规范本站设备设施安全的管理工作，消除由于设备设施运行周期内而引起的潜在事故隐患，加强对设备设施的有效管理，特制定本制度。

（二）范围

本制度适用于本站所有设备设施的全生命周期的管理工作。

（三）职责

1. 安全管理人员

全面负责设备设施的选型、验收、使用、维护保养、检修、变更、拆除和报废等的管理工作。

2. 采购人员

负责设备设施的采购工作。

3. 综合办公室

负责设备设施的各类合格证、说明书、验收资料、检测检验证明等资料的收集和存档工作。

4. 生产人员

负责设备设施的正常使用、维护保养和检修工作。

（四）内容及程序

1. 选型

（1）安全管理人员根据生产需求及作业现场实际情况，选定所需使用设备设施的型号和规格。

（2）设备设施的选型应坚持"安全高于一切"的基本要求，优先选用本质安全型或安全性能较高的设备设施。

（3）安全管理人员根据各项要求选型完毕后，应报主要负责人处审批。

2. 采购

（1）采购人员根据已选定的型号和规格参数进行采购，在各类参数相同的情况下，应优先采购安全性比较高的产品。

（2）不得采购无任何证照和资质的厂家生产的产品，不得采购质量不合格的产品。

3. 验收

（1）验收标准及内容。

①设备外观、包装情况、设备名称、型号规格、数量等是否符合要求。

②装箱清单是否与实物相符，以及其他资料是否齐全，有无缺损。

（2）设备验收。

①设备到达本站后，接收人员应及时通知设备使用相关人员参加设备的开箱验收。

②设备使用部门或相关人员接到通知后，应及时到指定地点进行验收。首先检查设备包装情况，确认设备包装完整无损的情况下即可开箱验收，开箱后依据装箱单明细逐件核对设备的合格证、产品说明书等技术资料，如发现资料短缺，应由采购人员追回。

③在验收过程中发现设备破损、生锈、变形等外观质量不合格时，验收人员应暂停验收，并责成采购人员督促设备供货厂家返修或更换，返修或更换后再进行验收。

④开箱验收合格后，验收人员填写《设备验收单》，由参与验收人员签字确认。

⑤对于设备完成安装进入调试阶段后，生产人员对调试中发现的问题，应及时报于安全管理人员，由安全管理人员联系设备采购人员督促设备供货厂家及时进行返修，直至符合质量要求为止，对无法现场返修的供货厂家应予以更换。

⑥送修设备到货后，验收人员应依据与厂家签订的送修合同，核实修理厂家是否属实、委托修理项目是否全部完成，认真检查修复设备的各项技术性能是否达到质量标准要求。各项合格后验收人员在验收单上签字，对经验收不合格的设备由采购人员退货或索赔。

⑦设备在保修期内出现问题，由设备使用或安全管理人员联系采购人员督促厂家直至解决。

⑧对进厂设备中的安全装置在验收中必须注明完好与否，并要所有参与验收人员进行确认。

4. 使用

（1）根据设备设施操作要求，结合生产人员作业实际情况，技术人员应根据相关要求编制安全操作规程，并报安全管理人员审核。审核通过后经主要负责人签字下发。

（2）设备操作者为该设备的第一责任人，安全管理人员负责进行检查。第一责任人严禁擅自将设备交给他人操作。

（3）生产人员在使用设备设施过程中，应严格遵守安全操作规程的要求，严禁违章作业。

（4）当设备发生较大的故障，操作者不能自行处理时，应立即向维修人员反映，尽量提供准确故障信息，如哪一台设备、什么动作未执行、故障报警内容、故障现象描述等，并保护现场，以便合理安排维修人员和进行故障原因分析。

（5）设备正常工作时，不允许有电柜或按钮箱或分线盒敞开（除非因设备散热需要）。

（6）设备运行过程中，操作者严禁擅自离开岗位。因检查工件等原因确需离开，必须暂停设备运行。

（7）操作者不得将私人物品放置于设备上，严禁将电柜作为储藏室，摆放擦布、工具、手套等一类杂物。

（8）开机前应对设备进行全面检查。油位和冷却液是否正常、防护装置是否齐全、是否有配件松动。

5. 维护保养

（1）设备操作人员应掌握关于设备的"三好""四会"，即管好、用好、修好，会使用、会保养、会检查、会排除一般性故障。"润滑五定"指的是定人、定期、定质、定量、定点。

（2）对本岗位内的设备设施、管道、基础、操作台及周围环境，要求班班清扫，做到沟见底、轴见光、设备设施见本色。环境干净、整齐、无杂物，搞好文明生产。

（3）及时清除本岗位设备设施、管道的跑、冒、滴、漏，努力降低泄漏率。操作人员不能清除的泄漏点，应及时通知机修人员清除。

（4）设备维护保养时，应在停机后进行，严禁用水、冷却液冲洗或直接清擦电气元件、电柜，更不允许用压缩空气直接吹电气元件或电柜。

（5）操作人员必须保持设备外观的整洁。

（6）设备各部分包括操作面板上的各按钮完好无损，功能正常，各润滑部位按规定主动及时加油，并及时补足冷却液，并按规定认真维护保养并记录。

（7）设备各主要部位无油污杂物，设备表面无积尘。设备各部分包括操作面板上的各按钮完好无损，功能正常，按规定加油、按规定进行维护保养并做好记录。

（8）对本岗位范围内的闲置、封存设备设施应定期维护、保养。

6. 检修

（1）设备设施出现异常情况，操作人员应立即上报至安全管理人员。

（2）根据设备检修要求，应制定设备检修方案，落实检修人员、检修组织和安全措施。

（3）检修负责人应按检修方案的要求，组织检修作业人员到检修现场，交代清楚检修项目、任务、检修方案，并落实检修安全措施。

（4）检修负责人应对检修安全工作负全面责任，并指定专人负责整个检修作业过程的安全工作。

（5）设备检修如需高处作业、动火、吊装、进入设备内等危险作业的，应按相关规定办理相应的作业许可证。

（6）应对检修作业使用的脚手架、起重机械、电气焊用具、手持电动工具、扳手、管钳、锤子等各种工器具进行检查，凡不符合作业安全要求的工器具不得使用。

（7）严格执行停电挂牌检修制度。

（8）对检修作业使用的防护器材、消防器材、通信设备、照明设备等器材设备应经专人检查，保证完好可靠，并合理放置。

（9）应对检修现场的爬梯、栏杆、平台、铁算子、盖板等进行检查，保证安全可靠。

（10）对检修所使用的移动式电气工器具，应配有漏电保护装置。

（11）对有腐蚀性介质的检修场所应备有冲洗用水源。

（12）对检修现场的坑、井、洼、沟、陡坡等应填平或铺设与地面平齐的盖板，也可设置围栏和警告标志，并设夜间警示红灯。

（13）应将检修现场的易燃易爆物品、障碍物、油污、冰雪、积水、废弃物等影响检修安全的杂物清理干净。

（14）应检查、清理检修现场的消防通道、行车通道，保证畅通无阻。

（15）需夜间检修的作业场所，应设有足够亮度的照明装置。

（16）参加检修作业的人员应穿戴好劳动保护用品。

（17）检修作业的各工种人员应遵守本工种安全技术操作规程的规定。

（18）电气设备检修作业应遵守电气安全工作规定。

（19）在生产和储存危险品的场所进行设备检修时，检修负责人应与区域负责人联系，如生产出现异常情况或突然排放物料，危及检修人员的人身安全时，区域负责人应立即通知检修人员停止作业，迅速撤离作业场所。待上述情况排除完毕，确认安全后，检修负责人方可通知检修人员重新进入作业现场。

（20）检修负责人应会同有关检修人员检查检修项目是否有遗漏，工器具和材料等是否遗漏在设备内。

（21）因检修需要而拆移的盖板，箅子板、扶手、栏杆、防护罩等安全设施应恢复正常。

（22）检修所用的工器具应搬走、脚手架、临时电源、临时照明设备等应及时拆除。

（23）设备、屋顶、地面上的杂物、垃圾等应清理干净。

7. 变更

（1）设备设施变更包括以下内容。

①设备设施的更新改造。

②安全设施的变更。

③更换与原设备不同的设备或配件。

④设备材料代用变更。

⑤临时的电气设备变更等。

（2）变更申请人提出变更申请，说明变更及其技术依据，并对变更的风险情况进行分析。

（3）将书面变更申请报至安全管理人员，安全管理人员对变更的情况进行审核。审核通过后，实施变更。

（4）由于变更而产生的各项资料均应交综合办公室存档。

（5）任何员工在未得到许可的条件下，不得擅自进行任何变更，否则本站将视为违章作业，严肃处理。

8. 拆除和报废

（1）生产设备由于结构严重损坏，不能及时修复或改装；由于设备结构改造和改型，并已被国家明令禁止生产的设备；在本站内已不适应生产能力的、能耗高技术落后的设备、容器；长期搁置、闲置的没有使用价值的设备、容器；超过国家规定使用年限的设备、容器，可作为拆除和报废设备。

（2）设备设施拆除和报废前，由综合办公室组织生产设施所在部门对拆除作业活动进行风险分析，根据风险评价的结果制定拆除方案和控制措施，经本站领导批准后方可实施。

（3）拆除报废现场由具体实施部门指定安全管理人负责安全监管，并坚守岗位。

（4）拆除施工时，必须在工程负责人统一指挥下进行。

（5）凡二人以上作业，须指定一人负责安全。特种作业人员应按国家规定，持证上岗。

（6）生产设施拆除前，必须向全体施工人员进行安全技术交底，并做好安全交底记录。具体项目交底时，须交代清楚安全措施和注意事项。作业前，应对安全措施落实情况进行检查确认。

（7）生产设施拆除作业，须严格执行操作票或作业许可证（包括进出料、停开泵、施工、检修、动火、用电、动土、高处作业等）制度和相应的安全技术规范。

二、动火作业安全管理制度

（一）目的

为了规范动火作业行为，消除安全隐患，依据国家和地方有关法律法规、标准及有关规定，特制定本制度。

（二）范围

本制度规定了动火安全管理流程、动火作业管理种类、动火审批手续与批准权限管理、动火责任管理、动火作业安全规则。

（三）管理职责

1. 安全管理人员负责动火作业的监督检查管理和动火安全措施的落实管理。

2. 在禁火区域内动火的作业，必须办理《动火申请表》。

（四）程序

1. 动火作业管理种类

（1）电钻、砂轮等。

（2）储存、输送易燃易爆液体和气体的容器、管线。

（3）各种焊接、切割作业。

（4）明火取暖、明火照明。

（5）各部门区域内严禁燃放烟花爆竹。

（6）在生产区域内其他危险作业。

2. 动火管理内容

（1）油漆存放点、沾漆作业区域等。

（2）必须带压动火作业的设备管道。

（3）施工与生产交叉部位（指生产与施工无法分隔的重要设备）。

（4）检修、技改、维修作业。

（5）本站认为必须列为动火区的其他部位。

3. 动火审批

（1）凡需动火作业的，按照相关要求，由动火作业人员据实填写，经批准确认后，方可动火作业。未按要求填写动火申请表，或填写不全的，动火区域方一律不得批准。

（2）动火申请表由动火部门填写，写明动火部位、动火时间、动火人姓名、现场监护人，再行审批。

4. 动火作业责任管理

（1）动火作业最终审批者，负动火作业管理责任。

（2）动火区域的安全人员，负责动火、防范措施的确认和督促落实责任。

（3）动火申请人，负责动火内容确定、动火安全措施确定，包括动火周围安全措施确认责任。

（4）动火人、监护人负责动火安全措施落实及每次动火结束后现场火种消除、确认的责任。

（5）动火人应严格遵守焊、割作业规程，如有违背，应承担相应的责任。

5. 动火作业安全规则

（1）电气焊（割）工必须持有效的特种作业人员操作证、动火申请表，并随身携带。

（2）焊、割作业必须遵守作业规程。

（3）焊工没有特种作业人员操作证，又没有正式焊工在场进行技术指导时，不准进行焊、割作业。

（4）凡属动火范围的焊、割，未办理动火审批手续的，不准擅自进行焊、割。

（5）焊工不了解焊、割现场周围情况，不准盲目焊、割。

（6）焊工不了解焊、割内部是否安全时，不准焊、割。

（7）盛装过可燃气体、易燃液体、有毒物质的各种容器，未经彻底清洗，不准焊、割。

（8）用可燃材料（如塑料、软木、玻璃钢、聚丙烯薄膜、稻草、沥青等）做保温、冷却、隔音、隔热的部位，以及火星飞溅到的地方，在未采取切实可靠的安全措施前不准焊、割。

（9）有压力或密封的容器、管道不准焊、割。

（10）焊、割部位附近堆有易燃易爆物品，在未做彻底清理或采取有效安全措施之前不准焊、割。

（11）与外部相接触的部位，在没有弄清外部部门有否影响，或明知有危险性又未采取切实有效安全措施之前，不准焊、割。

（12）焊、割场所与附近其他工种互有抵触时，不准焊、割。

（13）动火时，未确认签字，监护人未到场不得动火。

（14）对确实无法拆卸的焊割件，要把焊割的部位或设备与其他可燃物质进行严密隔离（可采用防火布、铁皮等非燃烧物）。

（15）动火过程中，遇有设备跑、冒、滴、漏易燃油（气）等情况，应立即停止动火，并报告有关部门，采取相关措施。

（16）电、气焊（割）必须使用良好的工具设备、安全附件和安全装置（如乙炔瓶阀与皮管连接处必须加装回火阻止器）。乙炔瓶、氧气瓶的存放和使用，必须距明火10m以上，瓶距在5m以上。

（17）对易燃易爆液体、气体的设备、管道动火时，应做到接地可靠，接地线不得随意乱接，以免产生火花而引起其他设备、管线起火或爆炸。

（18）遇五级以上（含五级）大风，禁止在高处动火和室外动火。

（19）动火防范措施不落实、动火期间已逾期、动火地点、动火人、监护人与申请表不符、动火人无特殊工种操作证，均不准动火。

（20）动火结束后，必须认真检查现场，在确认无火种隐患，并在动火申请表上签字后，方可离开动火现场。

（21）凡高空动火作业或动火作业时火星飞溅可能影响到周围可燃物的，在动火作业结束后半小时至四十五分钟之内，必须再到现场进行一次检查、确认。

（22）动火作业结束后，现场检查、确认时间，检查人的姓名签在动火申请表上，以供备查。

（23）动火申请表在每次动火时填写、审批，由综合办公室留存。

三、有限空间作业安全责任制度

1. 主要负责人职责

本站主要负责人应加强有限空间作业的安全管理，履行以下职责。

（1）建立、健全有限空间作业安全生产责任制，明确有限空间作业负责人、作业者、监护者职责。

（2）组织制定专项作业方案、安全作业操作规程、事故应急救援预案、安全技术措施等有限空间作业管理制度。

（3）保证有限空间作业的安全投入，提供符合要求的通风、检测、防护、照明等安全防护设施和个人防护用品。

（4）督促、检查本单位有限空间作业的安全生产工作，落实有限空间作业的各项安全要求。

（5）提供应急救援保障，做好应急救援工作。

（6）及时、如实报告生产安全事故。

（7）应对有限空间现场负责人、监护人员、作业人员、应急救援人员开展安全教育培训，培训内容包括以下方面。

①有限空间存在的危险特性和安全作业的要求。

②进入有限空间的程序。

③检测仪器、个人防护用品等设备的正确使用。

④事故应急救援措施与应急救援预案等。

⑤培训应有记录，培训结束后，应记载培训的内容、日期等有关情况。

2. 作业负责人职责

（1）应了解整个作业过程中存在的危险危害因素。

（2）确认作业环境、作业程序、防护设施、作业人员符合要求后，授权批准作业。

（3）及时掌握作业过程中可能发生的条件变化，当有限空间作业条件不符合安全要求时，终止作业。

3. 监护人员职责

（1）应接受有限空间作业安全生产培训。

（2）必须有较强的责任心，熟悉作业区域的环境、工艺情况，能及时判断和处理异常情况。

（3）全过程掌握作业者作业期间情况，保证在有限空间外持续监护，能够与作业者进行有效的操作作业、报警、撤离等信息沟通。

（4）应对安全措施落实情况进行检查，发现落实不好或安全措施不完善时，有权提出暂不进行作业。

（5）应熟悉应急预案，掌握和熟练使用配备的应急救护设备、设施、报警装置等，并坚守岗位。

（6）在紧急情况时向作业者发出撤离警告，必要时立即呼叫应急救援服务，并在有限空间外实施紧急救援工作；防止未经授权的人员进入。

（7）现场应携带《有限空间作业票》并负责保管、记录有关问题。

4. 作业人员职责

（1）应接受有限空间作业安全生产培训。

（2）遵守有限空间作业安全操作规程，正确使用有限空间作业安全设施与个人防护用品。

（3）应与监护者进行有效的操作作业、报警、撤离等信息沟通。

（4）严格按照"安全审批表"上签署的任务、地点、时间作业。

（5）作业前应检查作业场所安全措施是否符合要求。

（6）按规定穿戴劳动防护服装、防护器具和使用工具。

（7）熟悉应急预案，掌握报警联络方式。

5. 应急救援人员职责

（1）应接受有限空间应急预案和应急救援知识培训，掌握相关应急预案内容，熟练掌握应急救援技能，并定期进行演练，提高应急处置能力。

（2）负责呼吸器、防毒面罩、通信设备、安全绳索等有限空间应急装备和器材的日常维护和管理。

（3）有限空间作业中发生事故后，应急救援人员实施救援时，应当做好自身防护，佩戴必要的呼吸器具、救援器材，禁止盲目施救。

6. 承包管理

（1）委托承包单位进行有限空间作业时，应严格承包管理，规范承包行为，不得将工程发包给不具备安全生产条件的单位和个人。

（2）有限空间作业发包时，应当与承包单位签订专门的安全生产管理协议，或者在承包合同中约定各自的安全生产管理职责。存在多个承包单位时，应对承包单位的安全生产工作进行统一协调、管理。

（3）承包单位应严格遵守安全协议，遵守各项操作规程，严禁违章指挥、违章作业。

四、有限空间作业审批制度

有限空间作业审批制度有利于安全管理人员对检修、处理临时设备故障时对安全防护措施等内容进行有效把关，对不合格事项在作业前能够及时调整，从而保障作业人员安全。负责有限空间作业的相关部门应按制度办理《有限空间作业票》。

1. 《有限空间作业票》的申请及审批

（1）进入有限空间的作业负责人向安全管理人员提出申请，填写《有限空间作业票》中的申请栏内容并签字。

（2）安全管理人员接到申请后，与作业负责人共同对作业进行风险识别并制定安全措施，在制定安全措施栏填写有关内容（如果作业安全许可证中列出的综合安全措施不能满足时可增加补充措施）并确认后签字。同时，安排有关人员落实安全措施，并对有限空间内的氧气、可燃气体、有毒有害气体的浓度进行分析。

（3）安全管理人员应对现场进行全面检查核对，确认无误后，向作业人员进行施工安全交底，并在审批栏内签字，批准作业。作业现场负责人和监护人确认合格后，在安全措施落实栏内签字。

（4）该作业票至少一式两份，一份交本站综合办公室存档，一份由施工人员保存作为有限空间作业的凭证以备检查，票证不得涂改且要求存档时间至少一年。

（5）未经审批，任何人不得独自进入有限空间作业。

2. 填写《有限空间作业票》时，应注意以下要点

（1）设施名称。填写详细，应写到具体设施、设备，任何人无权扩大或更改作业对象。

（2）作业内容。指作业的具体内容，如对作业对象进行清理、检修、电焊、涂刷防腐涂料等作业种类，任何人无权更改作业内容。

（3）作业人员。指直接进入有限空间作业的人员姓名，有几人就填写几人，进去几人，出来几人，要相互一致，必须本人签名。

（4）监护人员。

①监护人员自始至终必须在作业现场，对作业前必须落实的安全措施进行检查，然后签字确认。

②作业中密切注意作业安全状况并与作业人员保持联络和沟通。

③作业后清点人员和器材，确认安全后方可离开。

④按事故应急救援，携带好相应的救援器材，以备急用。

⑤进行有限空间气体检测时必须详细的填写检测时间、检测地点、气体名称、检测结果，并对检测的气体的代表性和准确性负责，然后签字确认。

（5）作业负责人。作业负责人应为现场作业负责人，对整个作业安全负直接领导责任，自始至终在现场直接指挥、参与作业。现场作业负责人应对安全措施给予确认，有权补充完善。

五、有限空间作业现场安全管理制度

管理范围包括在生产区域内进入沼气存储设备及管道、下水道、沟、坑、井、池、涵洞等封闭、半封闭设施及场所作业。

1. 凡进入有限空间作业，必须办理《有限空间作业票》，未办理许可证，严禁

作业。

2.《有限空间作业票》的申请及审批见《有限空间作业审批制度》。

3.《有限空间作业票》有效期不超过 24 小时。

4. 作业期间如果安全措施发生变化，应立即停止作业，待处理达到作业的安全条件后，方可再进入有限空间作业。

5. 在有限空间作业期间，严禁同时进行各类与该有限空间相关的试压或试验等工作。

6.《有限空间作业票》的审批人应对监护人和作业人员进行必要的安全教育和作业环境交底。

内容应包括以下方面。

（1）所从事作业的风险及应急计划。

（2）必要的安全知识、救护方法。

（3）便携式检测仪使用方法、急救方法等。

（4）对所进入的有限空间要切实做好工艺处理，所有与有限空间相连的可燃、有毒有害介质（含氮）系统，必须用盲板与有限空间隔绝，不得用关闭阀门替代，盲板应挂牌表示；带有搅拌器等转动部件的设备，必须有可视的明显断开点，配电室电源开关应挂有"有人检修、禁止合闸"标示牌，并设有监护。

（5）取样分析要有代表性、全面性。有限空间容积较大时，要对上、中、下各部位分别取样分析。应保证有限空间内部任何部位的可燃气含量不超过该介质与空气混合物的爆炸下限的 10%（体积）。有毒有害物质含量不超过国家规定的部门空气中有害物质最高容许浓度指标。氧气浓度在 19.5%~23.5%（体积），容器内温度宜在常温左右。作业期间应每隔 4h 取样复查 1 次（特殊情况下，根据实际确定检测频率），如有一项不合格时，应立即停止作业。如不符合上述条件而必须进入有限空间内作业时，应由作业单位与有限空间所在部门共同制定作业方案，采取特殊防护措施，并在作业前组织模拟演练，确认安全可靠后，经本站分管生产领导批准方可作业。分析结果报出后，样品至少保留 8h。

（6）分析合格 1h 后作业，应再次分析，确认合格后方可作业。

（7）进入有限空间内作业，应有足够的照明，照明要符合防爆要求，电压在 24V 以下。要遵守用火、临时用电、起重吊装、高处作业等有关安全规定，用火应办理"动火作业许可证"，不得以《有限空间作业安全许可证》代替。

（8）有限空间的出入口内外应畅通无阻，不得有障碍物。

（9）进入有限空间作业人员的工具、材料要登记。作业结束后应清点，以防遗留在作业现场。作业人员超过 3 人时，应对人员进行登记、清点。

（10）有限空间外的现场要配备一定数量的防毒面具、呼吸器、安全绳索等急救器材。

（11）作业人员进入有限空间前，应首先拟定紧急情况时的外出路线和方法。作业时，应视作业条件实施安排人员轮换作业或休息。

（12）为保证有限空间内空气新鲜，可采用自然通风或强制通风等方法通风。必要时，作业人员可戴供风式长管面具、空气呼吸器等防护器具。佩戴长管面具前，一定要仔细检查其气密性，同时要采取防止长管被挤压的措施，吸气口应置新鲜空气的上风口处，并有人监护。

（13）出现有人中毒、窒息的紧急情况，抢救人员必须佩戴防护器具进入有限空间，同时至少有一人在外部做联络、报告工作。

7. 其他非生产区域的进入有限空间作业，可参照本规定执行

六、有限空间作业安全培训教育制度

（一）总则

1. 为加强和规范有限空间作业安全培训教育工作，提高职工的安全素质，增强防范伤亡事故的能力，根据安全生产法和有关法律、法规，制定本制度。

2. 所有有限空间作业现场负责人、监护人员、作业人员、应急救援人员都应当接受安全培训和教育，熟悉有关安全生产规章制度和安全规程，具备必要的安全生产知识，掌握有限空间操作的安全技能，增强事故预防和应急处理能力。

3. 未经培训合格的人员，不得从事有限空间作业。

（二）有限空间作业安全教育

1. 有限空间作业人员都必须进行有限空间作业安全教育培训，经考试合格后才能参与有限空间作业。

2. 有限空间培训内容包括以下内容。

（1）有限空间的危险有害因素和安全防范措施。

（2）有限空间作业的安全操作规程。

（3）检测仪器、劳动防护用品的正确使用。

（4）紧急情况下的应急处置措施。

（5）有关事故案例等。

（三）有限空间安全教育常识

1. 有限空间是指封闭或部分封闭，进出口较为狭窄有限，未被设计为固定工作场所，自然通风不良，易造成有毒有害、易燃易爆物质积聚或氧含量不足的空间。

2. 有限空间作业是指作业人员进入有限空间实施的作业活动。

3. 有限空间分为三类。

一是密闭设备，如沼气贮气柜、厌氧消化装置、压力容器、管道、烟道、锅炉等。

二是地下有限空间，如地下管道、地下室、地下工程、暗沟、隧道、涵洞、地坑、废井、地窖、污水池（井）、沉淀池、沼气池、化粪池、下水道等。

三是地上有限空间，如储藏室、发酵池、垃圾站、料仓等。

（四）有限空间作业安全技术要求

1. 检测

（1）应严格执行"先通风、再检测、后作业"的原则。

（2）检测指标包括氧浓度值、易燃易爆物质（可燃性气体、爆炸性粉尘）浓度值、有毒气体浓度值等。最低限度应检测下列四项：氧浓度（应在 19.5%～23.5% 范围内），

易燃/可燃气体浓度（<最低爆炸极限的 10%）、有毒气体硫化氢浓度（<10mg/m³）、一氧化碳浓度（<20mg/m³），存在其他有毒气体时浓度应符合其职业接触限值规定。

（3）未经检测合格，严禁作业人员进入有限空间。

（4）在作业环境条件可能发生变化时，应对作业场所中危害因素进行持续或定时检测。

（5）实施检测时，检测人员应处于安全环境，检测时要做好检测记录，包括检测时间、地点、气体种类和检测浓度等。

2. 危害评估

（1）实施有限空间作业前，应根据检测结果对作业环境危害状况进行评估。

（2）制定消除、控制危害的措施，确保整个作业期间处于安全受控状态。

（3）危害评估应依据 GB 8958—2006《缺氧危险作业安全规程》、GBZ 2.1—2007《工作场所有害因素职业接触限值 第 1 部分：化学有害因素》等标准进行。

3. 通风

（1）生产经营单位实施有限空间作业前和作业过程中，可采取强制性持续通风措施降低危险，保持空气流通。

（2）严禁用纯氧进行通风换气。

4. 防护设备

（1）应为作业人员配备符合国家标准要求的通风设备、检测设备、照明设备、通信设备、应急救援设备和个人防护用品。

（2）当有限空间存在可燃性气体和爆炸性粉尘时，检测、照明、通信设备应符合防爆要求，作业人员应使用防爆工具、配备可燃气体报警仪等。

（3）防护装备以及应急救援设备设施应妥善保管，并按规定定期进行检验、维护，以保证设施的正常运行。

5. 呼吸防护用品

（1）呼吸防护用品的选择应符合 GB/T 18664—2002《呼吸防护用品的选择、使用与维护》要求。

（2）缺氧条件下，应符合 GB 8958—2006《缺氧危险作业安全规程》要求。

6. 配备应急救援装备

（1）全面罩正压式空气呼吸器或长管面具等隔离式呼吸保护器具。

（2）应急通信报警器材。

（3）现场快速检测设备。

（4）大功率强制通风设备。

（5）应急照明设备。

（6）安全绳、救生索、安全梯等。

七、有限空间作业应急管理制度

（一）职责

1. 应急救援小组组长（本站的主要负责人）

（1）保证有限空间作业的安全投入。

（2）组织制定事故应急救援预案并每年组织演练。

（3）指挥现场救护。

2．应急救援小组副组长（本站的安全管理人员）

（1）提供符合要求的通风、检测、防护、照明等安全防护设施和个人防护用品。

（2）提供应急救援保障，做好应急救援工作。

（3）对应急救护组员进行培训。

3．应急救援小组成员

（1）参加应急救援预案培训和预案演练。

（2）了解救援过程中存在的危险危害因素。

（3）禁止不明情况的盲目救护。

（4）在保证安全的情况下在有限空间实施紧急救援工作。

（二）预防与预警

1．危险源监控

现场危险源的监控主要由作业人员进行监控。

2．生产安全事故应急救援指挥程序

生产安全事故现场第一发现人→安全管理人员→启动应急救援预案按职责分工进行救援。

3．生产安全事故应急救援程序

生产安全事故→保护事故现场→控制事态发展→组织抢救→疏导人员→调查了解事故简况及伤亡人员情况→向上级报告。

（三）应急响应

1．应急响应行动由安全管理人员按照应急预案进行响应实施。超出其应急救援处置能力时，及时报请政府通知有关专业人员赶赴现场参加应急增援。

2．应急救援小组成员赶赴救援现场成立应急救援指挥部。

3．及时向本站及当地政府报告安全生产事故基本情况、事态发展和救援进展情况。

4．现场应急救援指挥部负责现场应急救援的指挥，现场应急救援指挥部成立前，安全管理人员应组织先期到达的应急救援队伍迅速、有效地实施先期处置，全力控制事故发展态势，防止次生、衍生和耦合事故（事件）发生，果断控制或切断事故灾害链。

（四）紧急处置及救助防护

1．现场处置

主要依靠本站所在地地方政府的应急处置力量。事故灾难发生后，应配合当地人民政府按照应急预案迅速采取措施。

2．医疗卫生救助

及时向事发地附近医院请求支援。组织开展紧急医疗救护和现场卫生处置工作。

3．应急人员的安全防护

现场应急救援人员应根据需要携带相应的专业防护装备，采取安全防护措施，严格执行应急救援人员进入和离开事故现场的相关规定。

4. 现场检测与评估

根据需要，成立事故现场检测小组配合政府相关部门进行检测、鉴定与评估，综合分析和评价检测数据，查找事故原因，评估事故发展趋势，预测事故后果，为制订现场以后此类预防方案和事故调查提供参考。

5. 应急结束

当遇险人员全部得救，事故现场得以控制，环境符合有关标准，导致次生、衍生事故隐患消除后，经现场应急救援指挥部确认和批准，现场应急处置工作结束，应急救援队伍在专业救援队伍撤离现场后经过仔细检查确认安全后撤离。

6. 信息发布

应急救援小组长会同有关部门具体负责将事故发生的原因、经过、抢救过程、经济损失、人员伤亡等情况向社会进行公布，向上级进行汇报。

7. 后期处置

（1）善后处置。本站相关负责人牵头组织安全生产事故的善后处置工作，包括人员安置、补偿、征用物资补偿、污染物收集、清理与处理等事项。尽快消除事故影响，妥善安置和慰问受害及受影响人员，保证社会稳定，尽快恢复正常施工秩序。

（2）事故灾难调查报告、经验教训总结及改进建议。

由主要负责人牵头组成调查组进行事故调查，具体措施措施如下。

①查明事故原因及责任人。

②以书面形式向上级写出报告，包括发生事故时间、地点、受伤（死亡）人员姓名、性别、年龄、工种、伤害程度、受伤部位。

③制定有效的预防措施，防止此类事故再次发生。

④组织所有人员进行事故教育。

⑤向所有人员宣读事故结果及对责任人的处理意见。

⑥对应急预案进行评审。

8. 应急物资

呼吸器具、梯子、绳缆以及其他必要的器具和设备。

9. 培训与演练

（1）培训。应急小组以及相关人员进行上岗前培训，培训内容包括以下几个方面。

①有限空间存在的危险特性和安全作业的要求。

②进入有限空间的程序。

③检测仪器、个人防护用品等设备的正确使用。

④事故应急救援措施与应急救援预案等。

培训留存记录，有参加人员的签字确认。

（2）演练。根据有限空间作业特点，应急救援小组长组织应急小组成员在有限空间作业前组织安全生产事故应急救援演习。演习结束后及时进行总结经验并对预案进行评估，为实战中救援做好准备。

10. 奖励与责任追究

（1）奖励。在安全生产事故应急救援工作中有下列表现之一的部门和个人，依据法律、项目部及本站有关规定给予奖励。

①出色完成应急处置任务，成绩显著的。

②防止或抢救事故有功，使国家、集体和人民群众的财产免受损失或者减少损失的。

③对应急救援工作提出重大建议，实施效果显著的。

④有其他特殊贡献的。

（2）责任追究。在安全生产事故应急救援工作中有阻挡行为的，按照法律、法规及有关规定，对有关责任人员视情节和危害后果给予处分。

①属于违反本站有关规定的，由本站按有关规定进行处罚。

②属于违反治安管理行为的，由公安机关依照有关法律法规的规定予以处罚。

③构成犯罪的，由司法机关依法追究刑事责任。

八、高处作业安全管理制度

（一）目的

为了规范高空作业行为，消除安全隐患，依据国家、省、市有关法律法规、标准，特制定本制度。

（二）范围

本制度规定了高空作业安全管理流程、作业级别辨识管理、安全技术要求管理、作业监护管理、作业过程管理和其他管理的基本要求。

（三）管理职责

1. 安全管理人员负责高空作业安全的监督检查管理。

2. 根据 GB 3608—1993《高处作业分级》辨识作业级别，制定相应的安全技术防范措施，经确认后实施作业。

（四）工作程序

1. 高处作业

凡在坠落高度基准面 2m 以上（含 2m）有可能坠落的高处进行的作业，均称为高处作业。高处作业分为四级。

（1）高处作业高度在 2~5m 时，称为一级高处作业。

（2）高处作业高度在 5~15m 时，称为二级高处作业。

（3）高处作业高度在 15~30m 时，称为三级高处作业。

（4）高处作业高度在 30m 以上时，称为特级高处作业。

2. 安全技术要求管理

（1）系好安全带，高挂低用，不准拴挂在带有锐角的物体及不牢靠的地方。上方无固定拴挂点要采取措施设置拴挂点。

（2）在坡度大于 25°的屋顶作业或在石棉瓦等轻型屋面作业时要使用垫板，并挂牢、放置平稳；必要时，在屋架下设置安全网。严禁在没有预防设施的石棉瓦或其他物件上行走作业。

（3）在降雨、降雪等天气下的露天高处作业，必须采取相应的防雨、防滑措施；遇有六级以上大风、暴雨、雷雨、大雾等恶劣气候时，禁止作业。

（4）在接近或接触带电体环境下高处作业，经确认停电后，方可进行作业。

（5）夜间高处作业要有足够的照明，光线不足时，不准作业。

（6）高处作业要采取防坠物的措施，必要时设置隔离区。

（7）随带的工具、材料等物，应放在不易坠落的稳妥之处。较大的工具、工件应拴在牢固的物体上，零星工具、材料应放在工具袋中，不得上下抛掷。

（8）使用的工具、设备等器物以及安全防护设施，在使用前要认真检查，不符合要求的，禁止使用。

（9）使用的梯子要牢固，底脚要有防滑措施，与地面夹角60°～70°为宜，踏板间距30～40cm为宜，不得有断档开裂现象，顶端捆扎牢固或设专人扶梯。木梯要符合GB 7059.1—1986《移动式木直梯安全标准》和GB 7059.2—1986《移动式木折梯安全标准》，钢梯要符合GB 7059.2—1986《移动式轻金属折梯安全标准》。

（10）患有精神病、高血压、严重贫血、癫痫、心脏病，以及睡眠不足、身体疲劳、情绪不稳定等人员，不得从事高处作业。

3. 作业监护管理

（1）经现场确认，安全技术措施和交底落实后，方可实施作业。

（2）作业过程中要指定专人现场监护，遇紧急危险情况时，执行应急措施。

（3）危险性较大建设项目施工时，要制定单项安全施工方案。

（4）因作业需临时拆除或变动安全防护设施，要经项目负责人同意，并采取相应可靠措施；作业完毕后，立即恢复。

4. 作业过程管理

（1）作业过程中发现措施存在缺陷或隐患时，要立即停止作业，重新制定安全措施；待措施落实后，再进行作业。

（2）作业完毕后，要及时清理现场，交付生产，经确认无误后，方可撤离。

九、交叉作业安全管理制度

（一）目的

为贯彻"安全第一，预防为主、综合治理"的安全生产方针，明确各作业单位在交叉作业中的各自安全责任，提高现场安全文明施工管理水平，避免交叉作业引发事故，保证本站区内作业人员的安全与健康，保障机械、设备免受损失，特制定本制度。

（二）范围

本办法适用于本站及外来作业单位。

（三）管理职责

安全管理人员负责交叉作业施工的安全监督管理。

（四）工作程序

1. 交叉作业的概念

凡一项作业可能对其他作业造成危害、不良影响或对其他作业人员造成伤害的作业均构成交叉作业。

2. 交叉作业的范围

指在同一作业区域内进行的有关工作，可能危及对方生产安全和干扰其工作的。主要表现在设备（检修）安装、起重吊装、高处作业、焊接（动火）作业、生产用电、运输、其他可能危及对方生产安全作业等。

3. 交叉作业的分类

（1）A类交叉作业。相同或相近轴线不同标高处的同时作业。

（2）B类交叉作业。同一作业区域不同类型的专业队伍同时作业。

（3）C类交叉作业。同一作业区域不同分包部门同时作业。

（4）D类交叉作业。同一项目由不同分包部门同时作业。

4. 交叉作业的隐患

两个以上作业活动在同一作业区域内进行作业，因作业空间受限制，人员多，工序多，机械设备复杂，联络不畅等，所以作业干扰多，需要配合、协调的作业多，现场的隐患多、造成的后果严重。可能发生高处坠落、物体打击、机械伤害、车辆伤害、触电、火灾等。

5. 交叉作业的管理原则

（1）同一区域内各作业方，应互相理解，互相配合，建立联系机制，及时解决可能发生的安全问题，并尽可能为对方创造安全工作条件和作业环境。

（2）在同一作业区域内作业应尽量避免交叉作业，在无法避免交叉作业时，应尽量避免立体交叉作业。双方在交叉作业或发生相互干扰时，应根据该作业面的具体情况共同商讨制定具体安全措施，明确各自的职责。

（3）因工作需要进入他人作业场所，必须向对方告知，并说明作业性质、时间、人数、动用设备、作业区域范围、需要配合事项。

（4）双方应加强从业人员的安全教育和培训，提高从业人员作业的技能、自我保护意识、预防事故发生的应急措施和综合应变能力。

6. 交叉作业的安全措施

（1）双方在同一作业区域内进行高处作业时，应在作业前对作业区域采取隔离措施、设置安全警示标识、警戒线或派专人警戒指挥，防止高空落物、施工用具、用电危及下方人员和设备的安全。

（2）在同一作业区域内进行起重吊装作业时，应充分考虑对各方工作的安全影响，制定起重吊装方案和安全措施。指派专业人员负责统一指挥，检查现场安全和措施符合要求后，方可进行起重吊装作业。与起重作业无关的人员不准进入作业现场，吊物运行路线下方所有人员应无条件撤离；指挥人员站位应便于指挥和瞭望，不得与起吊路线交叉，作业人员与被吊物体必须保持有效的安全距离。索具与吊物应捆绑牢固，采取防滑措施，吊钩应有安全装置；吊装作业前，起重指挥人通知有关人员撤离，确认吊物下方及吊物行走路线范围无人员及障碍物，方可起吊。

（3）在同一作业区域内进行焊接（动火）作业时，必须事先通知对方做好防护，并配备合格的消防灭火器材，消除现场易燃易爆物品。无法清除易燃物品时，应与焊接

（动火）作业保持适当的安全距离，并采取隔离和防护措施。上方动火作业（焊接、切割）应注意下方有无人员、易燃、可燃物质，并做好防护措施，遮挡落下焊渣，防止引发生火灾。焊接（动火）作业结束后，作业部门必须及时、彻底清理焊接（动火）现场，不留安全隐患，防止焊接火花死灰复燃，酿成火灾。

（4）各作业方应共同维护好同一区域作业环境，必须做到作业现场文明整洁，材料堆放整齐、稳固、安全可靠（必须有防垮塌、防滑、滚落措施）。确保设备运行、维修、停放安全；设备维修时，按规定设置警示标志，必要时采取相应的安全措施（派专人看守、切断电源、拆除法兰等），谨防误操作引发事故。

十、危险作业安全管理制度

（一）目的

为了规范本站内危险作业行为，消除安全隐患，依据国家、省、市有关法律法规、标准，特制定本制度。

（二）范围

本制度适用于全站危险作业的管理工作。

（三）管理职责

安全管理人员负责本站危险作业的全面管理工作。

1. 本制度适用于下列作业。

（1）在危险区域或不安全状态下作业。

（2）接触危险物质的作业（如毒气、毒物、高温、辐射等）。

（3）其他危险作业。

2. 凡进行危险作业应事先提出申请，填写危险作业工作票，经领导同意批准后，制定必要的防范措施后，方可作业。

3. 危险作业的审批视危险程度而定，特别危险作业由主要负责人审批，危险较大的作业由安全管理人员审批。

4. 危险作业审批前，有关人员必须亲临现场通过必要的实地考察，落实好相应的防护和救护措施后方可批准。

5. 危险作业人员必须有一定实践经验和专业技术，身体状态良好，禁止女工、老、弱、病、残人员参加。

6. 危险作业现场必须有明显标志，有专人监护，做到可干可不干的一律不干；能够到安全地点或安全期间干的一定转移到安全地点或延迟到安全期间干；能用比较安全的方法代替的一定采用较安全方式作业。

7. 特殊岗位操作人员必须持相关证件，方可上岗独立作业。学徒人员未取得证件不得独立作业，特殊情况需经过综合办公室认定许可，在老师的监督指导下方可作业。

8. 凡属带电作业、吊装作业、设备检修等作业都要依据相关作业安全规程落实安全措施，并办理相应的安全作业票证。各类安全作业票证要有完整的签字审批手续，不准代签代填。

十一、原料管理制度

（一）严禁直接将农药、抗生素、重金属等加入原料内。

（二）禁止加入油枯、骨粉、磷矿粉等含磷物质。

（三）避免加入过多石灰等碱性物质，防止碱中毒。

（四）要勤进料，勤出料，保持料液浓度在10％左右。

（五）做好冬季保温，加强越冬管理，满足正常发酵的基本需要。

（六）沼气池进、出料口要加盖，防止人、畜掉入造成伤亡。揭开活动盖后，不要在沼气池周围吸烟或使用明火。

（七）每次大换料或入池检修时，不可携带明火，不可在池内点火抽烟，以免点燃池内残留沼气，发生烧伤事故。

十二、隐患排查与治理制度

（一）目的

为了建立健全农村沼气安全隐患排查治理长效机制，推进沼气站安全隐患排查治理工作，加强对隐患的预防、排查及监督管理，杜绝各类可控制事故的发生，保障员工生命财产安全，根据国家安全生产监督管理总局第16号令《安全生产事故隐患排查治理暂行规定》的要求，特制定本制度。

（二）隐患排查的范围

沼气工程的建设及其建后运行使用过程中的安全隐患排查治理和监督管理适用本制度，排查的内容主要包括以下方面。

1. 危及安全生产的不安全因素或重大险情。

2. 可能导致事故发生和危害扩大的设计缺陷、工艺缺陷、设备缺陷等。

3. 建设、施工、检修过程中可能发生的各种能量伤害。

4. 停工、生产、开工阶段可能发生的泄漏、火灾、爆炸、中毒。

5. 可能造成职业病、职业中毒的劳动环境和作业条件。

6. 在敏感地区进行作业活动可能导致的重大污染。

7. 丢弃、废弃、拆除与处理活动（包括停用报废装置设备的拆除，废弃危险化学品的处理等）。

8. 可能造成环境污染和生态破坏的活动、过程、产品和服务。

9. 以往生产活动遗留下来的潜在危害和影响。

10. 本站要求的其他安全检查。

（三）职责

沼气站业主是农村沼气安全隐患排查治理的责任主体，沼气站所属企业（合作社、村）主要负责人是沼气站安全隐患排查治理的第一责任人，对本沼气站安全隐患排查治理工作全面负责，应当履行下列职责。

1. 本站主要负责人对安全隐患排查和整改工作负领导责任，应组织建立安全隐患排查治理的长效机制，组织制定本站安全隐患排查治理各项规章制度，保证安全资金的投入，及时、彻底进行安全隐患治理。

2. 按照"谁主管，谁负责"的原则，各作业岗位负责人是安全生产的第一责任人，对本岗位的安全隐患排查和整改负责，任何部门和个人发现安全隐患，均有权向安全部门和气站主要负责人报告。

3. 指定专人负责对查出的安全隐患进行登记，按照安全隐患的等级进行分类，建立安全隐患信息档案，对各类隐患排查治理进行监督、检查、考核。

（四）隐患排查

1. 安全隐患的含义

本制度所称安全生产事故隐患（以下简称事故隐患），是指违反安全生产法律、法规、规章、标准、规程和安全生产管理制度的规定，或者因其他因素在生产经营活动中存在可能导致事故发生的物的危险状态、人的不安全行为和管理上的缺陷。

2. 事故隐患的分类

事故隐患分为一般事故隐患、重大事故隐患。

（1）一般事故隐患。是指危害和整改难度较小，发现后能够立即整改排除的隐患。

（2）重大事故隐患。重大事故隐患，是指危害和整改难度较大，应当全部或者局部停产停业，并经过一定时间整改治理方能排除的隐患，或者因外部因素影响致使生产经营单位自身难以排除的隐患。

（3）隐患检查的要求。

①隐患检查的目的：安全检查的主要目的是查找本站存在的不安全因素，根据检查结果提出消除或控制不安全因素的方法、措施。因此每次检查均应有明确的目的，并在检查表中说明。

②隐患检查组织：本站的安全检查由安全管理人员负责，根据本制度要求制定隐患排查方案，并根据隐患排查方案组织监督相关人员进行检查。根据检查结果填写"隐患整改通知书"，并对整改结果进行效果验证、评估。

（4）隐患检查的类别、内容及方法。本站的安全检查分为综合检查、专业检查、季节性检查、节假日检查、日常检查5种。

① 综合检查：综合检查为本站级安全综合检查，由相关负责人带队每季度一次，检查内容：安全管理制度及消防安全管理制度的执行情况、现场环境状况、安全警示标志、安全设施和消防设施的完好情况、各岗位的工艺状况和工艺指标执行情况、电气设施和各岗位机械设备的完好情况、现场隐患的整改落实情况等。

②季节性安全检查：由安全管理人员组织相关人员参加。

春季：以防火、防雷为重点。检查消防器材的完好有效性、各安全设施和防雷的完好状况。

夏季：以防雨、防洪、防暑降温为重点。检查电器设施的接地情况、检查厂房建筑的漏雨情况、检查各排水沟的畅通情况、各工作场所通风设施的完好情况。

秋季：以防风、防火为重点，消防器材的完好有效性。

冬季：以"冬季四防"为重点。检查各岗位排污、水管死角的防冻措施，各岗位保温措施的有效情况。

③节假日安全检查：每年春节、清明、"五一""十一"放假前，由安全管理人员组织相关人员参加，对本站安全状况进行一次全面检查。

检查内容：各类设备的安全运行状况、电器设施的运行状况、防火、防盗情况等。

④日常检查：对生产员工是否按章操作的检查；消防安全通道是否顺畅的检查；员工是否按要求佩戴防护用品的检查；全站范围内是否存在不安全因素或隐患的检查；其他人员是否有违反安全生产行为的检查；各项安全工作是否有按计划进行的检查等。

（五）隐患治理

1. 一般事故隐患

检查人员发现隐患后，应及时填写《隐患整改通知书》。由作业人员立即整改；需其他人员协助解决的，应告知安全管理人员，由其协调解决。

2. 重大事故隐患，应按以下规定处理

（1）根据需要停止使用相关设施、设备，局部停产停业或者全部停产停业。

（2）组织专业技术人员、专家或者具有相应资质的专业机构进行风险评估（评价），明确安全隐患的现状、产生原因、危害程度、整改难易程度。

（3）根据风险评估结果制定治理方案，明确治理目标和任务、治理方法和措施、经费和物资保障、责任部门和人员、治理时限和要求、安全措施和应急预案等内容。

（4）落实治理方案，消除安全隐患。

（六）隐患治理验证和效果评估

1. 事故隐患排查治理后，安全管理人员要对整改情况进行验收。

2. 对于整改措施不到位，检查验收不合格的应停止其相关设施、设备的运行和使用操作，直到检查验收合格后方可恢复运行。

安全隐患排查治理登记表

日期	存在的隐患或问题	隐患等级	整改措施	责任人	整改期限	投入资金	通知单号	整改结果确认	确认人签字

本表一式二份，一份交沼气站安全管理部门，一份本部门留存。

十三、危险源管理制度

（一）目的

为了辨识本站范围内作业场所的危险源，规范本站危险源的安全管理，防范重大事故发生，确保生产顺利进行，保障职工生命安全和身体健康，特制定本制度。

（二）适用范围

适用于本站的危险源辨识、风险评估及控制的管理工作。

（三）职责

1. 本站主要负责人

负责组织本站重要危险源的审核与批准。负责组织本站危险源的辨识及风险评估工作，对一般危险源应按照有关规定和办法处理；对重要危险源应实施控制，并上报。

2. 本站安全管理人员

负责本站危险源的辨识及风险评估工作。对一般危险源应按照有关规定和办法处理；对重要危险源应实施控制，并上报。

（四）危险源控制流程

1. 危险源的辨识

危险源辨识就是从企业的生产经营活动中识别出可能造成人员伤害、财产损失和环境破坏的因素，并判定其可能导致的事故类别和导致事故发生原因的过程。

（1）危险源辨识方法。

①询问和交流。

②现场观察。

③查阅有关记录。

④获取外部信息。

⑤工作任务分析。

（2）风险评价方法。

①直接判定法：

凡符合以下条件之一的危险源均应判定为重大危险源：不符合法律、法规和其他要求的；曾经发生过事故，且未采取有效控制措施的；直接观察到可能导致危险且无适当控制措施的。

②作业条件危险性评价法。

（3）危险源辨识范围。

工作环境：包括周围环境、工程地质、地形、自然灾害、气象条件、资源交通、抢险救灾支持条件等。

平面布局：功能分区（生产、管理、辅助生产、生活区）；高温、有害物质、噪声、辐射、易燃、易爆、危险品设施布置；建筑物、构筑物布置；风向、安全距离、卫生防护距离等。

运输路线：施工便道、各施工作业区、作业面、作业点的贯通道路以及与外界联系的交通路线等。

施工工序：物质特性（毒性、腐蚀性、燃爆性）温度、压力、速度、作业及控制条件、事故及失控状态。

危险性较大设备和高处作业设备：如提升、起重设备等。

施工机具、设备：高温、低温、腐蚀、高压、振动、关键部位的备用设备、控制、操作、检修和故障、失误时的紧急异常情况；机械设备的运动部件和工件、操作条件、检修作业、误运转和误操作；电气设备的断电、触电、火灾、爆炸、误运转和误操作、静电、雷电。

有害作业部位：粉尘、毒物、噪声、振动、辐射、高温、低温等。

各种设施：管理设施（指挥机关等）、事故应急抢救设施（医院卫生所等）、辅助生产、生活设施等。

危险源辨识、风险评估及控制流程。

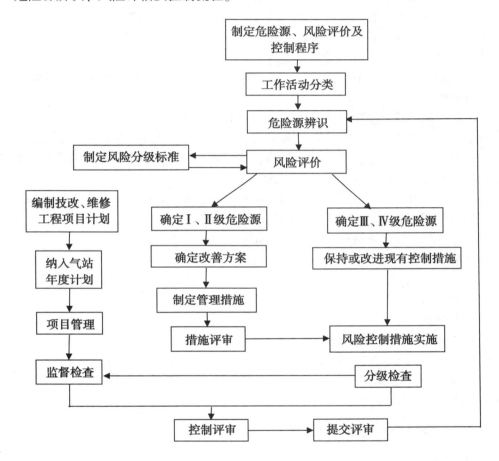

2. 危险源的控制

（1）控制原则。针对评价出的重要危险源必须由安全管理人员组织有关人员制定控制管理方案，并辅助制定运行控制程序，必要时包括应急程序。对一般危险，主要进行员工安全意识方面的培训教育，主动消除问题，考虑其实际控制效果可制定目标、管理方案，但必须明确运行控制程序要求，必要时包括应急程序。

（2）制定管理方案应遵循的顺序和原则。

①尽可能地消除风险。

②尽可能地预防风险。

③尽可能地减小风险。

④隔离风险。

⑤连续控制风险。

⑥警告提示预防风险。

（3）制定管理方案时应考虑以下几个方面的措施。

①改进生产工艺，减轻员工劳动强度，消除人身伤害危险。

②设置防护装置、保险装置及危险标示和识别标示，杜绝和减少风险。

③做好电气安全工作：防止触电，做好漏电保护、绝缘、电气隔离、安全电压、屏护和安全距离、连锁保护、电气防爆、防静电等。

④机械设备的维护保养和检修等。

⑤防止职业病，采用有效措施，避免和减少操作人员在作业过程中直接接触有害因素的设备和物料。

⑥上述方面都难以实施时，采用个体防护用品防护。

（4）管理控制方案制定后，应由安全管理人员对生产作业人员进行技术交底。

（5）管理控制方案制定后要进行评审，确保不再发生新的危险源。在实施过程中，实施负责人要始终进行监视和测量，并做好记录。

（6）安全管理员要对生产作业中的危险源经常监管，并进行评价，实施动态控制。

（五）危险源辨识及评估的持续改进

遇下述情况，应及时进行危险源辨识与风险评价工作。

1. 组织的活动发生变化。

2. 法律、法规和其他要求发生变化。

3. 内审、外审及管理评审提出要求。

4. 出现事故、事件、不符合。

5. 生产工艺发生大的变化。

6. 生产、产品发生较大变化（如采用新工艺、新设备，开发新产品等）。

7. 设备、设施发生较大变化。

8. 其他情况需要的。

十四、重大危险源管理制度

（一）目的

为了加强对重大危险源的监督管理，预防事故发生，保障人民群众生命财产安全，根据《中华人民共和国安全生产法》，结合本站实际情况，特制定本制度。

（二）定义

本制度所称重大危险源主要指达到国家规定的重大危险源辨识标准的危险源（以下简称重大危险源，如沼气站无重大危险源则不需要执行该制度）。

站级重大危险源是指沼气站存在的危险源中危险性较高或事故发生较频繁、需重点加强监管的生产装置、设施或场所。

重大危险源是指长期地或者临时地生产、搬运、使用或者储存危险物品，且危险物品的数量等于或者超过临界量的单元（包括场所和设施），辨识依据是《危险化学品重大危险源辨识》（GB 18218—2018，2019 年 3 月 1 日实施）（甲烷临界量为 50t，煤气临界量为 20t）。

（三）职责与要求

1. 安全管理人员应当根据上级有关规定，对本站各生产装置、设施或场所进行辨识，存在重大危险源的，应当进行登记，并聘请有资质的部门进行辨识、评估，确定重大危险源等级，对重大危险源进行监测监控，并建立重大危险源安全管理档案。

2. 对重大危险源存在的事故隐患，任何部门或者个人均有权向上级应急管理部门及负有安全生产监督管理职责的相关部门举报。

3. 建立健全重大危险源安全管理规章制度，落实重大危险源安全管理与监控责任制度，明确有关人员对重大危险源日常安全管理与监控职责。

4. 本站的主要负责人应当保证重大危险源安全管理与监控所需资金的投入。

5. 本站应当将重大危险源可能发生事故的应急措施，特别是避险方法书面告知相关人员。

6. 本站应当在重大危险源现场设置明显的安全警示标志，并加强对重大危险源的监控和对有关设备、设施的安全管理。

7. 本站应当对重大危险源中的工艺参数、危险物质进行定期检测，并做好检测、检验记录。

8. 本站应当对重大危险源的安全状况和防护措施落实情况进行定期检查，做好检查记录，并按季度将检查情况报送应急管理部门。

9. 对存在事故隐患的重大危险源，必须立即整改；对不能立即整改的，必须采取切实可行的安全措施，防止事故发生，并及时报告上级安全管理部门。

10. 对本站存在的重大危险源，本站应当编制重大危险源应急救援预案，并报上级主管部门备案。应急救援预案应当包括以下内容。

（1）重大危险源基本情况及周边环境概况。

（2）应急机构人员及其职责。

（3）危险辨识与评价。

（4）应急设备与设施。

（5）应急能力评价与资源。

（6）应急响应、报警、通信联络方式。

（7）事故应急程序与行动方案。

（8）事故后的恢复与程序。

（9）培训与演练。

11. 每年应当根据应急救援预案制定演练方案和演练计划，定期进行实战演练或模拟演练。

（四）重大危险源档案

建立重大危险源安全管理档案，包括以下内容。

1. 重大危险源安全评估报告。

2. 重大危险源安全管理制度。

3. 重大危险源安全管理与监控实施方案。

4. 重大危险源监控检查表。

5. 重大危险源应急救援预案和演练方案。

6. 重大危险源报表。

（五）重大危险源的评估

1. 本站应当至少每 3 年对本站存在的重大危险源（不包括站级重大危险源）组织进行一次安全评估。

2. 安全评估工作可以由本站组织具有国家规定资格条件的安全评估人员进行，也可以委托具备国家规定资质条件的中介机构进行，评估工作结束后，应当出具《重大危险源安全评估报告》。《重大危险源安全评估报告》应当数据准确，内容完整，建议措施具体可行，结论客观公正。

3.《重大危险源安全评估报告》应当包括以下内容。

（1）安全评估的主要依据。

（2）重大危险源的基本情况。

（3）危险、有害因素辨识。

（4）可能发生的事故种类及严重程度。

（5）重大危险源等级。

（6）防范事故的对策措施。

（7）应急救援预案的评价。

（8）评估结论与建议等。

（六）重大危险源的分级

按照重大危险源的种类和能量在意外状态下可能发生事故的最严重后果，重大危险源分为以下四级。

一级重大危险源：可能造成特别重大事故的。

二级重大危险源：可能造成特大事故的。

三级重大危险源：可能造成重大事故的。

四级重大危险源：可能造成一般事故的。

重大危险源的具体等级认定按照国家有关标准执行。

（七）重大危险源的更新

1. 在与重大危险源相关的生产过程、材料、工艺、设备、防护措施和环境等因素发生重大变化，或者国家有关法律、法规、标准发生变化时，本站应当对重大危险源重新进行安全评估，并将《重大危险源安全评估报告》及时报送应急管理部门备案。

2. 对新产生的重大危险源，本站应当及时报送应急管理部门备案；对已不构成重大危险源的，本站应当及时报告应急管理部门核销。

3. 本站应采取技术措施和组织措施进行监控，确保危险源处于可控状态。

4. 沼气站辨识的站级重大危险源不需向上级主管部门或应急管理部门报备，但在日常管理中应参照该制度要求进行管理。

第三节　职业卫生管理相关制度

一、职业卫生管理制度

（一）目的和依据

1. 为预防、控制和消除职业危害，预防职业病，保护全体员工的身体健康及其相关权益，根据《中华人民共和国职业病防治法》和《职业病危害项目申报管理办法》等有关法律、法规规定，结合本站实际，制定本制度。

2. 职业卫生管理与职业病防治工作坚持"预防为主、防治结合"的方针，实行分类管理、综合治理的原则。

（二）适用范围

本制度适用于本站的职业卫生管理工作。

（三）定义

1. **职业危害**

指对从事职业活动的劳动者可能导致职业病的各种危害。职业危害因素包括职业活动中存在的各种有害的化学、物理、生物因素以及在作业过程中产生的其他有害因素。

2. **职业病**

指用人单位的劳动者在职业活动中，因接触粉尘、放射性物质和其他有毒有害物质等因素而引起的，并列入国家公布的职业病名单的疾病。

（四）安全管理人员的具体职责

1. 宣传、贯彻国家的有关法律、法规，并监督实施。

2. 确定本站的职业危害因素监测点，协助检测机构对职业危害因素监测点进行监测，并对监测结果进行公示；对超标场所，分析原因，提出整改方案，监督整改。

3. 负责职业病危害项目申报工作，负责企业职业卫生档案的建立工作。

4. 负责组织进行建设项目的职业病危害预评价和职业病危害控制效果评价。

5. 负责在职员工职业病档案的归档工作。

6. 组织开展职业卫生教育工作，普及和提高全体员工的职业卫生知识，提高自救、互救能力。

（五）职业防护

1. **劳动者享有下列职业卫生保护权利**

（1）获得职业卫生教育、培训的权力。

（2）获得职业健康检查、职业病诊疗、康复等职业病防治服务的权力。

（3）了解工作场所产生或者可能产生的职业病危害因素、危害后果和应当采取的职业病防护措施的权利。

（4）要求用人单位提供符合防治职业病要求的职业病防护设施和个人使用的职业病防护用品，改善工作条件的权利。

（5）对违反职业病防治法律、法规及危及生命健康的行为提出批评、检举和控告的权利。

（6）有权拒绝违章指挥、进行没有职业病防护措施的作业的权利。

（7）参与用人单位职业卫生工作的民主管理，具有对职业病防治工作提出意见和建议的权利。

2. 职业卫生管理

（1）对工作场所存在的各种职业危害因素进行定期监测，工作场所各种职业危害因素检测结果必须符合国家有关标准要求。

（2）对疑似职业病的员工应到具有职业病诊疗资格的职防部门进行检查、诊断。

（3）对接触职业危害因素的员工进行健康检查。包括上岗前的健康检查、在岗时的定期职业健康检查、离岗及退休前的职业健康检查。没有进行职业性健康检查的员工不得从事接触职业危害作业，有职业禁忌征的员工不得从事所禁忌的作业。

（4）作场所发生危害员工健康的紧急情况，应立即组织该场所的员工进行应急职业性健康检查，并采取相应处理措施。

（5）存在职业危害的岗位要制定出相应的职业安全卫生操作规程，专兼职安全卫生管理人员严格监督岗位操作人员按章操作。

（6）有毒有害工作场所的醒目位置应设置有毒有害因素告示牌，注明岗位名称、有毒有害因素名称、国家规定的最高允许浓度、监测结果、预防措施等。

二、职业卫生告知及职业病报告制度

（一）职业卫生告知

1. 聘用作业人员时，将在生产过程中可能产生的职业病危害因素及产生的后果、职业病防护措施及相关权益如实告知作业人员并在劳动合同中写明，不得隐瞒或欺骗。

2. 在醒目位置设置公告栏，公布有关职业病防治的规章制度，产生职业病种类、后果及其预防，职业病危害事故应急救援措施和作业现场职业病危害因素检测、评价结果。

3. 按照《中华人民共和国职业病防治法》的规定组织作业人员进行上岗前、在岗期间和离岗时的职业健康检查，并将结果如实告知劳动者。

4. 当发生职业病危害事故时，将职业病危害事故发生地点、时间、发病情况、死亡情况等立即向上级主管部门报告。

（二）职业危害申报制度

1. 按照原安监总局《作业场所职业危害申报管理办法》规定，向县卫生和健康管理部门申报职业病危害项目。

2. 本站存在或者产生职业危害因素的项目按照卫计委发放的《职业病危害因素分类目录》确定。

3. 职业危害项目申报的主要内容如下。

（1）生产经营单位的基本情况。

（2）产生职业危害因素的生产技术、工艺和材料的情况。

（3）作业场所职业危害因素的种类、浓度和强度的情况。

（4）作业场所接触职业危害因素的人数及分布情况。

（5）职业危害防护设施及个人防护用品的配备情况。

（6）对接触职业危害因素从业人员的管理情况。

（7）法律、法规和规章规定的其他资料。

4. 本站应当每年组织一次职业危害项目申报。

当出现下列事项发生重大变化的，应当按照本条规定向原申报机关申报变更。

（1）进行新建、改建、扩建、技术改造或者技术引进的，在建设项目竣工验收之日起 30 日内进行申报。

（2）因技术、工艺或者材料发生变化导致原申报的职业危害因素及其相关内容发生重大变化的，在技术、工艺或者材料变化之日起 15 日内进行申报。

（3）生产经营单位名称、法人代表或者主要负责人发生变化的，在发生变化之日起 15 日内进行申报。

三、职业健康宣传教育培训制度

1. 积极开展职业卫生教育培训工作，提高职工的职业病防范意识和自我保护的技能。

2. 新职工进企业，必须先进行上岗前职业卫生知识教育培训；转换工作岗位，也应进行相应的职业卫生知识教育培训。

3. 开展日常教育工作，进行职业卫生教育培训。

4. 结合事故案例开展职业卫生教育。

5. 专（兼）职的职业卫生管理员必须参加卫生和健康管理部门组织的职业卫生安全培训。

6. 结合生产特点开展国家的有关职业卫生的法律、法规、标准、规范的学习和培训。

7. 做好学习培训的记录。

四、职业危害防护设施的维护检修制度

1. 各类职业危害防护设施（防尘、防毒、防噪声、防高温等设备设施）要贯彻"谁主管，谁负责"的原则，定人员，定岗位，定监管责任。

2. 作业人员要对职业危害防护设施进行经常性的维护、检修和保养，定期检测其性能和效果，确保其处于正常状态。不得擅自拆除或者停止使用职业危害防护设施。

3. 发现职业危害防护设备（设施）有异常情况应及时查找原因并配合维修工进行修复，使之正常运行有效。

五、职业卫生档案与职业健康监护档案管理制度

（一）根据《中华人民共和国职业病防治法》的规定，结合本站的实际建立职业卫生档案，员工个人职业健康监护档案，简称"两档"，并由专人保管。

（二）职业卫生档案

1. 职业健康体检表。

2. 接触职业病危害因素人员一览表。

3. 接触职业病危害因素人员作业人员登记卡。

4. 职业病危害、职业中毒记录卡。

5. 职业病危害因素检测结果汇总资料。

6. 职业中毒事故报告与处理记录表等。

（三）员工个人健康监护档案

1. 员工的职业史、既往史和职业病危害接触史。

2. 职业健康检查结果。

3. 职业病诊断、职业病病例登记表等员工个人健康资料。

4. 职业健康监护委托书或合同。

5. 职业病人处理、安置情况汇总资料。

（四）"两档"资料按档案管理的要求建立目录、统一编号、专册登记；分永久、长期、短期3种期限及时进行归档。

（五）"两档"资料应字迹清楚、图表清晰、文字准确可靠，并管好和用好"两档"。

（六）随时、定期地根据本站人员的变动，及时调核和补充"两档"。

（七）员工离开单位时，有权索取个人健康档案资料，本站应如实地、无偿地提供，并在所提供的个人复印件上签章。

（八）本制度自颁布之日起施行，有关职业档案管理的其他规定按照国家现行的法律、法规、职业卫生标准和职业危害防治管理制度执行。

第四节　应急救援管理相关制度

一、应急救援管理制度

（一）本站成立"应急救援小组"，由主要负责人、安全管理人员和各区域负责人组成，发生事故时以组长为主，负责本站救援工作的组织和指挥。

（二）应急救援小组组长由本站主要负责人担任，副组长由安全管理人员担任。

（三）按照各类预案要求定期组织开展应急救援演练工作。

（四）本站内事故报警方式采用内部电话和外部电话线路进行报警，由领导组根据事态情况通过本站内部电话发布事故消息，做出紧急疏散和撤离等警报。需要向社会和周边发布警报时，由指挥部人员向政府以及周边单位发送警报消息。事态严重紧急时，通过指挥部直接联系政府以及周边单位负责人，由组长亲自向政府或负责人发布消息，提出要求组织撤离疏散或者请求援助，随时保持电话联系。

（五）本站应急救援人员之间采用内部和外部电话线路进行联系，应急救援小组的电话必须24小时开机，禁止随意更换电话号码的行为。

（六）现场事故应急处理的首要任务是控制和遏制事故，从而防止事故扩大到附近的其他设施，以减少伤害。在处理事故时要坚持以下原则。

（1）消除事故原因。

（2）阻断泄漏。

（3）把受伤人员抢救搬运到安全区域。

（4）危险范围内无关人员迅速疏散、撤离现场。

（5）事故抢险人员应做好个人防护和必要的防范措施后，迅速投入排险工作。

（七）事故发生后，要迅速划定事故现场隔离区范围，防止无关人员误入现场造成伤害，同时要做好隔离区的交通疏通工作。

（八）事故得到控制后，要立即对现场进行洗消并迅速成立事故调查小组，在对现场进行采取摄像、拍片等取证分析后，由组长下达解除应急救援的命令。在涉及周边社区和单位的疏散时，由组长通知周边单位负责人员或者社区负责人解除警报。

（九）救援小组、事故发生当事人必须在24小时内组织召开事故分析会（特殊情况可以延期，最多不超过三天），处理结果将在现场进行通报，让全体员工受到教育。

（十）处罚

（1）对违反制度规定，不积极执行救援任务、不配合救援工作的相关人员进行相应的处罚，严重的解除劳动合同。

（2）对事故当事人除进行处罚外，还应进行安全教育，情节严重的解除劳动合同。

二、应急救援机构管理制度

（一）总则

本站发生事故后，为了能够有效组织事故抢险，救灾工作，及时控制和消除突发性危害的发生，最大限度地减少事故造成的人员伤亡和财产损失，使应急救援工作安全、有序、科学、高效的实施，根据相关要求，本站应成立应急救援小组。

（二）应急救援机构构成

1.应急救援小组

组　长：由本站主要负责人担任。

副组长：由本站安全管理人员担任。

组长职责：

（1）全面负责应急处理工作，领导应急处理的指挥和协调，对事故与灾害的紧急处置迅速做出判断与决策。

（2）复查和评估事故（事件）可能发展的方向，确定其可能的发展过程。

（3）指挥现场人员撤离，确保任何伤害者都能得到足够的重视。

（4）决定事故现场是否实行交通管制，协助相关应急机构开展服务工作。

（5）与相关应急机构取得联系及对紧急情况的处理做出安排。

（6）及时向上级安全部门报告重大伤亡事故的应急处理工作。

（7）在紧急状态结束后，控制受影响地点的恢复，并组织人员参加事故的分析和处理。

副组长职责：

（1）协助组长工作，负责组织编写应急预案，提出抢险报修及避免事故扩大的临时应急方案和措施。

（2）负责应急现场的直接指挥以及组织应急救援方案的演练，实施应急方案和措施，并修补实施中的应急方案和措施存在的缺陷。

（3）负责组织专业救灾队伍进行事故中心地带的抢救与救灾工作。

（4）评估事故的规模和发展态势，建立应急步骤，确保员工安全和减少设施、财产损失。

（5）组织绘制事故现场平面图，标明重点部位，向外部救援机构提供准确的抢险救援信息资料。

（6）负责组织救灾队伍进行紧急情况下配合或替换专业救灾队伍抢险与救灾，防止事故或灾害扩大与蔓延。在事故调查清楚并定性的条件下，尽快清理现场，恢复生产。

（7）组长不在现场时代行工作。

2. 成员（站内相关作业人员组成）

（1）负责事故或灾害的紧急救险、救灾与处置情况的通讯指令的传达，保证指挥机构与各成员之间，本单位与上级和周边单位之间（如地方消防、医疗机构）信息及时沟通，完成调度、汇报、通告与救援工作。

（2）负责应急过程的会议、记录与整理，应急事件结束后向应急领导小组提交会议记录报告。

（3）负责在第一时间内进行现场安全抢险救灾工作，对抢救过程中的工艺设备、管线以及电力等进行调整和控制，并及时向应急救援指挥机构报告现场情况。

（4）负责在外部救援机构未到达前，对受害者进行必要的抢救（如人工呼吸、包扎止血、防止受伤部位受污染等）。

（5）负责维持秩序、疏通交通等工作；协助、配合政府有关部门对伤亡事故的处理。

三、应急救援预案管理制度

（一）目的

为了规范安全生产事故应急预案的管理，完善应急预案体系，增强应急预案的科学性、针对性、实效性，依据《生产经营单位生产安全事故应急预案编制导则》和《应急管理部关于修改〈生产安全事故应急预案管理办法〉的决定》（应急管理部2号令〔2019〕）等法律法规和规章，特制定本制度。

（二）范围

本制度适用于应急预案的编制、评审、发布、备案、培训、演练和修订等工作。

（三）事故风险辨识、评估和应急资源调查

编制应急预案前，编制单位应当进行事故风险辨识、评估和应急资源调查。

事故风险辨识、评估，是指针对不同事故种类及特点，识别存在的危险危害因素，

分析事故可能产生的直接后果以及次生、衍生后果，评估各种后果的危害程度和影响范围，提出防范和控制事故风险措施的过程。

应急资源调查，是指全面调查本地区、本沼气站第一时间可以调用的应急资源状况和合作区域内可以请求援助的应急资源状况，并结合事故风险辨识评估结论制定应急措施的过程。

（四）应急预案的编制

1. 应急预案的编制应当符合下列基本要求。

（1）符合有关法律、法规、规章和标准的规定。

（2）结合本站的安全生产实际情况。

（3）结合本站的危险性分析情况。

（4）应急组织和人员的职责分工明确，并有具体的落实措施。

（5）有明确、具体的事故预防措施和应急程序，并与其应急能力相适应。

（6）有明确的应急保障措施，并能满足本站的应急工作要求。

（7）预案基本要素齐全、完整，预案附件提供的信息准确。

（8）预案内容与相关应急预案相互衔接。

2. 本站根据有关法律、法规和《生产经营单位生产安全事故应急预案编制导则》（GB/T 29639—2013）（以下简称《导则》），结合本站的危险源状况、危险性分析情况和可能发生的事故特点，制定相应的应急预案。

3. 本站应急预案体系为综合应急预案、专项应急预案和现场处置方案。

（1）针对本站存在的各种风险、事故类型的，由主要负责人组织编制本站的综合应急预案。综合应急预案包括本站的应急组织机构及其职责、预案体系及响应程序、事故预防及应急保障、应急培训及预案演练等主要内容。

（2）对于某一种类的风险，由安全管理人员组织制定相应的专项应急预案。

专项应急预案包括危险性分析、可能发生的事故特征、应急组织机构与职责、预防措施、应急处置程序和应急保障等内容。

（3）对于危险性较大的重点岗位——关键岗位、重点部位（包括重大危险源），由所在岗位负责人组织制定现场处置方案。现场处置方案应当包括危险性分析、可能发生的事故特征、应急处置程序、应急处置要点和注意事项等内容。

4. 综合应急预案、专项应急预案和现场处置方案之间应当相互衔接，并与所涉及的其他单位的应急预案相互衔接。

5. 应急预案应当包括应急组织机构和人员的联系方式、应急物资储备清单等附件信息。附件信息应当经常更新，确保信息准确有效。

（五）应急预案的评审

1. 评审方法

应急预案评审采取形式评审和要素评审两种方法。形式评审主要用于应急预案备案时的评审，要素评审用于应急预案评审工作。应急预案评审采用符合、基本符合、不符合三种意见进行判定。对于基本符合和不符合的项目，应给出具体修改意见或建议。

（1）形式评审。依据《导则》和有关规范，对应急预案的层次结构、内容格式、语言文字、附件项目以及编制程序等内容进行审查，重点审查应急预案的规范性和编制程序。

（2）要素评审。依据国家有关法律法规、《导则》和有关行业规范，从合法性、完整性、针对性、实用性、科学性、操作性和衔接性等方面对应急预案进行评审。为细化评审，采用列表方式分别对应急预案的要素进行评审。评审时，将应急预案的要素内容与评审表中所列要素的内容进行对照，判断是否符合有关要求，指出存在问题及不足。应急预案要素分为关键要素和一般要素。

①关键要素：应急预案构成要素中必须规范的内容。包括危险源辨识与风险分析、组织机构及职责、信息报告与处置和应急响应程序与处置技术等要素。关键要素必须符合本站实际和有关规定要求。

②一般要素：应急预案构成要素中可简写或省略的内容。包括应急预案中的编制目的、编制依据、适用范围、工作原则、单位概况等要素。

2. 评审程序

（1）评审准备。成立应急预案评审工作组，成员包括本站领导、职能部门负责人及涉及单位负责人及技术人员。

（2）组织评审。评审工作由主要负责人主持，应急预案评审工作组讨论并提出会议评审意见。现场处置方案的评审，采取演练的方式对应急预案进行论证。

（3）修订完善。应急预案编制组织者应认真组织分析研究评审意见，按照评审意见对应急预案进行修订和完善。

（4）批准印发。应急预案经评审或论证，符合要求的，由主要负责人签发。

（六）应急预案的备案

1. 本站应急预案应报主管部门备案，并提交以下材料。

（1）应急预案备案申请表。

（2）应急预案评审或者论证意见。

（3）应急预案文本及电子文档。

2. 本站应当向接受备案的上级部门，领取备案登记证明。

（七）应急预案的实施

1. 本站采取多种形式开展应急预案的宣传教育，普及生产安全事故预防、避险、自救和互救知识，提高员工的安全意识和应急处置技能。

2. 定期组织开展本单位的应急预案培训活动，使有关人员了解应急预案内容，熟悉应急职责、应急程序和岗位应急处置方案。

3. 应急预案的要点和程序应张贴在应急地点和应急指挥场所，并设置明显的标志。

4. 本站在制定年度安全工作计划时，同时制定应急预案演练计划，每年至少组织一次综合应急预案演练或者专项应急预案演练，每半年至少组织一次现场处置方案演练。

5. 应急预案演练结束后，应急预案演练组织单位应当对应急预案演练效果进行评估，撰写应急预案演练评估报告，分析存在的问题，并对应急预案提出修订意见。

6. 应急预案每三年修订一次，预案修订情况应有记录并归档。

7. 有下列情形之一的，应急预案应当及时修订。

（1）本站因兼并、重组、转制等导致隶属关系、经营方式、法定代表人发生变化的。

（2）本站生产工艺和技术发生变化的。

（3）周围环境发生变化，形成新的重大危险源的。

（4）应急组织指挥体系或者职责已经调整的。

（5）依据的法律、法规、规章和标准发生变化的。

（6）应急预案演练评估报告要求修订的。

（7）应急预案管理部门要求修订的。

8. 本站及时向有关部门或者单位报告应急预案的修订情况，并按照有关应急预案报备程序重新备案。

9. 本站按照应急预案的要求配备相应的应急物资及装备，并定期检测和维护，使其处于良好状态。

10. 若发生事故，应当及时启动应急预案，组织有关力量进行救援。

四、应急救援演练管理制度

（一）总则

为了检验应急预案的实用性、可用性、可靠性，明确员工在发生事故时的职责和应急行动程序，提高人们避免事故、防止事故、抵抗事故的能力，提高对事故的警惕性，取得经验以改进所制定的行动方案，特制定本制度。

（二）演练目的

1. 通过演练检查各应急救援队伍应付可能发生的各种紧急情况的适应性及各救援队之间相互支援及协调能力。

2. 通过演练检验应急设备的可靠性，使救援队伍掌握相关装备的正确使用方法，提高实际技能及熟练程度。

3. 检验应急救援指挥部的应急能力。

4. 通过演练发现预案中存在的问题，为修正预案提供实际资料。

（三）演练组织

1. 事故应急救援预案的演练应有专门的人员负责演练的设计、演练过程的监督和评价。

2. 演练情况的设置应根据真实现场的基本情况，尽量与实际相符，并考虑突发情况。

3. 保证每一位参加救援的人员都有机会参加演练，有重大事故潜在的危险场所，还应保证该岗位的员工全员参加演练。熟悉疏散路线和各种应急救援程序、信号。

4. 整个演练过程应有完整的记录，作为演练评价和未来演练计划制定的参考资料，演练结束后应由相关人员对演练过程做出评价。

（四）演练培训

1. 严格按照应急预案要求定期组织应急预案的培训。

2. 认真进行考勤，对因故未参加培训的人员进行补课，对无故不参加培训的人员要进行严肃处理。

3. 培训要认真进行记录，记录培训内容、参加人员、培训时间和培训效果。

4. 应急救援培训可采用课堂讲座、现场讲解、示范和应急救援训练等不同形式。

（五）演练总结

应急救援演练结束后，应对以下内容进行讲评总结。

1. 通过演练发现的主要问题。

2. 对演练设置情况的评价。

3. 对预案有关程序内容的改进意见。

4. 应急装备、通信保障等是否满足应急要求。

（六）演练评价

1. 演练单位应组织有关人员对演练的效果做出评价，并提交演练评价报告。

2. 详细说明演练过程中发现的问题，分为不足项、整改项和改进项。

（1）不足项指演练过程中观察或识别出的应急准备缺陷。在紧急事件发生时，不能确保应急组织或应急救援体系有能力采取合理应对措施，不能保证公众的安全与健康。不足项应在规定的时间内予以纠正。

（2）整改项指演练过程中观察或识别出的，在应急救援中对公众的安全与健康造成不良影响的应急准备缺陷。整改项应在下次演练前予以纠正。

（3）改进项指应急准备过程中应予改善的问题，视情况予以改进，不必一定要求予以纠正。

五、安全生产事故管理制度

（一）目的

为了做好安全生产事故的报告调查和处理工作，保障本站员工在生产过程中安全与健康，根据《生产安全事故报告和调查处理条例》（国家安全生产监督管理总局 13 号令）和《晋城市人民政府办公厅关于进一步规范全市生产安全事故信息报告时限和内容的通知》等上级有关规定，结合本站实际，特制定本制度。

（二）适用范围

本制度适用于本站发生安全事故后的管理工作。

（三）定义

1. 生产安全事故

指在生产经营领域中发生的意外的突发事故，通常会造成人员伤亡或财产损失，使正常生产经营活动中断的事件。

2. 伤亡事故

指企业在册职工（包括计划内合同工、临时工）在本岗位劳动过程中发生的人身伤害、急性中毒事故或虽不在本岗位劳动，但由于本站的设备和措施不安全、劳动条件和作业环境不良、管理不善，以及单位行政指派到单位外从事本单位的活动，所发生的人身伤害（即微伤、轻伤、重伤、死亡）。

3. 微伤事故

指职工负伤后损失工作日在 1 日以上，经劳动部门劳动能力鉴定没有伤残级别的伤害事故。

4. 轻伤事故

指微伤以上、重伤以下的伤害事故。

5. 重伤事故

指职工负伤后，经医师诊断为残疾，或者可能成为残疾，或者伤势严重的伤害事故。

6. 死亡事故

指造成人员死亡的伤害事故。

（四）职责

1. 主要负责人组织事故的调查和取证管理，监督事故后整改措施落实管理，负责参与因公伤亡事故的调查、善后处理管理。

2. 安全管理人员负责申报工伤认定、传递信息、统计、分析、汇总管理，负责工伤人员伤残等级鉴定管理，办理工伤保险待遇赔付管理。

（五）管理程序

1. 事故等级划分（等级划分"以上"包含本数，"以下"不包含本数）

根据生产安全事故造成的人员伤亡或者直接经济损失，事故一般分为以下等级。

A. 特大安全事故，是指造成 30 人以上死亡，或者 100 人以上重伤（包括急性工业中毒，下同），或者 1 亿元以上直接经济损失的事故。

B. 重大安全事故，是指造成 10 人以上 30 人以下死亡，或者 50 人以上 100 人以下重伤，或者 5 000 万元以上 1 亿元以下直接经济损失的事故。

C. 较大安全事故，是指造成 3 人以上 10 人以下死亡，或者 10 人以上 50 人以下重伤，或者 1 000 万元以上 5 000 万元以下直接经济损失的事故。

D. 一般安全事故，是指造成 3 人以下死亡，或者 10 人以下重伤，或者 1 000 万元以下直接经济损失的事故。

E. 轻伤事故：构不成重伤、死亡的人身伤害事故。

2. 事故报告管理

（1）发生生产安全事故，不论事故大小，事故现场有关人员均应立即向管理人员报告，情况紧急时可直接向本站主要负责人直接汇报。同时在保证安全的前提下保护现场、组织抢救和自救。

（3）本站发生一般以上生产安全事故，主要负责人接到报告后，应在 1 小时内同时向当地主管部门报告。另根据《晋城市安全生产监督管理局生产安全事故灾难总体应急预案》要求，本站发生一般以上的安全生产事故后应及时将信息报市安监局。

（4）事故报告后出现新情况的，应当及时补报。事故造成的伤亡人数发生变化的，事故单位应当及时补报。不得有瞒报、谎报、迟报、漏报现象。

（5）事故报告分文字报表和电话快报两种方式，事故报告过程中，来不及形成文字的，可先用电话口头报告，然后再呈送文字报告；来不及呈送详细报告的，可先作简要报告，然后根据事态的发展和处理情况，随时续报。

使用文字报表报告时，应当包括下列内容。

①事故发生单位的名称、地址、性质、产能等基本情况。

②事故发生的时间、地点以及事故现场情况。

③事故的简要经过（包括应急救援情况）。

④事故已经造成或者可能造成的伤亡人数（包括下落不明、涉险的人数）和初步估计的直接经济损失。

⑤已经采取的措施。

⑥其他应当报告的情况。

使用电话快报时，应当包括下列内容。

①事故发生单位的名称、地址、性质。

②事故发生的时间、地点。

③事故已经造成或者可能造成的伤亡人数（包括下落不明、涉险的人数）。

根据事态的发展和处理情况，随时续报文字材料。

3. 事故救援

（1）接到事故报告后，在进行事故逐级上报的同时，应采取有效措施，或立即启动事故相应的应急预案，组织抢险救援，防止事故扩大和财产损失。

（2）发生人身伤害事故，现场人员应立即采取有效措施，杜绝继发事故，防止事故扩大，并立即将受伤或中毒人员用适当的方法和器具搬运出危险地带，并根据具体情况施行急救措施。在医务人员未赶到现场前，现场人员不得停止对伤害人员的抢救和护理。

（3）事故发生后，要妥善保护事故现场和相关证据，因抢救人员、防止事故扩大以及疏散交通等原因，需要移动事故现场物件的，要做出标志，绘制简图并做出书面记录。

4. 事故调查处理

在事故调查处理中要坚持实事求是、尊重科学的原则，要严格按照"四不放过"的原则进行处理，追究相关人员责任。

（1）发生一般及以上等级事故，按照《生产安全事故报告和调查处理条例》的规定由相应级别政府组织调查，本站有关领导对事故按照"四不放过"（事故原因不查清不放过、责任人员未处理不放过、整改措施未落实不放过、有关人员未受到教育不放过）的原则进行处理。

（2）发生轻伤事故，由安全管理人员组织调查。

（3）在事故调查中，要分清责任事故和非责任事故。责任事故：指因有关人员的过失而造成的事故；非责任事故：指由于自然界的因素而造成不可避免的事故或由于科学技术条件的限制而发生的无法预料的事故。

（4）在追究责任时要分清直接责任和领导责任，责任分析要严格按照以下步骤。

①按照事故调查确认的事实。

②按照有关组织管理及生产技术因素，追究最初造成不安全状态的责任。

③按照有关技术规定的性质、明确程度、技术难度，追究属于明显违反技术规定的责任，不追究属于未知领域的责任。

④根据事故后果和责任者应负的责任以及认识态度提出处理意见。

5. 事故后续处理

（1）伤亡事故原因查清后，必须对事故进行责任分析，分清并明确领导和有关人员的责任，同时进行必要的处理，不得用"集体承担责任"来代替个人的责任。

（2）属下列情况之一的应首先追究有关领导的责任。

①由于安全生产规章制度和操作规程不健全，职工无章可循造成伤亡事故的。

②对职工不按规定进行安全技术培训或对特殊工种未经考试合格就顶替岗位操作，造成伤亡事故的。

③由于设备严重失修，严重超负荷运行，经反映后未采取措施造成伤亡事故的。

④作业场所的安全设施、安全信号、安全标志，安全用具等不全，不符合标准造成伤亡事故的。

⑤由于不按国家规定配备专职安技人员，管理混乱，造成伤亡事故的。

⑥由于不按规定使用安全技术措施经费造成伤亡事故的。

⑦对存在的重大事故隐患而未能及时处理发生重大伤亡事故的。

（3）属下列情况之一的，应当追究肇事者或有关人员的责任。

①由于冒险蛮干或玩忽职守造成伤亡事故的。

②由于违章指挥，违章作业造成伤亡事故的。

③发现有事故危险的紧急情况，不立即报告，不积极采取措施，因而未能避免减轻事故的。

④由于不服从管理，违反劳动纪律，擅离职守或擅自开动机械设备，造成伤亡事故的。

⑤由于不按规定穿戴个人防护用品，造成伤亡事故的。

（4）属下列情况之一的，应当对有关人员从严处罚。

①发生死亡、重伤或多人事故后隐瞒不报，虚报或故意拖延报告的。

②在事故调查中，隐瞒事故真相，破坏事故现场，弄虚作假，甚至嫁祸于人的。

③事故发生后，由于不积极组织抢救或抢救不力，造成重大伤亡的。

④事故发生后，不认真吸取教训，采取防范措施，致使同类事故重复发生的。

⑤对安全检查中发现的事故隐患既未按限期整改，又未采取临时措施，发生伤亡事故的。

⑥违反国家、省、市有关规定，滥用职权，擅自处理或袒护包庇事故责任的。

⑦对维护安全生产，坚持按安全生产有关法规办事的人员，实行报复、陷害的。

（5）事故情节恶劣，后果严重，触犯刑法的由司法部门追究刑事责任。

（6）事故处理过程中，对事故责任者（包括本站领导、各部门领导、班组长等有关人员）由上级按有关文件进行刑事、行政处理，经济制裁。

6. 统计与分析

本站应定期对发生的事故进行统计，对发生事故的种类、性质、等级、损失情况、时间、地点进行归纳，找出有关规律，制定针对性的防范措施。

7. 回顾

应在事故发生时间、安全宣传月等时间对本站或其他企业所发生的事故进行回顾，回顾内容应包括本站或其他企业发生类似事故的经过、调查处理、采取的措施等，并对有关法律法规、制度进行学习，使本站每个员工都得到教育，安全意识得到提高。

第四章 大中型沼气站运行操作规程

第一节 工种操作规程

一、电工安全操作规程

1. 检修电气设备时，须参照其他有关技术规程，如不了解该设备规范注意事项，不允许私自操作。

2. 工作前应详细检查自己所用工具是否安全可靠，穿戴好必需的防护用品，以防工作时发生意外。

3. 电气检修、维修作业及危险工作严禁单独作业。

4. 在未确定电线是否带电的情况下，严禁用老虎钳或其他工具同时切断两根及以上电线。

5. 电气操作人员应思想集中，电器线路在未经测电笔确定无电前，应一律视为"有电"，不可用手触摸，不可绝对相信绝缘体，应认为有电操作。

6. 工作中所有拆除的电线要处理好，不立即使用的裸露线头包好，以防发生触电。

7. 严禁拆开电器设备的外壳进行带电操作。

8. 维修线路要采取必要的措施，在开关手把上或线路上悬挂"有人工作、禁止合闸"的警告牌，防止他人中途送电。

9. 检查完工后，送电前必须认真检查，看是否合乎要求并和有关人员联系好，方能送电。

10. 工作结束后，必须全部工作人员撤离工作地段，拆除警告牌，所有材料、工具、仪表等随之撤离，原有防护装置随时安装好。

二、气焊（割）工安全操作规程

一是焊接前应检查焊接设备、工具并达到完好，防护用品要齐全完好、工作地点是否符合要求。

二是焊钳与把线必须绝缘良好、连接牢固，更换焊条应戴手套，在潮湿地点工作，应站在绝缘胶板或木板上。

三是在金属容器或大口径管道内焊接或切割时，应有良好的通风和排除有毒烟尘的装置，严禁向容器和管道内输入氧气。

四是清除焊缝焊渣时，要戴上眼镜，注意头部应避开敲击焊渣飞溅方向，以免刺伤眼睛,不能对着在场人员敲打焊渣。

五是工作时注意,以免火花及熔渣随风飘落而引起火灾,焊条头不得随意乱丢,应收回交库,做到文明施工。

六是电焊把线和氧气、乙炔胶管,应固定地绑在工作地点的支架上,工具应放入工具袋,焊接材料应放在稳妥方便的地方。

七是容器内使用电压为12V手提灯,容器外应设专人配合施工并做好安全监护。

八是氧气瓶、乙炔表及焊割工具上禁止沾染油脂。

九是氧气、乙炔瓶应配齐防震帽,搬运时防止撞击和剧烈震动。

十是氧气瓶、乙炔瓶间距不得小于5m,氧气瓶、乙炔瓶距明火距离不小于10m,点火时,焊割枪口不准对人,正在燃烧的焊、割炬不得放在工件和地面上。

三、锅炉工安全操作规程

1. 司炉工必须经安全技术培训、考核,持证上岗。

2. 作业时必须佩戴防护用品。严禁擅离工作岗位,接班人员未到位前不得离岗。严禁酒后作业。

3. 安全阀应符合下列规定。

(1) 必须将安全阀送具备检测资格的单位检验,检验合格后方可使用。

(2) 锅炉运行期间必须按规程要求调试定压。

(3) 锅炉运行期间必须每月进行一次升压试验,安全阀必须灵敏有效。

(4) 必须每周进行一次手动试验。

4. 压力表应符合下列规定。

(1) 必须每半年将锅炉本体的压力表送具备检测资格的单位检验,检验合格后方可使用。

(2) 必须每年将锅炉本体以外的其他部位的压力表送具备检测资格的单位检验,检验合格后方可使用。

(3) 锅炉运行前,将锅炉工作压力值用红线标注在压力表的盘面上。严禁标注在玻璃表面。锅炉运行中应随时观察压力表,压力表的指针不得超过盘面上的红线。如安全阀在排汽而压力表尚未达到工作压力时应立即查明原因,进行处理。

(4) 锅炉运行时,每班必须冲洗一次压力表连通管,保证连通管畅通,并做回零试验,确保压力表灵敏有效。

(5) 锅炉运行中发现锅炉本体两阀压力表指示值相差0.05Mpa时,应立即查明原因,采取措施。

5. 水位计应符合下列规定。

(1) 锅炉运行前,必须标明最高和最低水位线。

(2) 锅炉运行时,必须严密观察水位计的水面,应经常保持在正常水位线之间并有轻微变动,如水位计中的水面呆滞不动时应立即查明原因,采取措施。

(3) 锅炉运行时,水位计不得有泄漏现象,每班必须冲洗水位计连通管,保持连通管畅通。

6. 锅炉自动报警装置在运行中发出报警信号时，应立即进行处理。

7. 锅炉运行中启闭阀门时，严禁身体正对着阀门操作。

8. 锅炉如使用提升式上煤装置，在作业前应检查钢丝绳及连接，确认完好牢固。在料斗下方清扫作业前，必须将料斗固定。

9. 排污作业应在锅炉低负荷、高水位时进行。

10. 停炉后进入炉膛清除积渣瘤时，应先清除上部积渣瘤。

11. 运行中如发现锅筒变形，必须立即停炉处理。

12. 燃油、燃气锅炉作业应遵守下列规定：

（1）必须按设备使用说明书规定的程序操作。

（2）运行中程序系统发生故障时，应立即切断燃料源，并进及时行处理。

（3）运行中发生自锁，必须查明原因，排除故障，严禁用手动开关强行启动。

（4）锅炉房内严禁烟火。

13. 运行中严禁敲击锅炉受压元件。

14. 严禁常压锅炉带压运行。

第二节　预处理单元操作规程

一、格栅安全运行操作规程

（一）运行管理

1. 格栅拦截的杂物应及时清理，杂物应采取适当处置措施。

2. 采用机械清捞杂物时，应观察机电设备的运转情况及渠道液面的变化，发现问题及时处理。

3. 畜禽场排污时，应每 0.5h 检查一次格栅的情况，及时清洁格栅。

（二）维护保养

1. 发现格栅部件故障或损坏时，应立即修理或更换。

2. 及时冲洗场地，保持格栅周围清洁。

（三）安全操作

1. 格栅机开启前，应检查机电设备是否具备开机条件。

2. 检修格栅机或清捞栅渣时，应有安全防护措施和有效的监护，注意防滑。

二、水泵安全运行操作规程

（一）运行管理

1. 根据进水量的变化和工艺设计情况，调节水量，保证处理效果。

2. 水泵在运行中，必须严格执行巡回检查制度，并应符合下列规定：

（1）应注意观察各种仪表显示是否正常、稳定。

（2）轴承温升不得超过环境温度 35℃，轴承温度最高不得超过 75℃。

（3）水泵机组不得有异常的噪声或振动。

（4）集水池应设低水位报警及显示装置。

3. 应使泵房的机电设备保持良好状态，当选择潜水泵时必须保证泵防水电缆的可靠固定。

4. 操作人员应保持泵房的清洁卫生，各种器具应摆放整齐、合理。

5. 应及时清除泵叶轮堵塞物。

6. 集水池每年至少清洗一次。

（二）维护保养

1. 定期检查水泵、阀门填料或油封密封情况，并根据需要填加或更换填料、润滑油、润滑脂。

2. 应定期检修集水池液位控制器及其信号转换装置。

3. 备用泵及相关阀门应每周至少运转、开闭一次。当环境温度低于 0℃时，泵停止运转后必须放掉泵壳内的存水。

（三）安全操作

水泵运行中发现下列情况时，应立即停机。

（1）水泵发生断轴故障。

（2）突然发生异常声响。

（3）轴承温度过高。

（4）电压表、电流表的显示值过低或过高（超过或低于额定电压或电流的 5%）。

（5）机房管线、阀门发生大量漏水。

（6）电机发生故障。

三、沉淀池安全运行操作规程

（一）运行管理

1. 沉淀池宜连续运行。

2. 应经常观察沉淀池的出水情况，2 天排泥 1 次。

（二）维护保养

1. 应经常检查排泥阀，并进行相应的保养。

2. 溢流堰口应定期清理防止阻塞。

3. 沉淀池应每年放空清理 1 次，冲刷沉淀池内壁，清理管道和阀门。

（三）安全操作

捞浮渣、清扫堰口时，应注意防滑。

四、存储调节池安全运行操作规程

（一）运行管理

1. 液位控制器应按设计要求高度进行调整。

2. 操作人员应每班巡回检查、捞浮渣。

3. 清捞出的浮渣不得露天长期存放，应运至污泥干化场，待集中处理后用作有机肥基本原料。

4. 正常运转后根据具体情况定期排泥。

（二）维护保养

1. 连接贮存调节池的管道、沟渠应定期清理。

2. 贮存调节池应每年放空、清理 1 次。

3. 排泥时应检查排泥阀门启、闭状态是否正常。寒冷地区应设置防冻阀门井。

4. 每日应检查液位控制器是否能正常动作。

（三）安全操作

1. 清捞浮渣、清扫堰口时，应注意防滑。

2. 防止污水溢流。

第三节　厌氧处理单元操作规程

一、厌氧消化器安全运行操作规程

（一）运行管理

1. 厌氧消化器的启动应符合下列规定。

（1）厌氧消化器内底部残存杂物应完全清除。采用蒸汽竖管直接加热的，竖管内积聚的污泥、杂物应进行疏通；采用热交换器的，其内积聚的污泥应进行清理。

（2）厌氧消化器在正式运行前应进行试水和气密性试验，当有渗漏或漏气时应进行修复。复试合格后方可投入运行。

（3）对监视厌氧消化器安全运行有关各类仪表应分别进行校正。

（4）厌氧消化器启动必须采用其他厌氧消化器的厌氧污泥或积存较久的粪水、坑塘污泥、购买商品颗粒污泥进行接种，接种物料不足时可采用逐步培养法或一次培养法进行扩大培养。

（5）当接种污泥运输不便时，可将接种污泥脱水后包装运输。

（6）无论是在启动或是在正常运行时均要保证厌氧消化器内料液 pH 值维持在 6.8~7.6。

2. 厌氧消化器投加畜禽粪便污水应按具体工艺要求的数量、浓度和时间间隔进行。

3. 厌氧消化器应维持稳定的中温或近中温（35℃或者 25℃左右）的消化温度。采用热交换器加热的，应每日测量热交换器污水进、出口的水温。

4. 厌氧消化器的搅拌按工艺要求运行。一般采用沼气搅拌、进料、机械、料液回流等方式来完成。

5. 厌氧消化器内料液的 pH 值、挥发酸、总碱度和温度及内部沼气压力、产气量和沼气成分宜每日监测，并根据监测数据及时调整厌氧消化器运行工况或采取相应措施。

6. 厌氧消化器的污泥应按设计要求定时排出。排泥量由污泥层取样口控制。凡是有双阀门处里侧为常开阀门，常开阀应每周开闭一次，以保证阀门始终处于良好的工作状态。

7. 厌氧消化器溢流管必须保持畅通并应保证厌氧消化器的水封高度，冬季应每日检查。环境温度低于0℃时，应防止水封结冰。

8. 厌氧消化器放空清理时应符合下列规定。

（1）放空清理时，应停止进料，关闭厌氧消化器与贮气柜的连接阀门，打开厌氧消化器顶部检修人孔。

（2）工作人员进入厌氧消化器清理时，必须按有关规定进行操作。

（3）当厌氧消化器，需长时间停用时，应保持池内水位不低于池体高度的1/2，并定期检查及时补充。

（二）维护保养

1. 厌氧消化器本体、各种管道及阀门应每年进行一次检查和维修。

2. 厌氧消化器的各种加热设施应经常除垢、清通。

3. 当采用机械搅拌时，轴承应定期检查，添加润滑油，支撑架的连接螺栓应经常检查和紧固。

4. 蒸汽管道、沼气管道的冷凝水应按设计规定定期排放。

5. 厌氧消化器，宜3~4年彻底清理、检修一次。

（三）安全操作

1. 厌氧消化器运行前应将所有试压盲板取出，确保沼气、液体管路畅通。

2. 应定期检查厌氧消化器和沼气管道是否漏，保证安全。

3. 厌氧消化器放空清理和维修时，首先关闭通往沼气贮气柜的阀门、停止进料、打开顶部的人孔，此时方可排料清池，待液面降至下部检修人孔以下，再打开下部检修人孔。

4. 进入厌氧消化器内维修时必须采取安全措施，并应有其他人员在池外协作与监护。照明灯必须采用安全电压防爆型灯具。

5. 厌氧消化器排泥时，必须保证厌氧消化器与贮气柜的可靠连通。

6. 厌氧消化器发生超正、负压时使防爆窗爆裂时，应更换同等厚度、材质的防爆材料，同时应将所有输气管道、相关阀门、溢流管道清通一遍，确保液体、气体管路的畅通后方可将防爆窗封死重新运行。

7. 操作人员在厌氧消化器上巡回检查，上、下梯时应注意防止滑倒及高空坠落造成人身伤害。

二、沼气贮气柜安全运行操作规程

（一）运行管理

1. 沼气贮气柜的进、出沼气量和沼气压力，应每班按时观测并做好记录。

2. 低压沼气贮气柜的压力宜为2 500~4 000 Pa。高压沼气贮气罐沼气压力宜为0.6~0.8 MPa。

3. 沼气贮气柜的水封应保持设计的水位高度，应适时地补充清水；冬季当气温低于0℃时应采取防冻措施。

4. 严禁在沼气贮气柜降至低位时排水。

5. 宜由限位开关控制沼气计量柜的位置，自动控制沼气压缩机工作。

6. 沼气体压缩机工作时应经常巡视、检查。

（二）维护保养

1. 应定期检查沼气贮气柜、沼气管道及闸阀是否漏气。

2. 沼气贮气柜外表的油漆或涂料应定期重新涂饰（涂饰反射性色彩）。

3. 沼气贮气柜的升降设施、进出气阀门应经常检查，添加润滑油（脂）。

4. 寒冷地区冬季前应检修沼气贮气柜水封的防冻设施。

5. 贮气柜水封池存水应定期（6 个月）更换，当 pH 值小于 6 时应及时换水。

6. 沼气贮气柜运行 3~5 年应彻底维修一次，并重新涂饰钟罩防护油漆。

7. 应定期检查沼气计量柜的限位开关控制。

（三）安全操作

1. 工作人员上、下沼气贮气柜巡视、操作或维修时，必须配备防止静电的工作服，并不得穿带铁钉的鞋或高跟鞋。

2. 抢修沼气贮气柜应制定安全技术方案，由专业施工队伍进行施工。

3. 严禁将沼气贮气柜水封池中的水随意外排。

4. 冬季要注意水封池及排水阀门的防冻，防止发生负压和正压事故。

5. 贮气柜的进、出气管应安装阻火器，并应定期拆卸清洗。

6. 贮气柜的避雷针应在雷雨季节前进行检测、保养。

7. 当贮气柜产生负压将防爆窗爆裂时，应更换同等厚度、同等材质的防爆材料，同时将相应管路和阀门清通后，才可重新将防爆窗封死。

8. 当采用高压贮气柜时，宜设二台沼气压缩机（一用、一备）。

9. 在台风前应打开沼气贮气柜紧急放空阀，将贮气柜降置安全高度。放空管高度应高于 1.9m，并加装阻火器。

三、沼气净化设备安全运行操作规程

（一）运行管理

1. 定期排除冷凝器中的冷凝水。每日巡查净化系统前后管道沼气压力。

2. 净化设备检修时依靠旁通管道维持沼气系统正常运行。

3. 沼气脱硫系统在运行过程中，应经常检查脱硫塔的气密性、塔前塔后的沼气压力。

4. 冬季运行时注意脱硫塔的保温，当室温过低时适当降低沼气净化器沼气空速。

5. 定期更换（再生）脱硫剂（根据当沼气硫化氢的含量确定更换周期）。

6. 沼气净化设备应是一备一用，两套为并联运行。

（二）维护保养

1. 定期检查沼气净化系统的气密性，每周对旁路阀门和备用脱硫塔的阀门进行开、闭运转。

2. 定期排除沼气净化设备中的冷凝水。

3. 根据设备要求及沼气硫化氢含量确定轮流作业周期。

（三）安全操作

1. 排除沼气净化系统中的冷凝水并应注意防止沼气外溢。

2. 在清洗沼气净化系统时，应打开旁路阀门，并检查阀门是否完全关闭后方可进一步操作，同时应注意防火、防爆及室内通风。

3. 定期校验可燃气体警报器。

第四节 产品利用单元操作规程

一、固液分离机安全运行操作规程

（一）运行管理

1. 仔细阅读设备安装、使用说明书，按设备使用说明书进行调整、操作、保养。

2. 固液分离机带负荷运行前，应空载试车。

3. 固液分离机在正常工作时应经常检查设备运转情况，根据污水水质、分离后污水水量及时调节进入固液分离机的污水流量。

4. 应根据固液分离机分离出的固形物的含水率，按工艺要求调节设备运行参数。

5. 每日工作完毕，应对固液分离机彻底清洗，长期不使用应将污水和废渣彻底清理干净，预防结冻。

（二）维护保养

1. 按固液分离机使用说明书的要求定期保养，添加润滑油（脂）。

2. 固液分离机发生故障或损坏时，应及时维修或更换部件。

3. 当发生过负荷跳闸时，应查找原因，待故障排除后方可重新合闸。

（三）安全操作

1. 固液分离机运行时，操作人员不得靠近设备旋转部位，禁止从正在运转的分离（离心）桶内清理筛渣。

2. 固液分离机运行时，操作人员不得站在出料口的正前方以防料液喷出。

3. 固液分离机运行时出现异常现象应立即停机检修。

4. 检修工作必须在停机状态下进行。

二、柴油发电机安全操作规程

1. 以柴油机为动力的发电机，操作时应按内燃机的有关规定执行。

2. 发电机启动前必须认真检查各部分接线是否正确，各连接部分是否牢靠，电刷是否正常、压力是否符合要求，接地线是否良好。

3. 启动前将励磁变阻器的阻值放在最大位置上，断开输出开关，有离合器的发电机组应脱开离合器；先将柴油机空载启动，运转平稳后再启动发电机。

4. 发电机开始运转后，应随时注意有无机械杂音，异常振动等情况；确认情况正常后，调整发电机至额定转速，电压调到额定值，然后合上输出开关，向外供电；负荷应逐步增大，力求三相平衡。

5. 运行中的发电机应密切注意发动机声音，观察各种仪表指示是否在正常范围之内；检查运转部分是否正常，发电机温度是否过高；并做好运行记录。

6. 停车时，先减负荷，将励磁变阻器回复，使电压降到最小值，然后按顺序切断开关，最后停止柴油机运转。

7. 发电机放置地点禁止堆放杂物和易燃、易爆物品，未经许可禁止其他人员进入，并应设有必要的消防器材。

三、沼气发电机操作规程

（一）运行安全

1. 设备运行前的准备工作

（1）检查各管道阀门是否打开。

（2）检查润滑液是否符合标准。

（3）若设备长时间未运行，应该打开电机后盖进行盘车然后启动。

2. 设备运行中的工作

（1）中央控制室必须有人监视各设备运行情况。

（2）操作中必须有2人。1人操作，1人在设备旁观察是否运行正常。

（3）若进入密闭空间内操作，应佩戴沼气监测仪。

（4）运行人员应该定时到现场巡视，定期保养设备。

（5）如果设备运行时间较长，应进行设备的交替运行。

（6）做好各个设备的运行记录。

（7）如发现设备运行异常，应该及时开启备用设备，停止正在运行的设备，并对异常设备进行检查。

（8）工人人员应严格执行交接班制度。

（二）检修安全

1. 应采取可靠的断电措施，切断需检修设备上的电器电源，并经启动复查确认无电后，在电源开关处挂上禁止启动的安全标志并加锁。

2. 对检修作业使用的气体防护器材、消防器材通信设备、照明设备等器材设备应经专人检查，保证完好可靠，并合理放置。

3. 对检修现场的坑、井、连、沟、陡坡等应填平或铺设与地面平齐的盖板也可设置围栏和警告标志并设警示标识。

4. 现场工作人员必须穿戴好劳动保护用品。

第五章　大中型沼气站双重预防体系构建

第一节　双重预防体系概述

一、构建双重预防体系的背景

2016年10月9日国务院安委办印发《关于实施遏制重特大事故工作指南构建安全风险分级管控和隐患排查治理双重预防机制的意见》，要求坚持风险预控、关口前移，全面推行安全风险分级管控，进一步强化隐患排查治理，尽快建立健全相关工作制度和规范，完善技术工程支撑、智能化管控、第三方专业化服务的保障措施，实现企业安全风险自辨自控、隐患自查自治，形成政府领导有力、部门监管有效、企业责任落实、社会参与有序的工作格局，提升安全生产整体预控能力，夯实遏制重特大事故的坚强基础。《意见》强调，企业要对辨识出的安全风险进行分类梳理，对不同类别的安全风险，采用相应的风险评估方法确定安全风险等级，安全风险评估过程要突出遏制重特大事故，高度关注暴露人群，聚焦重大危险源、劳动密集型场所、高危作业工序和受影响的人群规模，重大安全风险应填写清单、汇总造册，并从组织、制度、技术、应急等方面对安全风险进行有效管控，要在醒目位置和重点区域分别设置安全风险公告栏，制作安全风险告知卡，全面排查风险点、风险因素和危险源，加强对风险的管控，提高企业本质安全。企业不消除隐患，隐患就会消灭企业，甚至造成人亡企灭的严重后果。与其坐以待毙，不如奋力拼搏。安全生产工作与其他工作一样，只有遵行规律方能驾驭它，各级领导和安监干部必须坚定事故可防可控的理念，将风险分级管控和隐患排查治理牢牢挺在前面做好安全生产工作不见得能成就一个企业，但如果做不好，一旦发生重大事故，却足以毁掉一个企业。

二、双重预防体系的主要内容

双重预防体系的主要内容包括：建立安全风险清单和数据库、制定重大安全风险管控措施、设置重大安全风险公告栏、制作岗位安全风险告知卡、绘制企业安全风险四色分布图、绘制企业作业安全风险比较图、建立安全风险分级管控制度、建立隐患排查治理制度、建立隐患排查治理台账或数据库、制定重大隐患治理实施方案等。

三、构建双重预防体系的作用

构建风险分级管控与隐患排查治理双重预防体系，是落实党中央、国务院关于建立风险管控和隐患排查治理预防机制的重大决策部署，是实现纵深防御、关口前移、源头治理的有效手段。大中型沼气站安全生产主体责任是企业，是企业主要负责人的重要职责之一，是企业安全管理的重要内容，是企业自我约束、自我纠正、自我提高的预防事故发生的根本途径。

第二节　基本概念

一、危险源

危险源（hazard source），可能导致人员伤害或财物损失事故的，潜在的不安全因素。

二、安全风险

安全风险（work safety risk），对事故伤害的一种综合衡量，包括伤害发生的可能性和严重程度。风险是客观存在的，风险无处不在但风险不等于损失。

三、固有风险

固有风险（inherent risk），危险源在不考虑风险控制措施时的安全风险。

四、现实风险

现实风险（controlling risk），危险源在现有风险控制措施时的安全风险。

五、安全风险评估

安全风险评估（risk assessment），危险源辨识、安全风险分析和确定安全风险等级的全过程。

六、安全风险分级管控

安全风险分级管控（risk management and control by different levels），根据安全风险不同级别、所需管控资源、管控能力及管控措施复杂和难易程度等因素而确定不同管控层级的风险管控方式。安全风险分级管控包括安全风险分级管理和安全风险控制。

七、事故隐患

事故隐患（potential accident factors），生产经营单位违反安全生产法律、法规、规章、标准、规程和安全生产管理制度的规定，或者因其他因素在生产经营活动中存在可能导致事故发生的人的不安全行为、物的不安全状态、不良环境和管理缺陷等。

第三节 工作程序

一、基本程序

气站双重预防机制建设工作程序包括策划和准备、危险因素辨识、安全风险评估、安全风险分级管控及隐患排查治理，具体流程见附录 A。

二、策划和准备

（一）成立领导小组

1. 气站应成立主要负责人牵头的双重预防机制建设领导小组，负责制定完善本气站的安全风险分级管控和隐患排查治理的管理制度。

2. 安全风险分级管控制度应明确目标、责任人员、责任范围、工作程序等。

3. 事故隐患排查治理制度应明确排查范围、排查方式、责任落实、治理验证等。

4. 为保证双重预防机制建设工作的顺利开展，领导小组至少包括一名熟悉安全风险评估工作的人员。

（二）人员培训

1. 为确保双重预防机制构建工作顺利、高效开展和双重预防机制有效运行，应开展针对性的人员培训。

2. 人员培训应明确责任部门、具体目标、内容、对象、时间，细化保障措施。

3. 强化对专业技术人员的培训，使专业技术人员具备双重预防机制建设所需的相关知识和能力，能够带领员工以正确的方法工作，确保双重预防机制建设工作顺利开展。

4. 组织对全体员工开展有针对性的培训，对全体员工开展关于风险管理理论、风险辨识评估方法和双重预防机制建设的技巧与方法等内容的培训，使全体员工掌握双重预防机制建设相关知识，尤其是具备参与风险辨识、评估和管控的能力。

（三）资料收集

开展安全风险辨识前应准备以下基础资料。

（1）国家现行相关法律、法规、标准、规范。

（2）原辅材料、中间产品和产品的理化特性。

（3）主要设备清单及其布置。

（4）设备运行、检修、试验及故障记录。

（5）生产工艺过程、反应机理及操作条件。

（6）区域位置图、总图、工艺布置图等相关图纸。

（7）相关典型事故案例。

（8）作业现场和周边条件（水文地质、气象条件、交通、周边环境等）。

（9）相关风险管理资料。

三、危险因素辨识

（一）危险因素辨识的范围

1. 辨识范围应覆盖企业生产场所、工艺环节、设备设施部位和作业行为全过程。

2. 对于活动区域不确定的，如检维修等应重点对其岗位作业活动进行调查，还应涵盖其作业过程所有常规和非常规状态的作业活动（如动火、进入有限空间作业等特殊作业活动）。

（二）危险因素辨识的内容

1. 根据《生产过程危险和有害因素分类及代码》（GB/T 13861—2009），结合生产过程实际情况从人的因素、物的因素、环境因素和管理因素四方面对危险因素进行辨识（见附录 B）。

2. 根据《企业职工伤亡事故分类标准》（GB 6441—1986）从可能导致事故的类型查找触发条件对危险因素进行辨识。

3. 对危险化学品进行重大危险源辨识，确定是否存在危险化学品重大危险源。站内沼气的主要成分是甲烷，甲烷的临界量为 50T。当甲烷生产、存储量大于等于 50T 时，构成重大危险源，当小于 50T 时，不构成重大危险源。

（三）危险因素辨识的方法

1. 气站应以岗位为单位进行全面摸底调查，填写《岗位工作业内容清单》（可参照附录 C 样式设置）。岗位摸底必须摸清下列事项：一是摸清各岗位工种作业步骤、内容、作业范围；二是摸清岗位作业人员在开展各项作业过程中可能发生的事故类型；三是岗位安全操作规程内容是否涵盖所有作业行为，设备安全操作规程是否涵盖其所操作的所有设备，危险作业安全操作规程是否涵盖其所进行的各项危险作业。

2. 根据各岗位摸底结果，以安全检查表法（SCL）对生产现场及其他区域的物的不安全状态、作业环境不安全因素及管理缺陷进行识别；以作业危害分析法（JHA）并按照作业步骤分解逐一对作业过程中的人的不安全行为进行识别。

四、安全风险评估

（一）安全风险评估方法

1. 安全风险评估是对危险源可能发生的每种事故类型的可能性和后果严重程度进行赋值。沼气站建议采用作业条件危险性分析法（LEC）或者风险矩阵法（LS）。见附录 D。

2. 对于危险作业（如动火作业、高处作业、有限空间作业等行为）应对作业过程中存在的危险因素进行风险评估。

（二）确定安全风险等级

1. 根据安全风险评估结果，确定危险源可导致不同事故类型的安全风险等级。

2. 气站应对各风险点辨识出的各类危险因素进行风险评估分级，风险点各危险因素评估出的最高风险级别将作为该风险点的级别。

3. 安全风险等级从高到低划分为重大风险、较大风险、一般风险和低风险，分别用红、橙、黄、蓝四种颜色代表。

五、安全风险分级管控

（一）安全生产风险分级管控应遵循风险越高管控层级越高的原则，对于操作难度大、技术含量高、风险等级高、可能导致严重后果的作业活动应重点进行管控。气站可结合自身机构设置情况，合理确定各级风险的管控层级。

（二）安全风险分级管控应遵循以下原则。

固有安全风险越高管控层级越高，重大安全风险应由企业主要负责人组织进行管控。

安全风险控制资源投入如安全专项资金、升级改造、监测监控等应根据安全风险等级确定优先等级。

按照消除、替代、隔离、降低、个体防护、应急处置的顺序控制和降低风险。

（三）气站可根据各风险点风险从高到低划分为重大风险、较大风险、一般风险和低风险四个等级实行分级管控，分别用红、橙、黄、蓝四种颜色标注。

1. 重大风险（红色），可能造成 3 人以上死亡或 10 人以上重伤，直接经济损失 1 000 万元以上的场所、环节和部位，由主要负责人直接负责该级别安全风险管控，分管负责人具体落实。

2. 较大风险（橙色），可能造成 3 人以下死亡或 10 人以下重伤，直接经济损失 500 万~1 000 万元的场所、环节和部位；由分管负责人负责该级别安全风险管控，站长具体落实。

3. 一般风险（黄色）：可能造成人员轻伤，直接经济损失 1 万~500 万元的场所、环节和部位；由站长负责该级别安全风险管控，所属岗位操作工具体落实。

4. 低风险（蓝色）：不会造成人员受伤，直接经济损失 1 万元以下的场所、环节和部位；由岗位操作工负责该级别安全风险管控，并具体落实。

六、防范措施及应急处置措施制定

（一）应结合安全风险特点和安全生产法律、法规、规章、标准、规程的规定制定风险控制措施，包括以下几个方面的内容。

1. 工程技术
2. 安全管理
3. 人员培训
4. 个体防护
5. 应急处置

（二）应急处置措施应根据不同事故类别，针对具体的场所、装置或设施所制定，如针对可能发生的火灾、爆炸、中毒和窒息、机械伤害、触电、物体打击、高处坠落等事故，从处置程序、处置要点和注意事项等方面制定。

（三）作为重大安全风险进行管控的，必须制定至少包括以下内容的重大安全风险管控措施。

一是建立完善安全管理规章制度和安全操作规程，并采取有效措施保证其得到执行。

二是明确关键装置、重点部位的责任人或者责任机构，并定期对安全生产状况进行检查，及时消除事故隐患。

三是以岗位安全风险及防控措施、应急处置方法为重点，强化风险教育和技能培训，确保管理层和每名员工都掌握安全风险的基本情况及防范、应急措施。

（四）气站应根据辨识评估结果，编制《较大危险因素辨识与安全生产风险分级评估登记表》（可参照附录 E），形成安全风险数据库。

七、安全风险公告

1. 根据风险分级评估结果绘制企业安全生产公告栏和安全风险四色分布图（见附录 F、G），并在站内醒目位置设置。

2. 根据辨识出的较大危险因素在其存在场所醒目位置设置较大危险因素告知卡（见附录 H），在其他危险因素存在场所设置安全警示标志。

八、全面实施及跟踪验证

气站应定期组织有关人员对危险因素的防范措施进行评估，尤其在工艺、设施设备发生变化后，按照以下程序对防范措施进行改进。

1. 分析原因，组织相关人员对危险因素产生和存在的原因进行全面分析，形成结果，做好记录。

2. 制定防范计划，针对较大危险因素的原因，提出防范的具体措施，制定防范改进计划，按照相应的管理程序发布和实施。

3. 实施过程监控，在防范计划实施过程中的各个实施阶段实行不间断的定期监督检查，保证措施的完全落实。

4. 验证评估，防范计划完成后，按相应的工作程序对结果进行确认，组织专业人员对效果进行评估。

5. 举一反三，对站内有相似情况的危险因素进行辨识和评估，采取适当的防范改进措施并落实。

气站依据相关风险分级管控标准及风险评价方法，进行风险辨识、评价、确定风险分级，明确责任单位、责任人，落实管控措施，形成风险管控清单；气站负有安全监管职责的部门基于站内风险分级结果，掌握安全风险分布情况，实施分级监管、动态巡察监管。在风险分级管控基础上，针对风险管控清单，结合相关法律法规要求，形成隐患排查的内容标准，并进行隐患排查治理工作。开展风险分级管控，是提高隐患治理科学性、针对性的前提条件；隐患排查治理，是以风险管控措施为排查重点，是控制、降低风险的有效手段。两者相互促进、互为补充，实现有效控制风险、预防事故的目的。

九、隐患排查治理

隐患排查治理工作主要包括计划、排查、治理和验收环节，形成闭环管理。

（一）制定隐患排查计划

1. 气站应根据排查类型、人员数量、时间安排和季节特点，制定隐患排查计划。

2. 隐患排查计划应明确责任人和频次，细化排查清单。隐患排查计划应全面覆盖，做到定期排查与日常管理、专业排查与综合排查、一般排查与重点排查相结合。应强化对重大安全风险进行管控的场所、环节、部位的隐患排查。

3. 气站应对照风险管控清单中的危险因素，依据各危险因素的控制措施和标准、规程要求，编制《沼气生产企业安全生产隐患排查清单》，可参照附录 I，内容至少应包括以下几项。

（1）与风险点对应的设备设施和作业名称。

（2）排查标准。

（3）排查部门（人员）。

（4）排查周期。

（二）实施隐患排查

1. 气站应按照隐患排查计划和隐患排查清单组织人员进行隐患排查，填写隐患排查记录。

2. 事故隐患分为一般事故隐患和重大事故隐患。一般事故隐患，是指危害和整改难度较小，发现后能够立即整改排除的隐患。重大事故隐患，是指危害和整改难度较大，应当全部或者局部停产停业，并经过一定时间整改治理方能排除的隐患，或者因外部因素影响致使生产经营单位自身难以排除的隐患。

对于以下安全隐患，建议按照重大隐患进行管理。

1. 工艺、设备缺陷

（1）使用应当淘汰的危及生产安全的工艺、设备。

（2）贮气柜、厌氧塔、沼气输送管道等设备设施因腐蚀、变形、破损等原因造成沼气泄漏。

2. 危险作业

（1）有限空间作业。未对有限空间作业场所进行辨识，并设置明显安全警示标志；未落实作业审批制度，擅自进入有限空间作业。

（2）动火作业。未落实作业审批制度，未采取有效安全防护措施，在沼气站违章动火作业。

3. 事故隐患的等级由气站自行确定。气站可根据实际需要，对事故隐患进行更细分级。

4. 对于重大事故隐患，应立即向主要负责人报告。重大事故隐患排除前或者排除过程中无法保证安全的，应当从危险区域内撤出作业人员，并疏散可能危及的其他人员，设置警戒标志；暂时停产停业或者停止使用相关设施、设备。

5. 应及时将隐患名称、存在位置、不符合状况、隐患等级、治理期限及治理措施要求等信息向从业人员进行通报。

（三）隐患治理

1. 隐患排查组织部门、人员应下达隐患整改通知书，对隐患整改责任人、措施建议、完成期限等提出要求。

2. 隐患整改责任部门、人员实施隐患治理前应当对隐患存在的原因进行分析，并制定可靠的治理措施。

3. 对于一般事故隐患，责任部门、人员应立即组织整改。

4. 气站主要负责人应组织制定并实施重大事故隐患治理方案，方案应当包括下列内容。

（1）治理的目标和任务。

（2）采取的方法和措施。

（3）经费和物资的落实。

（4）负责治理的机构和人员。

（5）治理的时限和要求。

（6）安全措施和应急预案。

（四）隐患治理验收

1. 隐患治理完成后，应根据隐患级别组织相关人员对治理情况进行验收，填写复查验收清单，实现闭环管理。

2. 重大隐患治理工作结束后，气站应当组织对治理情况进行复查评估，气站主要负责人审查同意后，方可恢复生产经营和使用。对政府督办的重大隐患，按有关规定执行。

3. 应建立隐患排查治理台账，主要内容应包括存在隐患和问题、整改措施、责任人、整改结果确认等。

4. 应建立完善企业隐患排查信息化管理系统，做好隐患信息的登记、分类分级、整改、跟踪等工作。

十、持续改进

1. 气站每年至少应对双重预防机制的有效性进行一次评估。根据评估结果，对工作流程、规章制度、风险评估、分级管控、隐患排查治理等进行修改完善，持续改进，保证风险管控的延续性及管控水准提升的持续性。

2. 遇到下列情形之一时，应及时进行专项更新。

（1）依据的法律、法规、规章、标准的有关规定发生重大变化。

（2）新建、改建、扩建项目。

（3）生产工艺和关键设备发生变化。

（4）气站外部环境发生重大变化。

（5）发生伤亡事故或相关行业发生事故。

（6）组织机构发生变化。

（7）气站认为应当修订的其他情况。

附录 A：双重预防机制建设基本程序

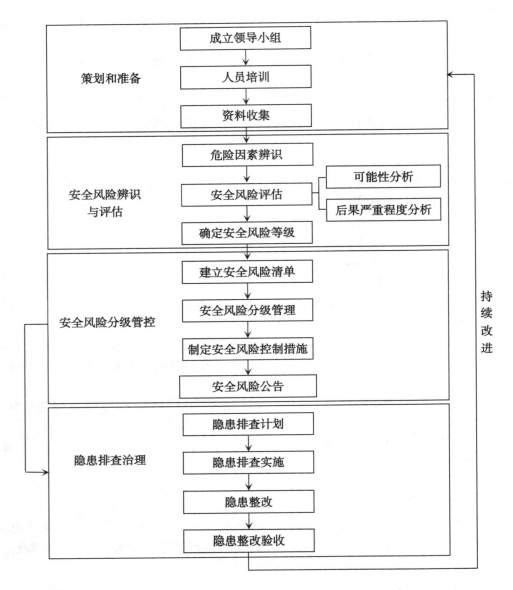

附录 B：危险因素分类标准

企业危险因素辨识可参照下列标准并结合企业自身实际情况进行辨识。

1　物的不安全状态

1.1　装置、设备、工具、厂房等

（1）设计不良。强度不够；稳定性不好；密封不良；应力集中；外形缺陷、外露运动件；缺乏必要的连接装置；构成的材料不合适；其他。

（2）防护不良。没有安全防护装置或不完善；没有接地、绝缘或接地、绝缘不充分；缺乏个体防护装置或个体防护装置不良；没有指定使用或禁止使用某用品、用具；其他。

（3）维修不良。废旧、疲劳、过期而不更新；出故障未处理；平时维护不善；其他。

1.2 物料

（1）物理性。高温物（固体、气体、液体）；低温物（固体、气体、液体）；粉尘与气溶胶；运动物。

（2）化学性。易燃易爆性物质（易燃易爆性气体、易燃易爆性液体、易燃易爆性固体、易燃易爆性粉尘与气溶胶、其他易燃易爆性物质）；自燃性物质；有毒物质（有毒气体、有毒液体、有毒固体、有毒粉尘与气溶胶、其他有毒物质）；腐蚀性物质（腐蚀性气体、腐蚀性液体、腐蚀性固体、其他腐蚀性物质）；其他化学性危险因素。

（3）生物性。致病微生物（细菌、病毒、其他致病微生物）；传染病媒介物；致害动物；致害植物；其他生物性危险源因素。

1.3 有害噪声的产生（机械性、液体流动性、电磁性）

1.4 有害振动的产生（机械性、液体流动性、电磁性）

1.5 有害电磁辐射的产生

电离辐射（X 射线、γ 离子、β 离子、高能电子束等）；非电离辐射（超高压电场、此外线等）。

2 人的不安全行为

2.1 不按规定的方法

没有用规定的方法使用机械、装置等；使用有毛病的机械、工具、用具等；选择机械、装置、工具、用具等有误；离开运转着的机械、装置等；机械运转超速；送料或加料过快；机动车超速；机动车违章驾驶；其他。

2.2 不采取安全措施

不防止意外风险；不防止机械装置突然开动；没有信号就开车；没有信号就移动或放开物体；其他。

2.3 对运转着的设备、装置等清擦、加油、修理、调节

对运转中的机械装置等；对带电设备；对加压容器；对加热物；对装有危险物；其他。

2.4 使安全防护装置失效

拆掉、移走安全装置；使安全装置不起作用；安全装置调整错误；去掉其他防护物。

2.5 制造危险状态

货物过载；组装中混有危险物；把规定的东西换成不安全物；临时使用不安全设施；其他。

2.6 使用保护用具的缺陷

不使用保护用具；不穿安全服装；保护用具、服装的选择、使用方法有误。

2.7　不安全放置

使机械装置在不安全状态下放置；车辆、物料运输设备的不安全放置；物料、工具、垃圾等的不安全放置；其他。

2.8　接近危险场所

接近或接触运转中的机械、装置；接触吊货、接近货物下面；进入危险有害场所；上或接触易倒塌的物体；攀、坐不安全场所；其他。

2.9　某些不安全行为

用手代替工具；没有确定安全就进行下一个动作；从中间、底下抽取货物；扔代替用手递；飞降、飞乘；不必要的奔跑；作弄人、恶作剧；其他。

2.10　误动作

货物拿得过多；拿物体的方法有误；推、拉物体的方法不对；其他。

2.11　其他不安全行动

3　作业环境的缺陷

3.1　作业场所

没有确保通路；工作场所间隔不足；机械、装置、用具、日常用品配置的缺陷；物体放置的位置不当；物体堆积方式不当；对意外的摆动防范不够；信号缺陷（没有或不当）；标志缺陷（没有或不当）。

3.2　环境因素

采光不良或有害光照；通风不良或缺氧；温度过高或过低；压力过高或过低；湿度不当；给排水不良；外部噪声；自然危险源（风、雨、雷、电、野兽、地形等）。

4　安全健康管理的缺陷

4.1　安全生产保障

（1）安全生产条件不具备。

（2）没有安全管理机构或人员。

（3）安全生产投入不足。

（4）违反法规、标准。

4.2　危险评价与控制

（1）未充分识别生产活动中的隐患（包括与新的或引进的工艺、技术、设备、材料有关的隐患）。

（2）未正确评价生产活动中的危险（包括与新的或引进的工艺、技术、设备、材料有关的危险）。

（3）对重要危险的控制措施不当。

4.3　作用与职责

（1）职责划分不清。

（2）职责分配相矛盾。

（3）授权不清或不妥。

（4）报告关系不明确或不正确。

4.4　培训与指导

（1）没有提供必要的培训（包括针对变化的培训）。

（2）培训计划设计有缺陷。

（3）培训目的或目标不明确。

（4）培训方法有缺陷（包括培训设备）。

（5）知识更新和再培训不够。

（6）缺乏技术指导。

4.5　人员管理与工作安排

（1）人员选择不当。无相应资质，技术水平不够；生理、体力有问题；心理、精神有问题。

（2）安全行为受责备，不安全行为被奖励。

（3）没有提供适当的劳动防护用品或设施。

（4）工作安排不合理。没有安排或缺乏合适人选；人力不足；生产任务过重，劳动时间过长。

（5）未定期对有害作业人员进行体检。

4.6　安全生产规章制度和操作规程

（1）没有安全生产规章制度和操作规程。

（2）安全生产规章制度和操作规程有缺陷（技术性错误，自相矛盾，混乱含糊，覆盖不全，不实际等）。

（3）安全生产规章制度和操作规程不落实。

4.7　设备和工具

（1）选择不当，或关于设备的标准不适当。

（2）未验收或验收不当。

（3）保养不当（保养计划、润滑、调节、装配、清洗等不当）。

（4）维修不当（信息传达，计划安排，部件检查、拆卸、更换等不当）。

（5）过度磨损（因超期服役、载荷过大、使用计划不当、使用者未经训练、错误使用等造成）。

（6）判废不当或废旧处理和再次利用不妥。

（7）无设备档案或不完全。

4.8　物料（含零部件）

（1）运输方式或运输线路不妥。

（2）保管、储存的缺陷（包括存放超期）。

（3）包装的缺陷。

（4）未能正确识别危险物品。

（5）使用不当，或废弃物料处置不当。

（6）缺乏关于安全卫生的资料（如 MSDS）或资料使用不当。

4.9　设计

（1）工艺、技术设计不当。所采用的标准、规范或设计思路不当；设计输入不当

（不正确，陈旧，不可用）；设计输出不当（不正确，不明确，不一致）；无独立的设计评估。

（2）设备设计不当，未考虑安全卫生问题。

（3）作业场所设计不当（定置管理，物料堆放，安全通道，准入制度，照明、温湿度、气压、含氧量等环境参数等）。

（4）设计不符合人机工效学要求。

4.10 应急准备与响应

（1）未制订必要的应急响应程序或预案。

（2）未进行必要的应急培训和演习。

（3）应急设施或物资不足。

（4）应急预案有缺陷，未评审和修改。

4.11 相关方管理

（1）对设计方、承包商、供应商未进行资格预审。

（2）对承包商的管理。雇用了未经审核批准的承包商；无工程监管或监管不力。

（3）对供应商的管理。收货项目与订购项目不符（给供应商的产品标准不正确，订购书上资料有误，对可修改订单不能完全控制，对供应商擅自更换替代品失察等造成）；对产品运输、包装、安全卫生资料提供等监管欠妥。

（4）对设计者的设计、承包商的工程、供应商的产品未严格履行验收手续。

4.12 监控机制

（1）安全检查的频次、方法、内容、仪器等的缺陷。

（2）安全检查记录的缺陷（记录格式、数据填写、保存等方面）。

（3）事故、事件、不符合的报告、调查、原因分析、处理的缺陷。

（4）整改措施未落实，未追踪验证。

（5）未进行审核或管理评审，或开展不力。

（6）无安全绩效考核和评估或欠妥。

4.13 沟通与协商

（1）内部信息沟通不畅（同事、班组、职能部门、上下级之间）。

（2）与相关方之间信息沟通不畅（设计者、承包商、供应商、交叉作业方、政府部门、行业组织、应急机构、邻居单位、公众等）。

上两条的"信息"包括：法规、标准，规章制度和操作规程，危险控制和应急措施，事故、不符合及整改，审核或管理评审的结果等。

（3）最新的文件和资讯未及时送达所有重要岗位。

（4）通信方法和手段有缺陷。

（5）员工权益保护未得到充分重视，全员参与机制缺乏。

附录 C：岗位工作业内容清单

《×××沼气站岗位工作业内容清单》（示例）

岗位名称：

序号	作业内容/步骤	作业活动区域	可能发生的事故类型	安全操作规程中是否涉及该作业要求
1				
2				
3				
4				
5				
6				

附录 D：风险评估方法

（一）作业条件危险性分析法（LEC）

基本原理是根据风险点辨识出的危险因素确定其危害及影响程度与危害及影响事件发生的可能性乘积确定风险的大小。定量计算每一种危险因素所带来的风险可采用如下方法。

$$D = L \times E \times C$$

式中：

D——风险值；

L——发生事故的可能性大小；

E——暴露于危险环境的频繁程度；

C——发生事故产生的后果。

当用概率来表示事故发生的可能性大小（L）时，绝对不可能发生的事故概率为 0；而必然发生的事故概率为 1。然而，从系统安全角度考虑，绝对不发生事故是不可能的，所以人为地将发生事故可能性极小的分数定为 0.1，而必然要发生的事故的分数定为 10，介于这两种情况之间的情况指定为若干中间值，如表 1。

表 1 事故发生的可能性（L）

分数值	事故发生的可能性	分数值	事故发生的可能性
10	完全可能预料		
6	相当可能	0.5	很不可能，可能设想
3	可能，但不经常	0.2	极不可能
1	可能性小，完全意外	0.1	实际不可能

当确定暴露于危险环境的频繁程度（E）时，人员出现在危险环境中的时间越多，则危险性越大，规定连续出现在危险环境的情况定为10，而非常罕见地出现在危险环境中定为0.5，介于两者之间的各种情况规定若干个中间值，如表2。

表2　暴露于危险环境的频繁程度（E）

分数值	频繁程度	分数值	频繁程度
10	连续暴露	2	每月一次暴露
6	每天工作时间内暴露	1	每年几次暴露
3	每周一次，或偶然暴露	0.5	非常罕见地暴露

关于发生事故产生的后果（C），由于事故造成的人身伤害与财产损失变化范围很大，因此规定其分数值为1~100，把需要救护的轻微损伤或较小财产损失的分数规定为1，把造成多人死亡或重大财产损失的可能性分数规定为100，其他情况的数值均为1~100，如表3。

表3　发生事故产生的后果（C）

分数值	后果	分数值	后果
100	大灾难，许多人死亡	7	重伤
40	灾难，数人死亡	3	轻伤
15	非常严重，一人死亡	1	引人关注，不利于基本的安全卫生要求

风险值D求出之后，关键是如何确定风险级别的界限值，而这个界限值并不是长期固定不变，在不同时期，气站应根据其具体情况来确定风险级别的界限值，以符合持续改进的思想。表4内容可作为企业确定风险级别界限值及其相应风险控制策划的参考。

表4　风险等级划分

D值	危险程度描述	风险等级
>320	极其危险，不能继续作业	重大风险（红色）
160~320	高度危险，需要立即整改	
70~160	显著危险，需要整改	较大风险（橙色）
20~70	可能危险，需要注意	一般风险（黄色）
<20	稍有危险，或许可以接受	低风险（蓝色）

（二）风险矩阵分析法（LS）

就是识别出每个作业活动可能存在的危害，并判定这种危害可能产生的后果及产生这种后果的可能性，二者相乘，得出所确定危害的风险。然后进行风险分级，根据不同级别的风险，采取相应的风险控制措施。

风险的数学表达式为：

$$R = L \times S$$

式中：

R——风险值；

L——发生伤害的可能性；

S——发生伤害后果的严重程度。

1. 事故发生的可能性 (L) 取值

对照表5从偏差发生频率、安全检查、操作规程、员工胜任程度、控制措施五个方面对危害事件发生的可能性进行评价取值，取五项得分的最高的分值作为其最终的 L 值。

表 5　危害事件发生的可能性 (L)

赋值	偏差发生频率	安全检查	操作规程	员工胜任程度 （意识、技能、经验）	控制措施（监控、 连锁、报警、应急措施）
5	每次作业或每月发生	无检查（作业）标准或不按标准检查（作业）	无操作规程或从不执行操作规程	不胜任（无上岗资格证、无任何培训、无操作技能）	无任何监控措施或有措施从未投用；无应急措施
4	每季度都有发生	检查（作业）标准不全或很少按标准检查（作业）	操作规程不全或很少执行操作规程	不够胜任（有上岗资格证、但没有接受有效培训、操作技能差）	有监控措施但不能满足控制要求，措施部分投用或有时投用；有应急措施但不完善或没演练
3	每年都有发生	发生变更后检查（作业）标准未及时修订或多数时候不按标准检查（作业）	发生变更后未及时修订操作规程或多数操作不执行操作规程	一般胜任（有上岗资格证、接受培训、但经验、技能不足，曾多次出错）	监控措施能满足控制要求，但经常被停用或发生变更后不能及时恢复；有应急措施但未根据变更及时修订或作业人员不清楚
2	每年都有发生或曾经发生过	标准完善但偶尔不按标准检查、作业	操作规程齐全但偶尔不执行	胜任（有上岗资格证、接受有效培训、经验、技能较好，但偶尔出错）	监控措施能满足控制要求，但供电、连锁偶尔失电或误动作；有应急措施但每年只演练一次
1	从未发生过	标准完善、按标准进行检查、作业	操作规程齐全，严格执行并有记录	高度胜任（有上岗资格证、接受有效培训、经验丰富，技能、安全意识强）	监控措施能满足控制要求，供电、连锁从未失电或误动作；有应急措施每年至少演练二次

2. 事故发生的严重程度 (S) 取值

对照表6从人员伤亡情况、财产损失、法律法规符合性、环境破坏和对企业声誉损坏五个方面对后果的严重程度进行评价取值，取五项得分最高的分值作为其最终的 S 值。

表6 危害事件发生的严重程度（S）

等级	人员伤害情况	财产损失、设备设施损坏	法律法规符合性	环境破坏	声誉影响
1	一般无损伤	一次事故直接经济损失在5 000元以下	完全符合	基本无影响	本岗位或作业点
2	1~2人轻伤	一次事故直接经济损失5 000元及以上，1万元以下	不符合气站规章制度要求	设备、设施周围受影响	没有造成公众影响
3	造成1~2人重伤；3~6人轻伤	一次事故直接经济损失在1万元及以上，10万元以下	不符合事业部程序要求	作业点范围内受影响	引起省级媒体报道，一定范围内造成公众影响
4	1~2人死亡；3~6人重伤或严重职业病	一次事故直接经济损失在10万元及以上，100万元以下	潜在不符合法律法规要求	造成作业区域内环境破坏	引起国家主流媒体报道
5	3人及以上死亡；7人及以上重伤	一次事故直接经济损失在100万元及以上	违法	造成周边环境破坏	引起国际主流媒体报道

3. 风险矩阵

确定了 S 和 L 值后，根据 $R=L×S$ 计算出风险度 R 的值，依据表7的风险矩阵进行风险评价分级（注：风险度 R 值的界限值，以及 L 和 S 定义不是一成不变的，可依据具体情况加以修订，至少不能低于国家或地方法规要求）。

根据 R 的值的大小将风险级别分为以下四级：

$R=L×S=17~25$：关键风险（Ⅰ级），需要立即停止作业。

$R=L×S=13~16$：重要风险（Ⅱ级），需要消减的风险；建议划分为重大风险（红色）。

$R=L×S=8~12$：中度风险（Ⅲ级），需要特别控制的风险；建议划分为重大风险（红色），建议划分为较大风险（橙色）。

$R=L×S=4~7$：低度风险（Ⅳ级），需要关注的风险，建议划分为一般风险（黄色）。

$R=L×S=1~3$：轻微风险（Ⅴ级），可接受或可容许风险，建议划分为低风险（蓝色）。

表7 风险矩阵（R）

可能性 L ＼ 严重性 S	1	2	3	4	5
1	1（蓝色）	2（蓝色）	3（蓝色）	4（黄色）	5（黄色）
2	2（蓝色）	4（黄色）	6（黄色）	8（橙色）	10（橙色）
3	3（蓝色）	6（黄色）	9（橙色）	12（橙色）	15（红色）
4	4（黄色）	8（橙色）	12（橙色）	16（红色）	20（红色）
5	5（黄色）	10（橙色）	15（红色）	20（红色）	25（红色）

附录 E：危险因素辨识与安全生产风险分级评价登记表（示例）

××××沼气站较大危险因素辨识与安全生产风险分级评估登记表

序号	风险点（危险区域）	场所/环节/部位	易发生的事故类型	危险因素	主要防范措施	依据	应急处置措施	作业条件危险性评价			危险级别	编号	管控部门
								L	E	C	D			
1	贮气柜	贮气柜	火灾 其他爆炸	1. 沼气泄漏；2. 作业现场使用明火引燃沼气	1. 沼气站宜在居民区全年主导风向的下风侧，并远离居民区；2. 气柜应设自动超压放散装置和低压报警装置；3. 架空管道宜采取保温措施，保温材料应具有良好的防潮性和耐候性，并应采用阻燃材料；4. 架空管道应采取防碰撞保护措施和设置警示；5. 作业现场严禁使用明火；6. 检维修气柜时将气柜内的沼气排净，防止电火花引燃沼气，发生爆炸；7. 埋地钢质管道的连接应采用焊接，埋地钢质管道应进行防腐处理	《沼气工程技术规范 第1部分：工艺设计》（NY/T 1220.1—2006）《沼气工程技术规范 第4部分：运行管理》（NY/T 1220.4—2006）	1. 发生事故后现场人员应立即向安全管理人员报告，情况紧急时还应立即将事故情况向主要负责人和医疗救护、消防部门报告；2. 发生事故时救援人员在做好自身防护措施后立即将伤员救出，并根据伤员情况采取急救措施；3. 发生其他爆炸事故时，应立即撤出危险区域人员，并切断总电源	1	6	40	240	1	BF-1-001	

（续表）

序号	风险点（危险区域）	场所/环节/部位	易发生的事故类型	危险因素	主要防范措施	依据	应急处置措施	作业条件危险性评价				危险级别	编号	管控部门
								L	E	C	D			
2	厌氧塔	厌氧塔	火灾 其他爆炸	1. 沼气泄漏；2. 作业现场使用明火引燃沼气	1. 钢制厌氧消化器内外壁应采用防腐措施，外壁防腐层应设置保温层，保温层材料宜选用阻燃、环保的材料；2. 厌氧消化器集气管路上宜设置稳压装置，采用水封稳压装置时，有效高度应根据厌氧消化器最大工作压力和储气端储气压力确定；3. 厌氧消化器进料管和排泥管阀门应选用双刀闸阀门；4. 作业现场严禁使用明火；5. 检修维修时加强管理，防止火花引燃	《沼气工程技术规范 第1部分：工艺设计》(NY/T 1220.1—2006)《沼气工程技术规范 第4部分：运行管理》(NY/T 1220.4—2006)	1. 发生事故后现场人员应立即向安全管理人员报告，情况紧急时还应立即将事故情况向主要负责人和医疗救护、消防部门报告；2. 发生事故时做好自身防护措施后立即将伤员救出，并根据伤情采取急救措施；3. 发生火灾事故时，救援人员使用手持式灭火器或砂土灭火；4. 发生其他爆炸事故时，应立即撤出危险区域人员，并切断总电源	1	6	40	240	I	BF-1-002	

附录 F：安全生产风险公告栏（示例）

×××沼气站安全生产风险公告栏

危险危害\存在场所	主要危险危害因素分布情况															
	物体打击	车辆伤害	机械伤害	起重伤害	触电	淹溺	灼烫	火灾	高处坠落	坍塌	锅炉爆炸	容器爆炸	其他爆炸	中毒	窒息	其他伤害
贮气柜	▲							▲	▲				▲	▲	▲	▲
厌氧塔	▲							▲	▲				▲	▲	▲	▲
锅炉房	▲							▲					▲		▲	▲
搅拌池	▲		▲		▲			▲					▲	▲	▲	▲
配电室					▲			▲								
脱硫间	▲							▲								▲
沼液池	▲					▲	▲	▲	▲					▲	▲	▲

主要危险危害物质			
名称	沼气	硫化氢	氧气、乙炔
存在场所	贮气柜等区域	搅拌池等	检维修
导致事故	火灾、爆炸等	中毒等	火灾、爆炸

（续表）

名称	沼气	硫化氢	氧气、乙炔
主要危险危害物质			
预防措施	1. 按操作规程进行作业； 2. 禁止烟火； 3. 现场配备消防器材	1. 佩戴齐全防护用品； 2. 应按相关安全要求使用化学试剂； 3. 现场配备消防器材； 4. 保持通风，对于易挥发试剂应密封保存完整	1. 作业人员培训，持证上岗； 2. 按工业气瓶使用相关安全操作规范要求作业； 3. 作业现场安排监护人员； 4. 现场配备应急救援器材
应急处置	1. 现场人员迅速撤离； 2. 向相关负责人报告； 3. 通知救护人员现场急救； 4. 严禁盲目施救	1. 现场人员迅速撤离； 2. 向相关负责人以及主管部门报告； 3. 通知救护人员现场急救； 4. 严禁盲目施救	1. 现场人员迅速撤离； 2. 向相关负责人报告； 3. 通知救护人员现场急救； 4. 严禁盲目施救

备注：其他伤害指粉尘、振动、噪声、高温等伤害；在发生"四新"变化时应对辨识内容进行修订　报警电话：110　急救电话：120　火警电话：119

附录 G：安全风险四色分布图（示例）

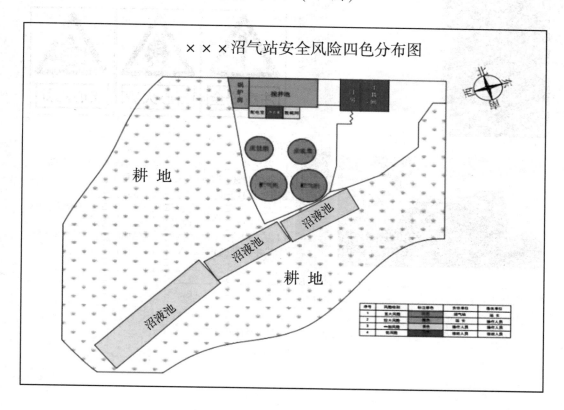

附录 H：较大危险因素告知卡（示例）

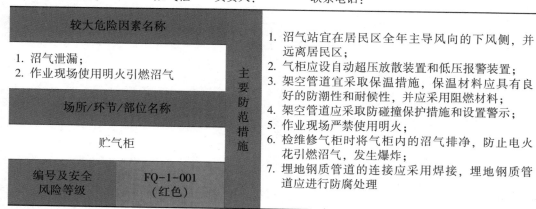

较大危险因素告知卡

| 风险点名称： | 贮气柜 | 负责人： | 联系电话： |

较大危险因素名称		主要防范措施	1. 沼气站宜在居民区全年主导风向的下风侧，并远离居民区；

较大危险因素名称	
1. 沼气泄漏； 2. 作业现场使用明火引燃沼气	主 要 防 范 措 施
场所/环节/部位名称	
贮气柜	
编号及安全风险等级	FQ-1-001 （红色）

主要防范措施：
1. 沼气站宜在居民区全年主导风向的下风侧，并远离居民区；
2. 气柜应设自动超压放散装置和低压报警装置；
3. 架空管道宜采取保温措施，保温材料应具有良好的防潮性和耐候性，并应采用阻燃材料；
4. 架空管道应采取防碰撞保护措施和设置警示；
5. 作业现场严禁使用明火；
6. 检维修气柜时将气柜内的沼气排净，防止电火花引燃沼气，发生爆炸；
7. 埋地钢质管道的连接应采用焊接，埋地钢质管道应进行防腐处理

（续表）

易发生的事故类型	火灾 其他爆炸	警示标志	
		应急处置措施	1. 发生事故后现场人员应立即向班组长报告，情况紧急时还应立即将事故情况向车间、气站和医疗救护、消防部门报告； 2. 发生事故时救援人员在做好自身防护措施后立即将伤员救出，并根据伤情采取急救措施； 3. 发生其他爆炸事故时，应立即撤出危险区域人员，并切断总电源

责任人员：主要负责人　　落实人员：分管负责人　　应急电话：

居安思危　　　警钟长鸣
×××沼气站宣

附　　录

附录1：大中型沼气站安全管理台账与表格

安全生产台账与表格

一、沼气站证件及文件

气站名称：_____

建账时间：_____ 年　　月

人员证件登记表

表 1-1

序号	姓名	证件类型	证书编号	有效期	第一次复审时间	第二次复审时间	备注

特种作业人员和特种设备作业人员登记表

表 1-2

序号	姓名	性别	身份证号	作业类别	证号	发证日期	有效期限	备注

文件发放登记表

表 1-3

序号	文件名称	发布日期	领取人	备注

安全生产台账与表格

二、安全投入、工伤保险

气站名称：_____

建账时间：_____ 年 月

_____年度安全费用使用台账

表 2-1

序号	日期	项目说明	费用提取金额	合计金额	备注
		小计			

生产安全事故登记表

单位名称：

发生事故时间：　　　　年　月　日　时

事故类别：

表2-2

伤害人姓名	伤亡情况 （死亡、重伤、轻伤）	工种	性别	年龄	工龄 （年）	受过何种 安全教育	歇工总 日　数	经济损失（万元）		备注
								直接	间接	

事故经过和原因：

相关人员处理情况：

预防事故的措施：	落实措施负责人意见： 签字：

主要负责人意见： 签字：	部门负责人意见： 签字：	综合办公室意见： 签字：

　注：表格空间不足的另附附件。

生产安全事故调查报表

表 2-3

事故发生时间		事故发生地点	
当事人所在部门		当日天气状况	
事故受害人		事故性质	
直接责任人		间接责任人	
直接管理人员		相关管理人员	

事故类型：

事故详情：

直接经济损失（元）		间接经济损失（元）	

调查结果：

调查人员签名	

事故直接责任人、间接责任人及直接管理人员签字：

　填报人：　　　　　　审核：　　　　　　批准：

事故回顾学习记录

表 2-4

事故名称			
组织人员		记录人	
时　间		地点	

参加人员：

内容：

安全生产台账与表格

三、安全生产责任制

气站名称：_____

建账时间：_____ 年 月

安全生产责任制考核表

表 3-1

序号	责任制名称	考核对象	考核者	考核情况	是否修订	备注

安全生产台账与表格

四、法律法规与安全管理制度

气站名称：_____

建账时间：_____ 年 月 _____

表 4-1

安全生产法律法规及其他要求清单

序号	名称	制（修）订日期	生效日期	颁发部门	发布号	更新记录	适用范围	备注
	中华人民共和国安全生产法	2014-08-31	2014-12-01	全国人大常委会	主席令第 70 号		本沼气站	
	中华人民共和国职业病防治法	2001-10-27	2002-05-01	全国人大常委会	主席令第 60 号		本沼气站	
	中华人民共和国消防法	2008-10-28	2009-05-01	全国人大常委会	主席令第 6 号		本沼气站	
	中华人民共和国劳动法	2007-06-29	2008-01-01	全国人大常委会	主席令第 65 号		本沼气站	
	生产安全事故报告和调查处理条例	2007-03-28	2007-06-01	国务院	国务院令第 493 号		本沼气站	
	特种设备安全监察条例	2009-01-14	2009-05-01	国务院	国务院令第 549 号		本沼气站	
	工伤保险条例	2010-12-20	2011-01-01	国务院	国务院令第 586 号		本沼气站	
	劳动保障监察条例	2004-10-26	2004-12-01	国务院	国务院令第 423 号		本沼气站	
	危险化学品名录（2015 版）	2015-02-01	2015-08-19	国家安监总局	国家安全生产监督管理总局等九部门 2015 年第 5 号公告		本沼气站	
	生产经营单位安全培训规定	2006-03-01		国家安监总局	国家安监总局令 [2005] 第 3 号，国家安监总局令 [2013] 第 63 号修改，国家安监总局令 [2015] 第 80 号修改		本沼气站	
	安全生产事故隐患排查治理暂行规定	2007-12-22	2008-02-01	国家安监总局	安监总局 16 号令		本沼气站	
	生产安全事故应急预案管理办法	2016-06-03	2016-07-01	国家安监总局	安监总局令第 88 号		本沼气站	

（续表）

序号	名称	制（修）订日期	生效日期	颁发部门	发布号	更新记录	适用范围	备注
	特种作业人员安全技术培训考核管理规定	2010-04-26	2010-07-01	国家安监总局	国家安监总局令〔2013〕63号		特种作业人员	
	建设项目安全设施"三同时"监督管理暂行办法	2010-11-03	2011-02-01	国家安监总局	国家安监总局令〔2010〕第36号，国家安监总局令〔2015〕第77号修改		本沼气站	
	特种设备作业人员监督管理办法	2010-11-23	2011-07-01	国家质检总局	质检总局令第140号		本沼气站	
	特种设备事故报告和调查处理规定	2009-05-26	2009-07-03	国家质检总局	质检总局令第115号		本沼气站	
	防雷减灾管理办法	2004-12-06	2005-02-01	气象局	气象局令第8号		本沼气站	
	关于生产经营单位主要负责人、安全生产管理人员及其他从业人员安全生产培训考核工作的意见			国家安监总局	安监人字〔2002〕123号		本沼气站	
	关于深入开展企业安全生产标准化建设的指导意见		2011-05-03	国务院安委会	安委〔2011〕4号		本沼气站	
	劳动防护用品配备标准（试行）		2000-03-06	经贸委	国经贸安全〔2000〕189号		本沼气站	
	劳动防护用品选用规则		1990-04-01	国家标准局	GB 11651—1989		本沼气站	
	危险化学品重大危险源辨识	2018-11-19	2019-03-01	国家标准局	GB 18218—2018		本沼气站	
	消防安全标志		1993-03-01	国家技术监督局	GB 13495—1992		本沼气站	
	建筑灭火器配置规范		2005-10-01	国家标准局	GB 50140—2005		本沼气站	

（续表）

序号	名称	制（修）订日期	生效日期	颁发部门	发布号	更新记录	适用范围	备注
	建筑设计防火规范	2018-03-30	2018-10-01	建设部，国家质监总局	GB 50016—2018		本沼气站	
	建筑物防雷设计规范		2000-12-01	建设部	GB 50057—1994（2000 版）		本沼气站	
	安全标志		2009-10-01	国家质监总局，标准委	GB 2894—2008		本沼气站	
	生产设备安全卫生设计总则		1999-12-01	国家技术监督局	GB 5083—1999		本沼气站	
	工作场所职业病危险，有害因素警示标识		2003-12-01	卫生部	GBZ 158—2003		本沼气站	
	企业职工伤亡事故分类标准		1987-02-01	国家标准局	GB 6441—1986		本沼气站	
	固定式钢直梯安全技术条件		2009-12-01	劳动部	GB 4053.1—2009		本沼气站	
	固定式钢斜梯安全技术条件		2009-12-01	劳动部	GB 4053.2—2009		本沼气站	
	企业安全生产费用提取和使用管理办法	2012-02-24	2012-02-24	国家安监总局	财企发〔2012〕16 号		财务部门	
	沼气工程技术规范	2006-12-06	2007-02-01	农业部	NY/T 1220—2006		本沼气站	
	规模化畜禽养殖场沼气工程运行、维护及其安全技术规程	2006-12-06	2007-02-01	农业部	NY/T 1221—2006		本沼气站	
	规模化畜禽养殖场沼气工程设计规范	2006-12-06	2007-02-01	农业部	NY/T 1222—2006		本沼气站	
	大中型沼气工程技术规范	2014-12-02	2015-08-01	建设部	GB/T 51063—2014		本沼气站	

安全生产台账与表格

五、教育培训

气站名称：_____

建账时间：_____ 年 月

教育培训登记表

表 5-1

时间	培训类别	人数	学时	备注

教育培训记录表

表 5-2

培训类别				培训时间	
培训对象				培训地点	
授课老师		记 录 人		应到人数	
是否考核		是否发证		实到人数	
证号样式				合格人数	
参加人员					
培训内容					

安全教育培训签到表

表 5-3

培训类别			培训时间		
教育内容					
签到	职务	签名	职务	签名	

从业人员培训登记卡

表 5-4

姓名		性别		年龄		相片
身份证号码				工种		
家庭住址						
序号	培训时间	培训类型		学时	备注	

注：新从业人员经过培训方可上岗作业。

外来人员进入现场安全教育记录

表 5-5

外来单位		人数		负责人	
事由					
进厂时间		出厂时间			
接洽部门		接洽人			

教育内容：

教育者签名		日期：　年　月　日
受教育者签名		日期：　年　月　日

安全生产台账与表格

六、设备设施

气站名称：_____

建账时间：_____ 年　　月_____

生产设备统计表

表 6-1

序号	设备名称	设备型号	出厂编号	出厂日期	设备制造单位	安装位置	投运日期	报废时间	备注

特种设备汇总表

表 6-2

序号	设备名称	规格型号	制造商	出厂编号	使用证号	安装地点	检验周期	下次检验时间（年月日）			备注
								一	二	三	

特种设备登记表

表 6-3

设备名称		规格型号		出厂编号	
制造厂家		合格证号		企业编号	
注册代码		使用部门 （安装地点）		投入 使用时间	
安全附件					

检验记录

检验时间	检验单位	结论	下次检验时间

变更记录

时间	内容	负责人	备注

设备作业记录表

表 6-4

设备名称			时间		
作业性质	大修 □	故障维修 □	维护保养 □	改造 □	
负 责 人					
作业人员					
作业情况	作业原因： 作业内容：				
验收	验收人员：　　　　　　　　　　　　　　　　日期：				

防雷设施检测统计表

表 6-5

序号	防雷设施安装位置	检测单位	检测周期	检测情况				备注
				检测日期	检测结果	检测日期	检测结果	

消防器材登记表

表 6-6

序号	器材名称	规格型号	安放位置	数量	管理负责人	更换记录		备注

安全设备设施登记表

表 6-7

序号	名称	数量	设置地点	备注

安全生产台账与表格

七、作业安全

气站名称：＿＿＿＿＿＿＿＿＿＿＿

建账时间：＿＿＿＿年　　月＿＿＿＿

有限空间作业审批表

表 7-1

工作内容：		作业地点：	
作业单位：			
作业负责人：		安全监护人：	
作业人员：			
作业时间：　　年　月　日　时　分至　　月　日　时　分			

序号	安全措施	主要内容	确认人签字
1	作业人员安全交底		
2	氧气浓度、有害气体检测		
3	通风措施		
4	个人防护用品使用		
5	照明措施		
6	应急器材配备		
7	现场监护		
8	其他补充措施		

作业安全条件及措施确认：

作业负责人：　　　　　　　　　年 月 日　时　分

企业授权审批意见：

签发人：　　　　　　　　　年 月 日　时　分

（此表一式二份，第一联审批部门保留，第二联作业单位保留）

注：该审批表是进入有限空间作业的依据，不得涂改且要求审批部门存档时间至少一年。

动火作业审批表

表 7-2

动火内容	
动火方式	
动火时间	年　月　日　时　分始至　　　　年　月　日　时　分止
作业人员	动火作业负责人：
危害识别	
安全措施	□动火作业应有专人监火，动火作业前应清除动火现场及周围的易燃物品；距动火点20 m 内不得排放各类可燃气体 □严禁在动火点 10 m 范围内及用火点下方同时进行可燃溶剂清洗或喷漆等作业 □高处动火时应采取防止火花四处飞溅措施 □电焊回路应接到焊件上，不得穿过下水井或其他设备、管道上 □使用气焊、气割动火作业时，乙炔瓶应直立放置；氧气瓶与乙炔气瓶间距不应小于5m，二者与动火作业地点不应小于 10 m，气瓶不得在烈日下暴晒 □动火过程中如果发生跑油、串油和易燃、助燃气体泄漏，应立即停止动火 □氧气设备或管道上进行动火作业前应通知技术人员处理后才可动火 □作业现场配备足够适用的消防器材（如灭火器、沙子等） □现场人员必须穿戴好防护用品（安全帽、防护眼镜、手套、工作服、安全带、劳保鞋等） □动火作业完毕，动火人和监火人以及参与动火作业的人员应清理现场，监火人确认无残留火种后方可离开 □其他：

安全措施确认人		动火作业负责人	
监 护 人（签字）			
动火审批（签字）			

完工验收：　　　　　　　　　　　　　签名：

本作业证一式三份，审批人、动火人、动火所在部门负责人各一份。

高处安全作业审批表

表 7-3

作业内容			
申请部门		负 责 人	
作业地点		作业高度	
作业人员			
作业时间	年 月 日 时 分始至　　　年 月 日 时 分止		
风险分析			
安全措施			
应急措施			
监 护 人		作业负责人	

高处作业审批意见:

安全管理人员:　　　　　年　月　日

验收	验收人员:　　　　　　年　月　日
备注	

临时用电作业票

表 7-4

作业内容		作业时间	
负 责 人		作业地点	
监 护 人		用电功率	

作业时间：　　　　　年　月　　日　时　　分至　　年　月　日　时　　分

序号	作业必须条件	确认人
	（如作业条件、工作范围等发生异常变化，必须立即停止工作，本许可证同时作废）	
1	安装临时线的人员持有电工作业操作证	
2	防爆场所使用的临时电源、电气元件和线路达到相应的防爆等级要求	
3	临时用电的单相合混用线路采用五线制	
4	临时用电线路架空高度在装置区内不低于 2.5m，道路不低于 5m	
5	临时用电线路架空进线不得采用裸线，不得在树上或脚手架上架设	
6	暗管埋设及地下电缆线路设有走向及安全标志，埋度不得小于 0.7m	
7	现场临时用配电盘、箱要有防雨设施	
8	行灯电压不得超过 36V，在特殊潮湿场所或金属设备内，不得超过 12V	
9	临时用电设施安有漏电保护器，移动工具、手持工具用一机一闸一保护	
10	用电设备、线路容量、负荷要求	

安全措施：

签名：

作业负责人意见	现场监护人意见	安全负责人意见	领导审批意见
年　月　日	年　月　日	年　月　日	年　月　日

送电人		停电人	
完工验收		签名	

注：临时用电作业必须办理临时用电作业许可证，如在防爆区域作业还需办理动火许可证。

"三违"检查记录表

表 7-5

	检查内容	存在问题	责任人	负责人
违章指挥	1. 不遵守安全生产规程、制度和安全技术措施			
	2. 擅自变更工艺和操作程序			
	3. 指挥者未经培训上岗，使用未经安全培训的劳动者或无专门资质认证的人员			
	4. 指挥工人在安全防护设施或设备有缺陷、隐患未解决的条件下冒险作业			
	5. 发现违章不制止			
	6. 其他			
违章作业	1. 不按操作规程、作业程序进行操作			
	2. 不按规定佩戴使用劳动安全卫生防护用品			
	3. 不规范装束			
	4. 挪用损坏安全设施或标志			
	5. 忽视安全、忽视警告			
	6. 冒险进入危险场所			
	7. 其他			
违反劳动纪律	1. 不履行劳动合同及违约承担的责任			
	2. 不遵守考勤与休假纪律			
	3. 不遵守生产与工作纪律			
	4. 不遵守奖惩制度			
	5. 其他			

检查人：　　　　　　　　　　　　　　检查时间：

"三违"处罚登记表

表 7-6

序号	姓　名	职务	时间	原因	处罚情况

劳保用品发放标准表

表 7-7

名称\岗位	安全帽	棉布工作服	防静电手套	防静电鞋	防静电服	阻燃防护服	电工绝缘手套	电工绝缘鞋		

劳动防护用品发放记录

表 7-8

序号	劳保用品名称	领取者	数量	领取时间（年/月/日）	签　名

安全生产台账与表格

八、隐患排查治理、危险源

气站名称：_____

建账时间：_____ 年　月

综合性安全检查表

检查人员：　　　　　　　　　　　检查日期：　　　　　　　　　　　表 8-1

序号	检查项目	检查标准	检查方法	检查情况	
				符合	不符合及主要问题
1	安全管理	1. 岗位操作人员严格遵守操作规程，生产指标控制良好，操作记录及时、认真、字迹清晰工整； 2. 认真执行设备运行管理制度； 3. 作业人员是否按规定佩戴劳动防护用品； 4. 作业人员"三违"情况检查	查现场及记录		
2	设备设施	1、各种设备设施应保持清洁，避免水、渣、气泄漏； 2. 备用设备状况良好，定期检查维护，达到随时启用； 3. 各类设备无杂音、无振动，暴露在外面的传动部位有符合标准的安全防护罩； 4. 厌氧消化器溢流管必须保持畅通，并应保证厌氧消化器的水封高度，冬季应每日检查； 5. 固液分离机进料管应无损坏泄漏，溢流管、回流管和排气管应无堵塞； 6. 湿式气柜应无明显锈蚀现象，水封池水位应处于正常范围内	查现场及记录		
3	电气管理	严格执行各项规程，落实防火、防水、防小动物措施，室内通风良好，照明良好。变、配电间清洁卫生、无渗漏油现象，变压器油位、油温正常，无杂音，各接地良好，附属设备完好。按要求配绝缘工具，定期检查，有测试报告和记录。防爆区电气设备符合防爆要求	查现场及记录		
4	消防管理	供水消防设施完好，随时处于备用状态。厂区内消防栓开启灵活，出水正常，排水量好，出水口接头、橡胶垫齐备完好。消防枪、消防水带等完好。消防水管管径及消防栓的配备数量和地点符合国家标准。消防栓内器材保持干燥、清洁，物件完好无损。灭火器按要求配备，消防通道畅通无阻	查现场及记录		
5	构建筑物	建筑构建物的墙体无倾斜、裂纹，基础无塌陷、房顶及框架无腐蚀、开裂、倾斜、漏雨等现象。建筑构筑物的防火间距符合有关标准、间距不够的采取了防护措施。通风、防汛设施完好。地沟盖板完好无损	查现场及记录		
6	作业票	检查员工在进行动火作业、进入有限空间作业、高处作业等危险作业，作业票的申办工作	查现场及记录		

（续表）

序号	检查项目	检查标准	检查方法	检查情况	
				符合	不符合及主要问题
7	作业现场	检查工作现场是否清洁、有序、员工劳动防护用品穿戴是否符合要求，各种通道是否畅通无阻，应急灯具是否齐全可靠，查各种安全设施是否处于正常状态	查现场及记录		
8	安全教育	查特种作业人员持证上岗情况，查新员工的培训考核情况，查对外来施工单位进入作业现场前的安全培训教育工作	查记录		
9	警示标志	对生产作业现场易燃易爆、有毒有害场所的警示标志和告知牌的完好情况；检维修、施工等作业现场设置警戒区域和警示标志的情况检查	查现场及记录		
10	其 他	厂区内是否有外来施工队伍，施工是否影响正常操作，是否按照企业的有关规定进行施工	查现场及记录		

检查人员： 　　　　　　　　　　　　　　　　　　　　　检查时间：

日常安全检查表

检查人员： 　　　　　　　　检查时间： 　　　　　　　　表 8-2

项目	检查内容	是	否	检查情况
人员	作业人员是否遵守安全操作规程			
	从业人员是否掌握紧急情况下的应急措施，是否有不会使用消防灭火器的人员			
	特种作业人员持证上岗情况			
	是否按照规定穿戴劳动防护用品			
	是否有（其他）的不安全行为：抽烟、喝酒、脱岗等			
生产设备	储罐设备等应无裂纹和渗漏，无跑、冒、滴、漏和腐蚀、锈蚀现象			
	管道应无裂纹和渗漏，管道应保持畅通，密封良好，无跑、冒、滴、漏和腐蚀现象			
	运转设备防护罩是否完好；有无防护罩未在适当位置或防护装置调整不当情况			
	有无设备带"病"运转或超负荷运转			
	设备设施是否定期进行维护保养与检修			
	检修施工作业是否遵守有关规定和标准执行（检修传动设备要先停电、挂警示牌上护栏；试转要站旁边）			
	特种设备是否按照国家有关规定取得检验、检测合格证，并在有效期间内			

项目	检查内容	是	否	检查情况
电气设备	电器设备的金属外壳绝缘是否良好			
	机械设备接地、接零是否完整良好			
	有无电气装置带电部分裸露			
	电器开关外壳是否完整可靠，有无破损			
	电线电缆是否用固定装置固定使用			
	有无电线电缆乱拉乱接（架设符合规范），临时用电线路是否及时拆除			
作业环境	工作场所应保持整齐、清洁、通道平坦、畅通			
	安全标志是否完整、清晰、安全防护装置是否齐全			
	安全操作规程是否完整、清晰，是否悬挂上墙			
	工作场所照明灯具是否完好			
	工作中使用的工器具，工具箱等是否摆放整齐、平稳			
消防	消防通道是否被堵塞占用；安全疏散通道、安全出口是否通畅			
	消防器材、设施周围是否被堵塞占用			
	灭火器消防栓等使用说明是否清晰完整			
	消防栓是否开启灵活，阀门应保持常开，并应有明显的启闭标志或信号			
	消防箱内水枪是否齐备、无破损、无堵塞，是否可以随时使用；水带有无破损、堵塞、发黑、发霉现象			
	应急照明灯具是否完好			
	消防水管道是否带压，有无跑冒滴漏			
	可燃气体报警探头是否管用			

说明：是打√；否打×，在备注里进行说明，如有异常情况请及时报告站内值班领导。

春季安全检查表

检查人员：　　　　　　　　　　　　检查时间：　　　　　　　　　　表 8-3

序号	检查项目	检查标准	检查方法	检查结果		
				符合	存在问题	责任人
一	防火	1. 现场易燃物清除	查现场			
		2. 严格执行动火规章制度				
		3. 电器、线路、开关接触良好				
		4. 消防器材充足完好				
二	防爆	1. 压力容器、管道定期检测合格	查现场			
		2. 生产运行严格执行工艺指标				
		3. 监测仪灵敏可靠				
		4. 易燃易爆物品按规定放置				
		5. 相关场所电器、照明符合防爆要求				
三	防雷	1. 避雷装置完好无损	查现场查处置方案			
		2. 设备防雷接地装置完好				
		3. 有突然停电应急措施				

（续表）

序号	检查项目	检查标准	检查方法	检查结果		
				符合	存在问题	责任人
四	防风	1. 厂房墙体、门窗牢固	查现场			
		2. 高处无不稳定物				
		3. 低处无易飘散物				

夏季安全检查表

检查人员：   检查时间：   表 8-4

序号	检查项目	检查标准	检查方法	检查结果		
				符合	存在问题	责任人
一	防雨	1. 无漏雨现象、排水系统畅通完好	查现场			
		2. 忌雨淋设施、部位有防范措施				
二	防洪	1. 排水沟、管畅通、不漏	查现场			
		2. 排洪设施完好备用				
		3. 地下设施处及低凹生产现场防洪措施完好				
三	防触电	1. 电缆绝缘良好，无浸泡	查现场			
		2. 电器、线路、开关完好，无破损				
		3. 机械设备、电器接地良好				
		4. 手持电动工具绝缘可靠，有漏电保护装置				
四	防暑降温	室内通风良好	查现场			
五	防雷	1. 避雷装置完好无损	查现场查处置方案			
		2. 设备防雷接地装置完好				
		3. 有突然停电应急措施				

秋季安全检查表

检查人员：   检查时间：   表 8-5

序号	检查项目	检查标准	检查方法	检查结果		
				符合	存在问题	责任人
一	防风	装置、储气柜等上方附属物固定良好	查现场			
		其他设施可移动部位固定、可靠				
		站内建筑物玻璃、窗户等完好，无缺失、孔洞				
		站内线缆应完好，无破损，防止大风将其吹断				
二	防火	1. 现场易燃物清除	查现场			
		2. 消防器材充足完好				
		3. 严格执行动火规章制度				
		4. 电器、线路、开关接触良好				

序号	检查项目	检查标准	检查方法	检查结果		
				符合	存在问题	责任人
三	防触电	1. 设备设施接地齐全，跨接线齐全、完好	查现场查处置方案			
		2. 电缆绝缘良好，电器、线路、开关接触良好				
		3. 手持式工具绝缘可靠，有漏电保护措施				

冬季安全检查表

检查人员：　　　　　　　　　　　　　　　检查时间：　　　　　　　　　　　　表 8-6

序号	检查项目	检查标准	检查方法	检查结果		
				符合	存在问题	责任人
一	防冻	1. 相关设备有保暖措施	查现场			
二	防中毒	1. 设备管道无跑、冒、滴、漏	查现场			
		2. 岗位有害物质浓度不超标				
		3. 防护器材充足完好				
三	防滑	1. 楼梯、斜面通道有防滑装置	查现场			
		2. 作业场地道路平坦，防滑				
		3. 雨雪天对通道、巡检路线有防滑措施				
		4. 手持电动工具绝缘可靠，有漏电保护装置				
四	防火	1. 现场易燃物清除	查现场			
		2. 消防器材充足完好				
		3. 严格执行动火规章制度				
		4. 电器、线路、开关接触良好				
五	防雷	1. 避雷装置完好无损	查现场查处置方案			
		2. 设备防雷接地装置完好				
		3. 有突然停电应急措施				

节假日安全检查表

检查人员：　　　　　　　　　　　　　　　检查时间：　　　　　　　　　　表 8-7

节假日名称：	放假时间：

检查目的：通过节假日前的安全检查，发现存在的隐患和不安全因素，及时整改，保障节假日期间的安全生产。
检查要求：按照检查标准认真检查。
检查内容：按下表内容检查。

序号	检查项目	检查方法	检查结果	
			是	不符合项及主要问题
1	有值班安排	检查值班安排		
2	各级认真进行安全会议和安全检查并形成记录	检查会议纪要		
3	职工的劳动防护用品配备齐全	现场检查		
4	消防器材配备完好，消防系统好用	现场检查		
5	有各类突发事件应急救援预案	检查预案		
6	门岗值班及巡检工作已布置	检查值班安排		
7	现场有安全防护措施和明显的安全警示标志	现场检查		
8	生产设备及安全设施无带病运行和超负荷运行现象	现场检查		
9	（重大）危险源现场监控运行正常	现场检查		
10	生产、生活物资储备充足	现场检查		
11	作业场所无安全隐患	现场检查		
12	不存在违规操作现象	现场检查		
13	用水用电不存在安全隐患	现场检查		
14	电话、对讲机等各类通讯设施通畅	现场检查		
15	设备运行记录完整	检查记录		
16	配电用电情况良好	现场检查		
17	其他			

安全隐患排查治理登记表

表 8-8

日期	存在的隐患或问题	隐患等级	整改措施	责任人	整改期限	投入资金	通知单号	整改结果确认	确认人签字

安全隐患整改通知单（存根）

第　号 表 8-9

被检查部门		检查时间	
检查人员			

检查记录内容：

　　　记录：　　　　　　部门负责人：

整改措施：

　　　整改人：　　　　　整改期限：

整改完成情况：

　　　复查人：　　　　　复查日期：

安全隐患整改通知单

第　号 表 8-10

被检查部门		检查时间	
检查人员			

检查记录内容：

　　　记录：　　　　　　部门负责人：

整改措施：

　　　整改人：　　　　　整改期限：

整改完成情况：

　　　复查人：　　　　　复查日期：

安全隐患整改情况报告书

呈报：　　　　　　　　　　第　　号　　　　　　　　　　表 8-11

安全隐患单位				发现隐患时间	
单位负责人		职务		隐患场所	
安全生产监督检查单位		责令整改时间		整改期限	
安全隐患					
整改措施					
整改结果					

综合办公室：　　　　　　　　　企业负责人：　　　　　　　　　年　月　日

危险源辨识与评价汇总登记表

辨识人员：　　　　　　　　　　　　　　　　　　时间：　　　　　　　　　　表 8-12

序号	作业场所	辨识内容	导致事故的原因	可能导致的事故	危险程度等级	是否重要	控制措施	控制效果	改善措施

有限空间台账

表 8-13

序号	有限空间名称	有限空间类型	所处位置	现场编号	责任部门	主要危险有害因素	警示标志设置情况	检测仪器仪表配备情况	应急器材配备情况	已采取的对策措施
1										
2										
3										
4										
5										
6										
……										

说明	1. "有限空间名称"对照"工贸企业有限空间参考目录"填写。 2. "有限空间类型"填写：①密闭半密闭空间（设备）、②地上有限空间、③地下有限空间。 3. "所处位置"一栏填写该处有限空间存在于企业的具体车间、场所、位置。 4. "主要危险有害因素"按照"缺氧→易燃易爆物质→有毒气体→其他危害因素"的步骤进行辨识，主要包括氧含量不足、中毒（H_2S、CO、PH_3）、存在可燃性气体（CH_4、C_2H_2 等）、可燃涉爆粉尘（镁粉、铝粉、木粉、纺织纤维粉等）、触电、淹溺等。 5. "检测仪器仪表配备情况、应急器材配备情况"一栏应如实填写已配备的仪器仪表、应急器材等的具体名称和数量。 6. 各县可要求企业以此样表为基础，结合企业实际补充完善。

安全生产台账与表格

九、职业健康

气站名称：_____

建账时间：_____ 年 月

接触职业病危害因素作业人员登记表

表 9-1

序号	部门	姓名	性别	出生年月	工种	在岗时间	岗位年限	有害因素种类		体检情况				体检类别
										时间	结果	时间	结果	

注：体检类别指上岗、在岗、离岗或转岗。

职业危害防护设施登记表

表 9-2

作业区域	防护设施名称	安装地点	使用情况			使用情况		维护维修记录		备注
			常用	不常用	不用	危害因素	使用效果	日期	日期	

注：1. 防护设施指各类除尘设施、各类排毒设施、各类防暑降温设施、防放射线设施；

2. 使用情况指防护设施的开机率；

3. 预防危害因素名称指某防护设施可控制、降低的某种职业危害的名称；

4. 使用情况、维护维修记录及各种结果在其相应的格中打"√"或"×。

安全生产台账与表格

十、应急救援、绩效评定

气站名称：_____

建账时间：_____ 年　 月_____

应急救援器材维护养护记录

表 10-1

序号	设施名称	保管部门	负责人	检查、维护时间	备注

应急救援培训记录表

表 10-2

培训名称			
培训时间	年　　月　日　时　分　　□晴　□阴　□雨		
培训地点			
组织单位		组织者：	
详细内容			
参加人员			
效果综合评价			
人员签名	讲解：	职务：	联系电话：
	评估人：	职务：	联系电话：

事故应急救援演练记录

表 10-3

演练项目	
演练目的	
演练时间	年　月　日　时　分至　　年　月　日　时　分
演练地点	
参演人员	
演练记录	
现场救援讲评	
参演人员签名	

附录 2：大中型沼气站安全事故应急预案

×××沼气站
生产安全事故应急预案

编制单位：×××沼气站

编制日期：_____年_____月_____日

颁布日期：_____年_____月_____日

颁布令

为了认真贯彻"安全第一、预防为主、综合治理"的方针,加强和提高沼气站的事故应急救援能力,切实维护员工生命和财产的安全,依据《中华人民共和国安全生产法》《中华人民共和国突发事件应对法》《山西省安全生产条例》《生产经营单位生产安全事故应急预案编制导则》《山西省安全生产应急预案管理方法》等有关法律、法规、标准和规范,沼气站组织有关技术人员编制了《×××沼气站生产安全事故应急预案》,以保证应急管理工作的制度化和规范化。

《生产安全事故应急预案》汇集了应对沼气站可能发生的各类事故的综合应急预案,应对有可能发生的具体事故类型的专项应急预案和现场处置方案,我站组织专家对《生产安全事故应急预案》进行了评审,根据评审意见组织技术人员进行了修订,现予以颁布实施。

颁布人:

二〇＿＿年＿＿月＿＿日

应急预案管理情况

版本号	编制与修编	内部评审	外部评审	颁布

×××沼气站
生产安全事故应急预案
编写小组

组　　长：
副 组 长：
编写人员：

应急预案内部会审意见

会审部门	内审意见	签字
总指挥		
副总指挥		
应急办公室		
现场抢险组		
后勤保障组		
治安保卫组		
医疗救护组		
通讯联络协调组		
善后处理组		

×××沼气站

年　　月　　日

一、生产安全事故综合应急预案

1 总 则

1.1 编制目的

为了全面贯彻落实"安全第一、预防为主、综合治理"的安全生产方针，规范应急管理工作，提高突发事件的应急救援反应速度和协调水平，增强综合处置突发事件的能力，保障企业员工和公众的生命安全，最大限度地减少财产损失、环境破坏和社会影响，促进×××沼气站（以下简称"本气站"）全面、协调、可持续发展，依据《中华人民共和国安全生产法》等法律、法规和《生产经营单位安全生产事故应急预案编制导则》（GB/T 29639—2013）结合本气站的实际情况，制定本预案。

1.2 编制依据

（1）《中华人民共和国安全生产法》（中华人民共和国主席令第 13 号，2014 年 12 月 1 日起施行）。

（2）《中华人民共和国突发事件应对法》（中华人民共和国主席令第 69 号，2007 年 11 月 1 日起施行）。

（3）《中华人民共和国特种设备安全法》（中华人民共和国主席令第 4 号，2014 年 1 月 1 日起施行）。

（4）《中华人民共和国职业病防治法》（中华人民共和国主席令第 52 号发布，根据 2016 年中华人民共和国主席令第 48 号令修改，2016 年 7 月 2 日起施行）。

（5）《沼气工程技术规范 第六部分：安全使用》（NY/T 1220.6—2014）。

（6）《生产安全事故报告和调查处理条例》（中华人民共和国国务院令第 493 号，2007 年 6 月 1 日起施行）。

（7）《生产安全事故信息报告和处置办法》（国家安全生产监督管理总局令第 21 号，2009 年 7 月 1 日起施行）。

（8）《生产安全事故应急预案管理办法》（国家安全生产监督管理总局令第 88 号，2016 年 7 月 1 日起施行）。

（9）《山西省突发事件应对条例》（2012 年 6 月 1 日起施行）。

（10）《山西省安全生产应急预案管理办法》（山西省安全生产监督管理局晋安监应急字〔2008〕370 号，2008 年 12 月 10 日）。

（11）《关于进一步规范全市生产安全事故信息报告时限和内容的通知》（晋城市人民政府办公厅晋市政办〔2015〕44 号）。

（12）《生产安全事故应急演练指南》（AQ/T 9007—2011，2011 年 9 月 1 日实施）。

（13）《生产经营单位生产安全事故应急预案编制导则》（GB/T 29639—2013）。

（14）《××县突发公共事件总体应急预案》。

（15）《××县××镇生产安全事故总体应急预案》。

1.3　适用范围

本预案是生产安全事故综合应急预案，适用于本气站所辖生产区、办公生活区等范围内发生的中毒窒息、火灾爆炸、淹溺、触电等生产安全事故的应急处置工作。

根据生产实际情况，本预案主要适用于本气站范围内发生的《生产安全事故报告和调查处理条例》中规定的一般事故（Ⅳ级）（不含）以下事故的应急抢险救援和组织工作。当发生国家规定的一般事故（Ⅳ级）（含）及以上级别事故时，本预案也可用于先期紧急应急处置工作。

1.4　应急预案体系

本气站的应急预案体系包括综合预案、专项预案和现场处置方案，以及在突发事故、事件或灾难抢险救灾时制定的抢救方案。本气站各项预案与××县农业农村局、××县××镇镇政府的预案相衔接。

（1）综合预案。综合预案是应急预案体系的总纲，主要从总体上阐述事故的应急工作原则，包括本气站的应急组织结构及职责、应急预案体系、事故风险描述、预警及信息报告、应急响应、保障措施、应急预案管理等内容。

（2）专项预案。专项预案是为本气站为应对某一类型或某几种类型事故，或者针对重要生产设施、重大危险源、重大活动等内容而制定的应急预案。专项预案主要包括事故风险分析、应急指挥机构及职责、处置程序和措施等内容。本气站制定的专项预案如下。

①火灾爆炸事故专项应急预案。

②中毒窒息事故专项应急预案。

③锅炉事故专项应急预案。

④触电事故专项应急预案。

⑤高处坠落事故专项应急预案。

⑥有限空间作业事故专项应急预案。

（3）现场处置方案。现场处置方案是根据不同事故类别，针对具体的场所、装置或设施所制定的应急处置措施，主要包括事故风险分析、应急工作职责、应急处置和注意事项等内容。

本气站的应急预案体系见图1-1。

1.5　应急工作原则

（1）生产事故救援应遵循预防为主的前提下，贯彻统一指挥、分级负责、属地为主、整合资源、联动处置。整合内部应急资源和外部应急资源，加强应急救援队伍建设，形成统一指挥、反应灵敏、功能齐全、协调有序、运转高效的应急管理机制。

（2）按照企业自救与社会救援相结合的原则。充分发挥本气站作为应急救援第一响应者的作用，将日常生产、消灾、演练与应急救援工作相结合。充分利用现有兼职救援队伍力量，引导、鼓励实现一人多长，培育和发挥辅助应急救援力量的作用。

（3）依靠科技，提高素质。加强科学研究和技术开发，积极采用先进的监视、监测、预警、预防和应急处置技术及设施，避免次生、衍生事故发生。加强对相关方和周边单位、村庄应急知识宣传和员工技能培训教育，提高自救、互救和应对事故灾难的综合素质。

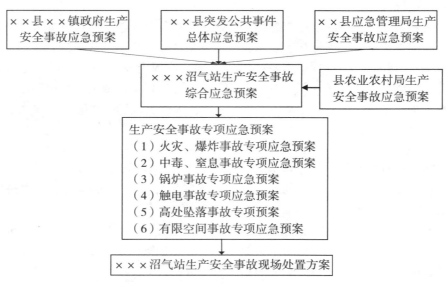

图1-1　应急预案体系

（4）归口管理，信息及时坦诚面向公众、媒体和各利益相关方，提供事故灾难信息，统一归口综合办发布信息，依靠社会各方资源共同应急。

（5）依法规范，加强管理。依据有关的法律法规和管理制度，加强应急管理，使应急工作程序化、制度化、法制化。

2　事故风险描述

2.1　企业概况

×××沼气站成立于×××年，位于×××村。沼气站共有××人，管理人员××名，现场作业人员××名，实行××小时生产工作制。

该站以畜禽养殖场污水的厌氧消化为主要技术环节，生产沼气作为清洁能源，供本村村民使用。

目前站内有×××× m^3 厌氧发酵塔×座、×××× m^3 储气柜×座、沼液池×个，搅拌池×个。

通信系统主要使用固定电话和手机，信号畅通。

2.2　事故风险分析

2.2.1　×××沼气站存在的主要危险因素

参照《企业职工伤亡事故分类》（GB 6441—1986），综合考虑起因物、引起事故的诱导性原因、致害物、伤害方式，经综合分析，气站存在以下主要危险因素。

（1）物体打击。指物体在重力或其他外力的作用下产生运动，打击人体造成人身伤亡事故，不包括因机械设备、车辆、起重机械、坍塌等引发的物体打击。

（2）车辆伤害。指企业机动车辆在行驶中引起的人体坠落和物体倒塌、下落、挤压伤亡事故，不包括起重设备提升、牵引车辆和车辆停驶时引发的车辆伤害。

（3）机械伤害。指机械设备运动（静止）部件、工具、加工件直接与人体接触引起的夹击、碰撞、剪切、卷入、绞、碾、割、刺等伤害，不包括车辆、起重机械引起的机械伤害。

（4）触电。各生产作业场所均安装使用有各种用电设备，一旦操作不当均可能发生触电事故，由于建筑物防雷不到位，也有发生雷击伤亡事故的可能。

（5）淹溺。站内设有沼液池，有淹溺危险。

（6）灼烫。锅炉、蒸汽管道等高温热源有发生物理灼烫事故危险。

（7）火灾。在沼气泄露区域动火作业、易燃可燃物存放不当等，可能引发火灾，造成人员伤害和设备的损毁。

（8）高处坠落。指在高处作业中发生坠落造成的伤亡事故，不包括触电坠落事故。

（9）锅炉爆炸。锅炉因带病运行、缺水、安全附件失灵、人员操作不慎等原因可能发生爆炸事故。

（10）容器爆炸。容器爆炸是压力容器破裂引起的气体爆炸，即物理性爆炸，包括容器内盛装的可燃性液化气在容器破裂后，立即蒸发，与周围的空气混合形成爆炸性气体混合物，遇到火源时产生的化学爆炸。

（11）其他爆炸。沼气溢出，导致空气中甲烷浓度过高，当空气中甲烷浓度达到5%~15%时，即形成爆炸性气体，遇火立即爆炸。

（12）中毒和窒息。指人接触有毒物质，如吸入硫化氢引起的身体急性中毒，或在沼气浓度较高的地方工作，因为氧气缺乏造成的窒息事故。两种现象合为一体，称为中毒和窒息。

2.2.2　×××沼气站存在的存在的主要事故类别

根据气站各生产工艺及各种设备设施的特点，在生产过程中存在的主要事故风险有火灾爆炸事故、中毒窒息事故、淹溺事故、锅炉事故、触电事故、有限空间作业事故等。

（1）火灾爆炸事故。厌氧发酵过程中，产生甲烷、二氧化碳等气体，其中甲烷易燃、易爆性气体，如发酵罐发生泄漏，甲烷气体遇明火、静电火花、电气火花、雷电等，易发生火灾、爆炸事故。

生产过程中如果没有采取可靠的防雷措施，将导致雷电直接击中储罐或其他相关设施，产生感应电荷、积聚放电，会引燃、爆炸。

违章动火、违章携带火种、使用易产生火花的工具检修设备，违章指挥也可能引起火灾、爆炸事故。

（2）中毒窒息事故。粪便在预处理过程中产生硫化氢、氨气，厌氧发酵过程中会产生大量二氧化碳气体及少量的硫化氢气体，对人体有毒害性和窒息性。如管道、阀门、法兰等关键部位发生泄漏，可能导致人员中毒窒息；检修时未按规定进行置换进入密闭空间，可能导致检修人员中毒窒息。

（3）锅炉事故。本气站使用有一台燃气锅炉，可能因设备腐蚀、管道破裂或安全附件的缺失、失效而发生物理爆炸。如安全阀、压力调节阀、压力表失效，使锅炉的承压能力高于额定值，有可能发生爆炸事故。

（4）触电事故。生产过程中，由于使用带电设备及各式低压电气设备，生产操作中，若发生误操作或电气、电路漏电，就会发生触电事故。在低压供配电系统设计安装不合理，电气设备质量不合格，绝缘性能不符合标准，电气装置的绝缘或外壳损坏，未及时修复或更换，电气作业时，未采取相应的安全组织措施和技术措施，电气设备发生意外故障，其他机械设备的电气控制发生故障，电工人员未穿戴相应的劳动防护用品，违章作业都有可能发生触电事故，造成一定的危险、危害。特别是在检修、抢修作业中发生机率较高。避雷针及接地网如果发生故障，过电压将会危及人身安全。

（5）淹溺事故。气站内有搅拌池、沼液池等，若护栏过低、过软、无护栏、无盖板，易造成人员的溺水事故。

（6）高处坠落。在超过坠落基准面2m以上的厌氧发酵罐、贮气柜顶部及其他场所进行高处作业，可导致高处坠落事故。在检修管道和电气线路中，检修人员有失足坠落危险。梯子、平台和操作通道地面防滑措施不好，有滑倒摔伤危险。

（7）有限空间作业事故。沼液池、燃气锅炉等清理及相关作业都属于有限空间作业，在作业过程中，若作业前通风作业及作业中防护措施不当，可能会引起中毒和窒息事故发生。

3 应急组织机构及职责

3.1 应急组织体系

本气站应急组织体系包括应急指挥、管理机构、功能部门、救援队伍四方面内容。

（1）应急指挥是指气站组建的应急救援指挥部。

（2）管理机构是应急办公室，为应急救援的常设机构。

（3）功能部门主要是指与应急活动有关的各场所等。

（4）救护队伍主要是指本气站救援人员和义务救援人员等。

3.2 应急指挥机构

（1）本气站成立应急救援指挥部。

总指挥：×××

副总指挥：×××

当总指挥因故不在时，由副总指挥全权代理总指挥职责。

指挥部职责：

①分析判断事故、事件或灾情的受影响区域、危害程度，确定相应应急救援级别。

②决定启动本气站应急救援预案，组织、指挥、协调各应急反应组织进行应急救援行动。

③安排现场抢险指挥人员，制定现场抢救方案。

④及时与上级有关部门、应急反应组织或机构进行联系，通报事故、事件或灾害情况。

⑤评估事态发展程度，决定升高或降低警报级别、应急救援级别。

⑥根据事态发展，决定请求外部援助。

⑦监督应急救援小组的行动，保证现场抢救和现场外其他人员的安全。

⑧决定职工和救援人员从事故区域撤离，决定请求地方政府组织周边群众从事故受

影响区域撤离。

⑨统一协调物资、设备、医疗、通信、后勤等。

⑩决定本气站事故信息新闻发布。

⑪宣布应急恢复、应急结束。

⑫批准本气站各类事故应急救援演练计划，监督各类事故应急演练。

总指挥职责：

①负责宣布应急状态的启动和解除。

②全面指挥调动应急组织，调配应急资源。

③全面负责本气站应急抢险工作。

④负责与上级领导沟通。

副总指挥职责：

①严格执行总指挥的指示，具体指挥执行批准后的应急方案。

②负责审定事故期间的生产调度方案。

③负责协调应急处置抢险工作。

④负责协调调度应急抢险物资。

⑤负责配合进行事故调查、总结、处理和善后工作。

⑥总指挥不在时，由副总指挥全权负责应急救援工作。

（2）指挥部下设应急办公室，作为应急救援指挥部的常设机构。应急办公室设置在×××部门。

应急办公室主任：由×××担任

成　员：×××、×××、×××

职　责：

①应急办公室24小时应急值守电话：××××－××××××××。

②承接事故、事件或灾情报告，请示总指挥启动事故应急预案。

③负责通知指挥部成员和各抢险救援小组人员迅速赶赴事故现场或指定地点集合。

④及时传达总指挥下达的各项命令，通知抢险救灾人员赶赴事故现场。

⑤在事故抢救过程中，负责组织各小组的碰头会，协调各救援小组的抢险救灾工作。

⑥组织、协调、上报、对外求援等有关事宜，负责事故的上报。

⑦落实本气站及上级有关指示和批示，对内通报事故抢救进展情况，并做好相关记录。

⑧制定本气站各专项事故应急预案演练，监督各场所实施事故应急演练，并做好总结评估工作。

（3）指挥部下设五个应急救援小组。

①现场抢险组：

组长：×××

成员：×××、×××、×××

职责：要对事故现场、地形、设备、工艺熟悉，在具有防护措施的前提下，必要时深入事故发生中心区域，关闭系统，抢修设备，防止事故扩大，减、降低事故损失，抑制危害范围扩大，并负责事故调查工作应急状态下，组织设备维修、设备复位，制定安全措施，监督检查安全措施的落实情况。

②后勤保障组：

组长：×××

成员：×××、×××、×××

职责：承担应急状态下应急物资的供应保障，如设备零配件、工具、沙袋、铁锹、消防泡沫、水泥、防护用品等。

③治安保卫组：

组长：×××

成员：×××、×××、×××

职责：承担布置事故现场的安全警戒，保证现场井然有序；实行交通管制，保证现场道路畅通；加强保卫工作，禁止无关人员、车辆通行，紧急情况下保证人员及时疏散。

④医疗救护组：

组长：×××

成员：×××、×××、×××

职责：承担联系医疗机构，组织救护车辆及医务人员、器材进入指定地点，组织现场抢救伤员。

⑤事故调查处理组：

组长：×××

成员：×××、×××、×××

职责：负责对受伤人员进行安抚，作好职工的思想稳定工作，妥善处理好善后事宜，消除各种不安全、不稳定因素。对事故现场进行排查，对事故现场人员进行询问，做出初步的事故调查报告。

应急组织体系图见图1-2。

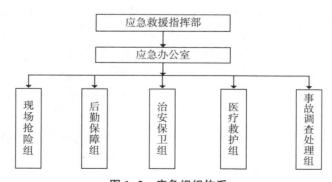

图1-2 应急组织体系

4 预警及信息报告

4.1 预警

气站通过以下途径获取预警信息。

（1）国家、地方政府通过新闻媒体公开发布的预警信息。

（2）上级政府主管部门通报、告知的事故隐患信息。

（3）对已经发生或可能发生的突发事故，经风险评估得出的险情紧急程度和发展势态。

（4）监测监控系统数据变化状况。

（5）自行排查发现的事故隐患信息。

本气站相关部门接到预警信息后，要做好相关记录，立即向应急办公室主任、值班领导和总指挥报告。应急办公室主任在得到总指挥指示后要按照"预警"要求，立即发布预警信息、做出应急部署，采用电话方式通知下属车间、部门和参加应急救援的所有成员，制定相应的监控和预防措施，密切关注事件发展态势，做好应急响应的准备工作。

4.2 信息报告

（1）信息接收与通报。事故或灾情发生后，事故现场有关人员应当立即向本气站应急办公室报告。同时在保证安全的前提下保护现场、组织抢救和自救。情况紧急时要立即拨打119、120、110等紧急救援电话，请求有关救援组织或专业救援机构进行救援。

为确保应急信息报告及时，本气站应急办公室的值班人员必须坚持24小时应急值守，负责范围内事故信息的接收和报告工作。

应急办公室24小时应急值守电话为：××××－××××××××。

本气站应急办公室接到事故报告后，要认真核查所报告事故情况的真实性，报告情况属实的，做好记录，按事故报告程序立即向总指挥报告。总指挥在接到报告后，迅速分析判断，按应急救援响应级别立即启动本气站事故应急救援预案。

（2）信息上报。

①信息上报时限与流程：发生生产安全事故或者灾情时，气站负责人接到事故信息报告后，应当于1小时内报告××政府（安监站）、××县安全监管部门、××县农业农村局等相关部门。

②信息上报内容：事故报告分文字报表和电话快报两种方式，事故报告过程中，来不及形成文字的，可先用电话口头报告，然后再呈送文字报告；来不及呈送详细报告的，可先作简要报告，然后根据事态的发展和处理情况，随时续报。在抢险救援工作中，要及时跟踪续报事故救援情况，直至事故抢险救援工作结束。

使用文字报表报告时，应当包括下列内容。

a. 事故发生单位的名称、地址、性质、产能等基本情况。

b. 事故发生的时间、地点以及事故现场情况。

c. 事故的简要经过（包括应急救援情况）。

d. 事故已经造成或者可能造成的伤亡人数（包括下落不明、涉险的人数）和初步估计的直接经济损失。

e. 已经采取的措施

f. 其他应当报告的情况。

事故信息快报表详见附件。

使用电话快报时，应当包括下列内容。

a. 事故发生单位的名称、地址、性质。

b. 事故发生的时间、地点。

c. 事故已经造成或者可能造成的伤亡人数（包括下落不明、涉险的人数）。

d. 根据事态的发展和处理情况，随时续报文字材料。

事故报告后出现新情况的，应当及时补报。事故造成的伤亡人数发生变化的，事故单位应当及时补报。不得有瞒报、谎报、迟报、漏报现象。

③信息上报责任人：本气站下属各工段的负责人是生产安全事故信息上报的第一责任人，第一责任人要认真履行职责，严格有关规定，严格按规定时限、程序和内容及时准确上报事故信息，严禁迟报瞒报谎报漏报。

本气站应急办公室是本气站生产安全事故信息上报的责任部门。

（3）信息传递。本气站应急办公室除采取固定电话、手机、传真等方式向政府主管部门报告外，涉及周边群众生命财产安全的（如火灾、爆炸等），由应急办公室经应急救援指挥部同意并授权，采用电话方式立即上报村委组织周边群众安全撤离。

5 应急响应

5.1 响应分级

（1）根据《生产安全事故报告和调查处理条例》（国务院令第 493 号）生产安全事故造成的人员伤亡或者直接经济损失，将事故一般分为以下四个等级。

①特别重大事故（Ⅰ级），是指造成 30 人以上死亡，或者 100 人以上重伤（包括急性工业中毒，下同），或者 1 亿元以上直接经济损失的事故。

②重大事故（Ⅱ级），是指造成 10 人以上 30 人以下死亡，或者 50 人以上 100 人以下重伤，或者 5 000 万元以上 1 亿元以下直接经济损失的事故。

③较大事故（Ⅲ级），是指造成 3 人以上 10 人以下死亡，或者 10 人以上 50 人以下重伤，或者 1 000 万元以上 5 000 万元以下直接经济损失的事故。

④一般事故（Ⅳ级），是指造成 3 人以下死亡，或者 10 人以下重伤，或者 1 000 万元以下直接经济损失的事故。

（2）×××沼气站针对紧急发生的事故或灾难严重程度不同，采用的应急救援响应级别也不同，内部应急救援响应的级别分为三级。

Ⅰ级响应：指发生的事故或灾难造成 1 人以上死亡或重伤的，或 3 人以上受轻伤或 100 万元重大经济损失的，或有可能发生国家规定的一般事故（Ⅳ级）及以上级别的事故。此级别事故或灾难发生时本气站要全体动员，立即进行应急救援，并向××政府（安监局）、××县农委请求增援。

Ⅱ级响应：指发生的事故或灾难可能造成 3 人以下受轻伤的，或事故险情威胁到整个气站安全，或造成 10 万~100 万元较大财产损失的。此级别事故或灾难发生时本气站要全体动员立即进行抢险救援，并立即向××镇政府（安监站）、××县农委等上级机关报告，启动上一级机关的预警行动，并派人现场指导抢险救援。

Ⅲ级响应：指发生的事故或灾难未造成人员伤亡且经济损失小于 10 万元的，或影响本气站单个岗位区域，只需启动现场应急处置方案即可完全处理和控制的。此级别时，气站应急指挥部发出预警信息，做好应急准备。

5.2　响应程序

应急响应的过程可以分为接警、判断响应级别、应急启动、控制及救援行动、扩大应急、应急终止和后期处置等步骤。

按照事故类型（如火灾等）按照对应的专项应急预案的要求实施应急处置。当事故的事态无法有效控制时，应按照相关程序向上级应急机构请求扩大应急响应。

应急响应程序见图1-3。

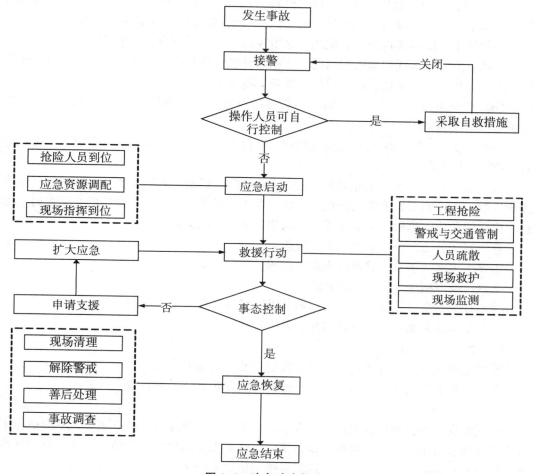

图1-3　应急响应程序

（1）应急级别确定。应急救援总指挥接到汇报后，迅速作出判断，确定警报和响应级别。如果事故很小，不足以启动本气站应急救援预案，则发出"预警"警报，密切关注事态发展变化；如果事故达到"Ⅱ级、Ⅰ级响应"标准，则立即发出"现场应急"警报，下达启动本气站应急救援预案的命令。

（2）应急启动。应急办公室接到总指挥命令后，立即按"事故电话通知顺序"，通知指挥部全体成员和所有救援人员立即赶赴指定地点或事故现场集中。

（3）应急指挥。应急办公室同时根据总指挥的指示，按国家有关规定立即将所发生事故的基本情况报告给××县农委等上级有关部门。

指挥部全体成员接到通知后迅速赶到事发现场或集中地点集中，听取事故简单情况介绍，并接受总指挥命令，各救援小组接到命令后立即分头开始行动。

（4）资源调配。应急启动后，要求尽快做到应急救援人员到位，报警通知员工及家属（可采用"人工喊话"与"电话"相结合的方式），调配救援所需的应急资源（包括应急队伍和物资、装备等），派出现场指挥协调人员和技术人员赶赴事故现场。

（5）应急行动。救援小组根据现场情况协同应急救援指挥部进行事故初始评估，划分现场工作区（危险区、缓冲区、安全区），研究制定抢救方案和采取的安全措施。

各救援小组按照各自的应急职能、总指挥的命令及现场抢救方案进行现场抢救。

在执行应急救援优先原则的前提下，积极开展人员救助、工程抢险、警戒与交通管制、医疗救护、人群疏散、环境保护、现场监测等工作。

（6）应急避险。必要时本气站应急救援指挥部可决定先组织事故现场周围人员进行紧急疏散或转移。

当事故受灾人员一时无法撤离现场时，要根据现场具体情况和应急常识，采取应急避险措施，等待救援。

（7）扩大应急。在事故抢救抢险过程中，如果造成的危害程度已十分严重且事态无法控制，有可能引发重大人员伤亡、财产损失，且造成恶劣社会影响的，要及时下达扩大应急的命令。总指挥应立即或派人向相关部门请求支援。

有下列条件之一的，应立即扩大应急：

①发生火灾等事故灾难造成人员死亡的。

②直接经济损失大于100万元的。

③对社会安全、环境造成较大影响，需要紧急转移安置人员的。

④发生事故灾难后，本气站未能有效控制的。

⑤一次受伤3人以上的。

⑥发生本气站无法有效进行应急处置的自然灾害等灾难的。

⑦上级相关部门或本气站应急指挥部认为需要扩大应急进行应急处置的。

5.3 应急处置

本气站应急办公室接到总指挥命令后，立即按"事故电话通知顺序"，通知指挥部各成员和各救援小组人员赶赴指定地点集中，听取事故简单情况介绍，并接受总指挥命令，各救援小组接到命令后立即按照预案中规定职责分头开始行动。具体如下。

（1）事故发生后，治安保卫组根据事故扩散范围建立警戒区，在警戒区的边界设置警戒标识。除消防、应急处理人员、岗位人员、应急救援车辆外，其他人员及车辆禁止进入警戒区。

（2）后勤保障组迅速将应急物资运输到事故现场并确保运输人员的安全。

（3）现场抢险组查明事故发生点及原因，凡能以切断事故源等处理措施而消除事故的，则应以自救为主，如事故源不能自己控制的应向应急救援领导组报告，并提出抢修的具体措施及事故危害程度，及时请求救援。

（4）医疗救护组对受伤人员进行现场紧急处理后，应及时将伤员转运到医院。伤员转运由救护组负责，安全保卫组协助。

（5）事故调查处理组负责接待受害者家属，安抚思想情绪，提前进入善后处理状态。

所有参加抢救的人员无条件地服从指挥部的命令，服从指挥，遵守纪律，不得推诿扯皮。各救援小组负责人如有变动，由接替人履行职责。

5.4　应急结束

（1）应急终止的条件。抢险救援行动完成后（指本气站范围内的应急救援），现场指挥部要组织现场清理和对人员设备的清点工作。当事故现场得以控制，环境符合相关标准，各种重大事故隐患得以消除或控制，现场清理、人员清点也已完成，应急救援指挥部总指挥下达应急响应结束命令，应急救援人员撤回原单位，现场应急结束。

（2）恢复现场。

①由气站组织相关部门和专业技术人员进行现场恢复，恢复包括现场清理和恢复现场所有功能。

②恢复现场前应进行必要的调查取证工作，必要时进行录像、拍照、绘图等，并将这些资料连同事故的信息资料移交给事故调查处理组。

③清理现场需制定相应的计划，并制定相应的防护措施，防止发生二次事故。

（3）事故总结和调查评估。应急结束后，应急办公室将事故发生经过、抢救过程、所造成的财产损失、人员伤亡基本情况、初步原因分析、已采取的防范措施及需吸取的教训等情况写出书面材料，经气站应急救援总指挥审核批准后，上报上级有关部门。

在处置突发事故的同时，由上级有关部门或×××沼气站授权组成事故调查组，调查和分析事故发生的原因和发展趋势，对应急处置工作进行全面客观评估，分析事故的经验教训、存在的问题与困难、改进工作的建议和应对措施等。

6　信息公开

气站应急救援指挥部明确由总指挥负责，应急办公室负责应急抢险救援时事故信息的收集整理，经应急救援总指挥批准向新闻媒体、社会公众及全体员工通报事故信息。在事故信息公开过程中，应遵守国家法律法规，实事求是、客观公正、内容翔实、及时准确的发布事故抢险救援的相关情况、现场清理恢复、环境污染、善后处理等。

本气站组织的应急抢险救援，应急救援指挥部要本着公开、坦诚的原则及时召开信息通报会，及时通报事态发展及救援进展情况。

7　后期处置

7.1　污染物处理

事故抢险救援结束后，参加事故抢救抢险的人员要对事故现场进行清洗、消毒，对污染物进行收集、处置。

7.2　事故后果影响消除

事故、灾难应急救援工作结束后，要及时召开会议，向气站职工如实通报事故情况，稳定生产秩序，搞好安全生产工作。本气站应本着诚实、及时的原则，与周边企业、村庄如实通报事故经过及影响，做好沟通、解释工作。

7.3 生产秩序恢复

事故抢险救援结束后，经事故调查处理组同意，进入生产秩序恢复阶段，必要时可聘请专家作指导，恢复生产秩序。

7.4 善后赔偿

事故抢险及事故调查结束后，事故调查处理组负责接待和安抚伤亡职工家属，进行伤亡赔偿（包括保险赔偿），安葬伤亡职工，同时对救援设备进行清理登记。如有借用外部单位救援设备，要及时归还，损坏的要限时或同对方协调进行赔偿。

7.5 事故调查

发生事故后，根据事故调查权限，配合事故调查处理组，对事故进行调查分析处理。并根据事故调查报告制定的整改措施及时进行整改完善。

7.6 抢险过程和应急救援能力评估及应急预案修订

应急办公室负责收集、整理抢救过程中的应急救援工作记录、抢险救援方案、相关文件等资料，组织专家对抢救过程、应急救援能力、应急预案进行评估，在综合各方事故抢救抢险情况后，提出改进意见和建议，写出事故应急救援工作总结评估报告。

8　保障措施

8.1　通信与信息保障

本气站要完善固定电话和手机通讯系统，保证在各种紧急情况下的通讯畅通，确保信息传递及时。

各重要作业场所都必须保证通讯畅通无阻。任何人只要发现危险的异常情况，都有责任有义务立即向办公室报告。

本气站应急救援指挥部成员要配备完好的通讯工具，并24小时始终保持在开机状态。应急办公室要及时根据任职人员的变动情况更新气站《应急救援组织人员通讯录》。发生事故后，综合办要按气站《应急救援组织人员通讯录》及时通相关成员到指定地点或事故现场集合。

8.2　应急队伍保障

应急救援队伍要加强日常训练，保证在各种紧急情况下按照要求，组成具备一定救援能力的抢险救灾组伍，积极地参与事故的抢险救灾工作。

8.3　应急物资装备保障

本气站要按照有关要求，认真实施安全费用计划，补充应急装备器材和物资，储备充足的应急物资和装备（包括通讯装备、运输工具、照明装置、防护装备及各种专用设备等），并明确应急物资和装备的类型、数量、性能、存放位置、管理责任人及其联系方式，保证在应急救援抢险中有充足的材料和设备。

本气站的抢救物资、设备要按规定配齐配足，加强日常检查和管理，按规定进行更新，不得随意挪用。

各小组在接到应急办公室电话通知后，要迅速召集有关人员，按应急救援指挥部的要求将所需的物资、设备等，及时运送到指定地点或事故现场。

本气站应急救援物资装备详见附件。

8.4　经费保障

应急办公室主任每年年初将需要更新或增加的应急物资器材清单报总指挥，本气站要将应急装备物资器材的购置列入年度安全费用计划。

必须保证在发生事故时有足够的应急救援物资器材。

8.5　其他保障

本气站为全体员工投保工伤保险，为工伤员工提供人身意外伤害赔偿保障。

有关技术人员要协助总指挥制定抢救方案和恢复计划，对抢救或恢复过程中遇到的技术难题必要时可外聘专家给予技术支持。

现场抢险组长要对事故抢救抢险的全过程进行监督检查，把好抢险过程的安全关，避免发生不必要的伤亡。

治安保卫人员对应急救援指挥部、抢救现场等要害场所设置警戒，加强厂区巡逻，对进入事故现场的人员和车辆实行管制（必要时抢救人员佩戴统一明显标志，抢险车辆张贴特殊证照），维持治安秩序。

应急办公室要搞好后勤服务工作，做好抢救人员的吃饭、住宿、办公及交通便利。

9　应急预案管理

9.1　应急预案培训

本气站应急救援指挥部、应急办公室及应急救援组成员都必须认真贯彻学习《×××沼气站生产安全事故应急预案》，知道应急指挥和常规应急救援常识，知道自己的应急职责和在紧急情况下应采取的措施。

每年初全员培训时要把应急救援知识的培训作为员工安全技能培训的主要内容之一，采用模拟演示、放录像、讲事故案例等多种形式对员工进行应急知识培训，特别是要加强对员工自救互救知识的培训，使员工知道各种灾害发生的预兆、避灾方法、抢险救援和逃生等常识。

9.2　应急预案演练

应急预案的演练和实施工作由总指挥担任组长，应急办公室负责编制年度演练计划，规定演练的规模、方式、频次、范围、内容等。根据有关规定及本气站的事故预防重点，每年至少组织一次综合应急预案演练或者专项应急预案演练，每半年至少组织一次现场处置方案演练。

在应急预案演练结束后，应急办公室应当对应急预案演练效果进行评估，撰写应急预案演练评估报告，分析存在的问题，并对应急预案提出修订意见。

9.3　应急预案修订

有下列情形之一的，应急预案应当及时修订并归档：

（一）依据的法律、法规、规章、标准及上位预案中的有关规定发生重大变化的；

（二）应急指挥机构及其职责发生调整的；

（三）面临的事故风险发生重大变化的；

（四）重要应急资源发生重大变化的；

（五）预案中的其他重要信息发生变化的；

（六）在应急演练和事故应急救援中发现问题需要修订的；

（七）编制单位认为应当修订的其他情况。

本气站应当及时向上级主管部门报告应急预案的修订情况，并按照有关应急预案报备程序重新备案。

9.4 应急预案备案

预案编制完毕，本气站主要负责人领导组织有关人员进行内部评审，组织外部有关专家和人员进行外部评审，并报主管部门进行备案，并同时抄报相关监管部门。

9.5 应急预案实施

本预案从颁布之日起执行。

当本气站内发生事故或灾情时，综合预案与该事故的专项预案一并实施，没有专项预案的按本预案和抢救方案组织抢救，应急办公室及各救援小组负责做好相关记录。

10 附件

附件1：

××××沼气站

应急救援组织人员通讯录

姓名	救援职务	气站职务	办公电话	移动电话
	总指挥			
	副总指挥			
	应急办主任			
	应急办成员			
	应急办成员			
	应急办成员			
	现场抢险组长			
	现场抢险组成员			
	现场抢险组成员			
	现场抢险组成员			
	后勤保障组长			
	后勤保障组成员			
	后勤保障组成员			
	后勤保障组成员			
	治安保卫组长			
	治安保卫成员			
	治安保卫成员			
	治安保卫成员			
	医疗救护组长			

（续表）

姓名	救援职务	气站职务	办公电话	移动电话
	医疗救护组成员			
	医疗救护组成员			
	医疗救护组成员			
	通讯联络组长			
	通讯联络组成员			
	通讯联络组成员			
	通讯联络组成员			
	善后处理组长			
	善后处理组成员			
	善后处理组成员			
	善后处理组成员			
24 小时应急值守电话：××××－××××××××				

附件 2：

××××沼气站

应急救援外部联系电话

联系单位	联系电话	备注
×××县政府		
×××县农业农村局		
×××县安监局		
×××镇政府		
×××镇安监站		
公安消防报警电话	119	
交通、事故报警电话	110	
医疗急救中心	120	
×××镇卫生院		
×××镇派出所		
×××县消防队		
卫生院		
供电所		

附件 3：

××××沼气站
应急救援物资清单

名称	单位	数量	储存场所	保管责任人	联系电话

附件 4：

××市生产安全事故信息快报表

事故单位		法人代表	
单位地址		联系电话	
事故时间		事故类型	
死亡人数		受伤人数	
事故地点		初步直接经济损失	
报告单位		报告人	
事故简要情况			

附件 5：

××××沼气站厂区平面布置图

附件 6：

××××沼气站交通位置图

二、火灾爆炸事故专项应急预案

1　事故风险分析

沼气是一种混合气体，其中含 60%～70% 的甲烷，其次是二氧化碳和少量的氮、氢、硫化氢、一氧化碳等。甲烷是无色、无臭的气体，能与空气形成爆炸性混合物，在室温下的爆炸极限为 5%～14%，与空气以 1∶(5～14)（体积比）混合时，如遇明火会引起爆炸。

在生产过程中，如果罐体、管道发生泄露或者检修前置换不彻底，沼气与空气混合形成爆炸性混合物，若遭遇明火、电气火星、静电火花、雷电，随时都能引起火灾、爆炸事故。

生产过程中，如果没有采取可靠的防雷措施，将导致雷电直接击中储罐或其他相关设施，产生感应电荷、积聚放电，会引燃、爆炸。

违章动火、违章携带火种、使用易产生火花的工具检修设备，违章指挥也可能引起火灾、爆炸事故。

2　应急处置

2.1　基本原则

事故人员和应急救援人员的安全优先。

防止事故扩大优先。

保护环境优先。

2.2　应急指挥机构及职责

应急指挥机构及职责与综合预案相同。

3　处置程序

3.1　报告程序

发现有沼气泄漏事故的紧急情况后，现场人员要立即向应急办公室汇报。值班人员在接到事故报告后要做好记录，并立即通知相关人员采取措施。

事故情况报告内容：事故发生的时间、地点、事故原因的初步判断、人员伤亡情况及现场采取的措施等。

汇报方式：口头或电话汇报。

3.2　应急启动

根据生产实际情况，本气站火灾爆炸事故响应级别同综合预案。

发生事故后，如果达到Ⅱ级或以上响应标准时，应急救援总指挥立即下达启动应急预案命令，应急办公室接到总指挥的命令后，立即通知指挥部成员到综合办集合或赶赴指定地点。

一旦发现有人伤亡，应首先拨打"120"急救电话报警，同时立即上报×××镇政府

（安监站）、×××县农委、×××县安全监管部门由其启动相应级别应急预案。

3.3 应急行动

（1）抢险人员达到现场后，先听取事故现场人员的汇报，要针对现场情况，协助制定抢救方案及安全技术措施，召集应急救援人员，安排应急行动，进行应急资源调配，部署应急避险措施，及时上报事故信息，必要时及时请求消防队支援。

（2）要组织人员，维持现场秩序，防止与救援无关人员进入事故现场，保障救援队伍的交通畅通。

（3）应急办要及时通知有关人员将抢救物资运抵抢救现场。

（4）救护队员要按照现场抢救方案，组织现场救援工作。

（5）在事故区域附近抢救，对伤员进行简易救助后，送往医院进行进一步治疗。

（6）事态紧急时，应急救援总指挥要及时命令事故影响区域的人员立即撤离，防止事故损失扩大。

3.4 应急扩大

若在抢险救援中抢救队伍、消防设备严重不足，救援遇到很大困难时，应急救援总指挥应及时向外求援。

3.5 应急恢复

若遇险遇难人员全部救出，现场清理完毕，确认不会再发生次生灾害后，应急救援总指挥可命令解除警戒，恢复事故区域的生产。

3.6 应急结束

抢险救援结束后，总指挥下达应急结束命令，抢救人员返回原工作岗位。善后处理工作由本气站负责进行。保护现场，由上级有关部门或授权本气站按要求组成事故调查组进行事故调查。

4 处置措施

4.1 沼气泄露火灾爆炸事故现场处置措施

（1）发生火灾时，如漏口较小、现场沼气浓度不高（小于4.9%）时采取"灭早、灭小、灭了"，不要惊慌失措，火场所有人员都应在统一指挥下进行扑救，要及时切断着火源，积极组织扑救。

（2）如果漏口较大现场沼气浓度较高（大于16%）且火势已到发展阶段，用灭火器不能将火扑灭时，为安全起见，切勿盲目切断漏源，以防回火或现场沼气浓度降低到爆炸上限发生爆炸。

（3）在无力自灭自救或已发生爆炸时，要迅速向消防队报警，要沉着冷静，说明地点、被燃烧物质及火势大小，报警人姓名及使用电话号码，报警越早，损失越小。

（4）应急救援人员到位，组织人员疏散、抢救贵重财物。

4.2 火灾烧伤的急救程序

火灾事故中烧伤的现场急救对于受伤人员烧伤后影响较大，合理及时的现场急救会为后期治疗创造非常有利的条件。

（1）迅速脱离致伤源。

发生火灾事故首先应迅速脱离火场。如有衣物着火，应迅速脱去燃烧的衣服，或就地卧倒打滚压灭火焰，或以水浇灭火焰。切忌站立呼喊或奔跑呼叫，以防增加头面部及呼吸道损伤。在脱去衣物时应注意对双手的保护，因双手是重要的功能部位。

如遇到热液烫伤，应立即将被热液浸湿的衣服脱去，或用剪刀剪开脱去衣物，防止粗暴的动作将创面表皮大片撕脱。

如果发生电烧伤，应立即切断电源，不可在未切断电源时去接触患者，以免施救者被电击伤。如患者呼吸心跳停止，应立即现场进行心肌复苏抢救。待呼吸心跳恢复后及时送至附近医院救治。

（2）冷疗。烧伤后立即用冷水或冰水湿敷或浸泡创面，可以减轻烧伤创面深度，并可有效止痛。常用的冷疗方法是伤后立即用大量清水冲洗或浸泡，时间≥30min。但须注意的是，避免长时间的冰水或冰块冷敷，以免造成继发的冻伤。

（3）烧伤创面的保护。对于脱离现场的患者，应注意对创面进行保护，防止创面受到污染。创面可用纱布敷料，三角巾或用洁净的被单、衣物等进行简单包扎。急救中不可给伤者自行应用白酒、醋、酱油、黄酱、牙膏、草木灰等敷于创面，不仅污染了创面，而且给创面处理造成了困难。

Ⅱ度烧伤创面的大水疱可给予低位剪破引流，水疱皮应给予保留，因其具有减轻疼痛和促进愈合的作用。

三、中毒窒息事故专项应急预案

1 事故风险分析

该项目在原料预处理、厌氧发酵、沼气提纯过程中产生的主要危险、有害物质为氨（中间产品）、硫化氢（中间产品）、沼气（产品）。

低浓度氨对黏膜有刺激作用，高浓度可造成组织溶解坏死。急性中毒：轻度者出现流泪、咽痛、声音嘶哑、咳嗽、咯痰等；中度中毒上述症状加剧，出现呼吸困难、发绀；严重者可发生中毒性肺水肿，或有呼吸窘迫综合征，患者剧烈咳嗽、呼吸窘迫、谵妄、昏迷、休克等。高浓度氨可引起反射性呼吸停止。

硫化氢对黏膜有强烈刺激作用。短期内吸入高浓度硫化氢后出现流泪、眼痛、眼内异物感、畏光、视物模糊、流涕、咽喉部灼热感、咳嗽、胸闷、头痛、头晕、乏力、意识模糊等。重者可出现脑水肿、肺水肿。极高浓度（$1\,000\,\mathrm{mg/m^3}$ 以上）时可在数秒钟内突然昏迷，呼吸和心跳骤停，发生闪电型死亡。

空气中沼气含量到达一定浓度会具有毒性，对人有一定程度的危害性。因为沼气主要由甲烷组成，其性质与纯甲烷相似，属"单纯窒息性"气体，高浓度时因缺氧而引起窒息。

生产过程中，如发生下列情况，可能引发中毒窒息事故。

（1）储罐及其管道、阀门密封不好或因腐蚀造成泄漏，如防护不当或处理不及时，易发生中毒窒息事故。

（2）对储罐、管道、沼液池等进行检修、清理前，未制订周密完整的检修方案，未制订和认真落实必要的安全措施，如设备、管道内残存有害的气体，未置换彻底就开始拆卸阀门、法兰，维修人员未穿戴好个体防护用品等，易发生中毒窒息事故。

（3）一旦发生爆炸，大量的有毒有害气体泄漏，如未采取正确的措施及时处理，则可能引发大范围的人员中毒窒息事故。

（4）畜禽粪便在运输及预处理过程中要产生硫化氢、氨气等，如果运输过程中硫化氢、氨气泄漏，人员接触可能引起中毒；在预处理过程中，如果硫化氢、氨气泄漏，人员接触可能引起中毒窒息。

2 应急处置

2.1 基本原则

（1）事故人员和应急救援人员的安全优先。

（2）防止事故扩大优先。

（3）保护环境优先。

2.2 应急指挥机构及职责

应急指挥机构及职责与综合预案相同。

3　处置程序

3.1　报告程序

发现有机械伤害危险的紧急情况事故后，现场人员要立即向应急办公室汇报。值班人员在接到事故报告后要做好记录，并立即通知相关人员采取措施。

事故情况报告内容：事故发生的时间、地点、事故原因的初步判断、人员伤亡情况及现场采取的措施等。

汇报方式：口头或电话汇报。

3.2　应急启动

根据生产实际情况，本气站车辆伤害事故响应级别同综合预案。

发生事故后，如果达到Ⅱ级或以上响应标准时，应急救援总指挥立即下达启动应急预案命令，应急办公室接到总指挥的命令后，立即通知指挥部成员到综合办集合或赶赴指定地点。

一旦发现有人伤亡，应首先拨打"120"急救电话报警，同时立即上报×××镇政府（安监站）、×××县农业农村局、×××县安全监管部门由其启动相应级别应急预案。

3.3　应急行动

（1）抢救人员达到现场后，先听取事故现场人员的汇报，要针对现场情况，协助制定抢救方案及安全技术措施，召集应急救援人员，安排应急行动，进行应急资源调配，部署应急避险措施，及时上报事故信息，必要时及时请求消防队支援。

（2）要组织人员，维持现场秩序，防止与救援无关人员进入事故现场，保障救援队伍的交通畅通。

（3）应急办要及时通知有关人员将抢救物资运抵抢救现场。

（4）救援人员要按照现场抢救方案，组织现场救援工作。

（5）在事故区域附近抢救，对伤员进行简易救助后，送往医院进行进一步治疗。

（6）事态紧急时，应急救援总指挥要及时命令事故影响区域的人员立即撤离，防止事故损失扩大。

3.4　应急扩大

若在抢险救援中抢救队伍、防护设备严重不足，救援遇到很大困难时，应急救援总指挥应及时向外求援。

3.5　应急恢复

若遇险遇难人员全部救出，现场清理完毕，确认不会再发生次生灾害后，应急救援总指挥可命令解除警戒，恢复事故区域的生产。

3.6　应急结束

抢险救援结束后，总指挥下达应急结束命令，抢救人员返回原工作岗位。善后处理工作由负责进行。保护现场，由上级有关部门或授权本气站按要求组成事故调查组进行事故调查。

4 处置措施

4.1 个人防护

根据作业中存在的风险种类和风险程度，依据相关防护标准，配备个人防护装备并确保正确佩戴。护具包括：防毒面具、正压式呼吸器，安全带等。如果泄漏物是易燃易爆的，事故警戒区应严禁火种，切断电源，禁止人员和车辆进入，在边界设置警戒线，处理泄露源时严禁单独行动，有限空间内抢险救援人员与外面监护人员应保持通讯畅通，在抢险人员撤离前监护人员不得离开监护岗位。

4.2 确定警戒区和救援路线

综合勘察情况，确定警戒区域，设置警戒标志，疏散警戒区域与救援无关人员，切断火源，严格限制出入，救援人员在上风、侧风方向选择救援前进路线。

4.3 泄露源控制

沼气泄露引发的中毒窒息事故，应安排熟悉现场的操作人员关闭泄露点上下游阀门，切断泄露途径。

4.4 救援过程中，要严禁明火、采取措施防止静电火花产生，以免发生火灾、爆炸等次生事故

4.5 伤员现场救护

迅速把中毒或窒息人员抬运到有新鲜风流和周围支架完好的地方。在搬运途中，如仍受到有害气体的威胁，急救者一定要佩戴好自救器，伤员也应戴上自救器。视情况对窒息者供氧，或进行人工呼吸等，严重者速送医院处理（打 120 电话）。

四、锅炉事故专项应急预案

1 事故风险分析

1.1 事故危险性分析

锅炉是一种压力容器,经常在高温高压下运行,如果管理不善,使用不当,使锅炉超过额定压力运行,或锅炉严重缺水、结垢导致锅炉过热,锅炉严重腐蚀、材质差、先天性缺陷没有得到及时处理等,有可能导致锅炉爆炸等恶性事故发生。锅炉爆炸后会形成强大的气浪冲击和大量沸水外溅,不仅使锅炉本体遭到毁坏,而且周围的设备和建筑物也会受到严重的破坏,造成人员伤亡和财产损失的严重后果。

(1)锅炉的特点。

①锅炉运行必须非常可靠,一旦发生故障,将造成停电、停产、设备损坏,其损失将是非常严重。

②锅炉在运行中受高温、压力和腐蚀的影响,容易造成事故。

③锅炉是一种密闭的压力容器,在高温和高压下工作,有爆炸的危险。一旦发生爆炸,将摧毁设备和建筑物,造成人身伤亡,破坏性非常惊人。

(2)锅炉发生事故的原因。

①锅炉水位过低或过高:水位过低会引起严重缺水事故;锅炉水位过高会引起满水事故,长时间高水位运行,还容易使压力表管口结垢而堵塞,使压力表失灵而导致锅炉超压事故。

②水质管理不善:锅炉水垢太厚,又未定期排污,会使受热面水侧积存泥垢和水垢,热阻增大,而使受热面金属烧坏;给水中带有油质或给水呈酸性,会使金属壁过热或腐蚀;碱性过高,会使钢板产生苛性脆化。

③水循环被破坏:结垢会造成水循环被破坏,如锅炉碱度过高,锅筒水面起泡沫、汽水共腾易使水循环遭到破坏。水循环被破坏,锅内的水况紊乱,有的受热面管子将发生倒流或停滞,或者造成"汽塞",在停滞水流的管子内产生泥垢和水垢堵塞,从而烧坏受热面管子或发生爆炸事故。

④超温运行:由于烟气流差或燃烧不稳定等原因,使锅炉出口汽温过高,使受热面温度过高,造成金属烧损或发生爆管事故。

⑤超压运行:如安全阀失灵,或者在水循环系统发生故障,都将造成锅炉超压运行,严重时会发生锅炉爆炸。

⑥炉排故障会引起停炉事故。

⑦锅炉工误操作、错误的检修方法和对锅炉不定期检查等都将导致事故的发生。

1.2 可能发生的事故类型

锅炉火灾、爆炸事故。

1.3 造成的危害程度

事故可导致人员伤亡或者设备损害,给气站和员工家属造成身心和财产巨大损失,必须引起本作业区域各级各类人员的高度重视，未雨绸缪；防微杜渐，消除事故隐患。

2 应急处置

2.1 基本原则
（1）事故人员和应急救援人员的安全优先。
（2）防止事故扩大优先。
（3）保护环境优先。

2.2 应急指挥机构及职责
应急指挥机构及职责与综合预案相同。

3 处置程序

3.1 报告程序
发现有锅炉事故的紧急情况后，现场人员要立即向应急办公室汇报。值班人员在接到事故报告后要做好记录，并立即通知相关人员采取措施。

事故情况报告内容：事故发生的时间、地点、事故原因的初步判断、人员伤亡情况及现场采取的措施等。

汇报方式：口头或电话汇报。

3.2 应急启动
根据生产实际情况，本气站锅炉事故响应级别同综合预案。

发生事故后，如果达到Ⅱ级或以上响应标准时，应急救援总指挥立即下达启动应急预案命令，应急办公室接到总指挥的命令后，立即通知指挥部成员到综合办集合或赶赴指定地点。

一旦发现有人伤亡，应首先拨打"120"急救电话报警，同时立即上报×××镇政府（安监站）、×××县农业农村局、×××县安全监管部门由其启动相应级别应急预案。

3.3 应急行动
（1）抢救人员达到现场后，先听取事故现场人员的汇报，要针对现场情况，协助制定抢救方案及安全技术措施，召集应急救援人员，安排应急行动，进行应急资源调配，部署应急避险措施，及时上报事故信息，必要时及时请求消防队支援。

（2）要组织人员，维持现场秩序，防止与救援无关人员进入事故现场，保障救援队伍的交通畅通。

（3）应急办要及时通知有关人员将抢救物资运抵抢救现场。

（4）救护队员要按照现场抢救方案，组织现场救援工作。

（5）在事故区域附近抢救，对伤员进行简易救助后，送往医院进行进一步治疗。

（6）事态紧急时，应急救援总指挥要及时命令事故影响区域的人员立即撤离，防止事故损失扩大。

3.4 应急扩大
若在抢险救援中抢救队伍、消防设备严重不足，救援遇到很大困难时，应急救援总指挥应及时向外求援。

3.5　应急恢复

若遇险遇难人员全部救出，现场清理完毕，确认不会再发生次生灾害后，应急救援总指挥可命令解除警戒，恢复事故区域的生产。

3.6　应急结束

抢险救援结束后，总指挥下达应急结束命令，抢救人员返回原工作岗位。善后处理工作由本气站负责进行。保护现场，由上级有关部门或授权本气站按要求组成事故调查组进行事故调查。

4　处置措施

4.1　缺水事故

（1）缺水事故的症状。

锅炉在运行时，当水位表指示的水位低于最低水位线时，叫锅炉缺水。锅炉事故中，发生最多的是缺水事故，缺水事故分为两种情况。

①轻微缺水：锅炉轻微缺水是指当锅驼机内水位从水位表内消失后，用冲洗水位表和"叫水"的方法，水位能出现，称为锅炉轻微缺水。

②严重缺水：当采用"叫水"的方法后，锅炉的水位仍然不能在表内出现的，称为锅炉严重缺水。当汽包缺水时，会破坏水循环，出现停滞、汽水分层、下降管抽空等，严重缺水会烧干锅，造成重大事故。同时缺水会使汽温大为升高，甚至影响设备的安全运行。

（2）锅炉缺水的主要现象是：水位表内的水位低于水位下限或者看不见水位，低水位水位指示计负值增大；双色水位计呈绿色；水位报警器发出声响和低水位信号灯发光；给水量不正常地小于蒸汽流量。

（3）造成缺水的原因。

①操作人员不认真司职，责任心不强。

②锅炉运行人员运行技术水平低，误判断，误操作，甚至把缺水当成满水。

③水位指示仪表本身的原因引起缺水。

④给水系统故障引起。

⑤炉排污管道、排污阀泄漏。

⑥一根主给水管线同时向多台锅炉给水，发生抢水现象。

（4）缺水事故的处理。

首先进行锅炉水位的吸水法检查水位后，以确定是严重缺水还是轻微缺水。当锅炉的所有直观水位表均看不见水位时，必须立即停炉，并按照下述方法进行处理。

①对可以进行"叫水"的锅炉立即进行"叫水"操作。方法如下。

先开疏水阀，再关水阀以吹洗汽阀，然后开水阀关汽阀，吹洗水阀。吹洗完毕后开汽阀疏水阀。这时水位应迅速恢复到实际位置，并上下晃动。"叫水"操作的要点是不要拧动水位表的水旋塞。

②"叫水"操作后，水位表出现水位时，可以缓慢地开启动锅炉的燃烧设备，使其继续投入使用。如果启动锅炉给水阀门时，锅炉内有强烈的响声或加大给水时仍不见

水位上来，见分晓绝不可以启动锅炉的燃烧设备，必须停炉待检查。

③可以进行"叫水"操作的锅炉，经"叫水"操作后，水位表中不出现水位时，严禁再向锅炉内上水，必须紧急停炉，不允许"叫水"操作的锅炉，应紧急停炉。

④在锅炉运行时，当发现严重缺水或满水；水位计压力表或安全阀等安全部件失效；给水装置全部失效，以及受热而爆裂严重变形、泄漏无法维持正常运行等情况时，应紧急停炉。

停炉的主要步骤。

停止供给燃料和送风，减弱引风；

熄灭和清除炉膛内的燃料（指火床燃烧锅炉），注意不能用向炉膛浇水的方法灭火，而用黄砂或湿煤灰将红火压灭；

打开炉门、灰门，烟风道闸门等，以冷却炉子；

切断锅炉同蒸汽总管的联系，打开锅筒上放空排放或安全阀以及过热器出口集箱和疏水阀；

向锅炉内进水、放水，以加速锅炉的冷却。严重缺水事故，切勿向锅炉进水。

（5）预防锅炉缺水的方法。

①加强锅炉工的安全技术教育，迅速提高操作水平。

②经常冲洗水位表，确保水位表指示水位准确。

③加强给水装置及水位报警系统的维护管理，定期进行校验和调校。

④正确安装水位表，运行中加强检查，防止出现加水位。

4.2 满水事故

满水事故的处理方法如下。

（1）当锅炉汽压正常、水位高于最高安全水位线时，但低于上部可见边缘，应冲洗水位表，验证水位是否假水位，确定水位指未准确性，并采取措施减少给水，恢复水位正常。

（2）水位继续升高时，应开启排污阀和事故放水阀放水。

（3）经上述处理后，锅筒水位继续上升，且高于上部可见边缘，应采取故障原因且消除隐患后，再恢复运行。

4.3 汽水共腾事故

汽水共腾事故处理方法如下。

（1）减弱燃烧，关小主汽阀，降低负荷。

（2）全开锅筒表面排污阀，并适当开启定期排污阀，同时加大给水，保持正常水位，以降低锅炉的含盐量，提高锅水品质。

（3）采取有效措施，改善锅水品质，增加对锅水的化验分析次数，造成蒸汽管道水击时，应开启蒸汽管道和分汽缺上的疏上的疏水器（阀）将水排出。

（4）故障排除后，应冲洗水位表恢复正常运行，如经上述处理后故障仍未排除，应立即停炉检查。并立即向有关领导汇报。

4.4 炉管爆破事故

炉管爆破事故的处理如下。

（1）当管子轻微破裂，能够维持正常水位，事故不再扩大时，可减负荷继续运行、待备用炉启动后，立即停炉检修。

（2）当管子严重破裂，不能够维持正常水位、汽压时，应采取紧急停炉措施，此时，引风机不能停，给水继续，尽力维持水位，防止其他管子烧坏。

4.5　空气预热器损坏事故

空气预热器损坏事故处理如下。

（1）轻微损坏时，可继续运行，待备用炉投入运行后停炉检修。

（2）严重损坏无法保证锅炉正常运行时，应停炉检修。

4.6　锅炉运行中水位表玻璃板（管）破裂事故

锅炉运行中水位表玻璃板（管）破裂时应紧急停炉检修。

4.7　锅炉超压事故

对锅炉超压事故的处理如下。

（1）减弱燃烧。

（2）如安全阀失灵而不能紧急排汽时，可以手动进行排汽。

（3）保持水位表正常水位。

（4）进行上水和排污，降低炉温。

（5）弄清超压产生的原因后，再决定压火或恢复运行。

4.8　火灾、爆炸事故

（1）预防锅炉爆炸事故的主要措施。

①锅炉房建立备用供水系统，该系统应能保证在日常供水系统出现重大的故障时向锅炉内紧急补水。

②完善水位自动监测装置，避免水池因补水不及时导致的缺水问题。

③锅炉房配备突然停电时的报警电源，保证全面停电时报警信号能立即报警。

④加强日常培训教育，提高各级领导及锅炉房全体员工处理锅炉重大事故的技能。

⑤每年组织一次锅炉事故演习。事故演习要提高制定演习本气站，认真实施。

⑥保证足够的设备投入，加强日常检修，使设备不带病运行。

⑦搞好锅炉定检和大修工作，并保证质量。

⑧完善锅炉应有的各种保护，尤其是三大安全附件必须灵敏可靠，且要定期效验与试验。

⑨认真执行锅炉各项规章制度，杜绝闲杂人员进入。

⑩各级干部要加强上岗查岗力度，及时发现各种安全隐患，并积极组织排查处理。

⑪完善消防系统和逃生系统，且要有明显的标志，并要求作业人员熟悉这些设施。

⑫积极推广新技术新工艺，使锅炉处于更加安全的状态。

⑬加强供水管网及供水、供电设施的维修与改造，保证供水系统正常运行。

⑭防止超压运行：

保证锅炉负荷稳定，并进行定期手动排汽和自动排气试验，并做好记录，防止骤然降低负荷，导致气压下升。

定期效验安全阀，防止安全阀失灵。

定期效验压力表，保证读数准确。

⑮防止过热、防止缺水：每班冲洗水位表，定期清理旋塞阀及连通管，防止堵塞，定期维护检查水位警报器或超限警报设备，使其保持灵敏可靠。严密监视水位，万一发生严重缺水，绝对禁止向锅炉内进水。

⑯防止积垢：正确使用水处理设施，保证损炉水质达标。认真进行表面排污和定期排污。

⑰防止腐蚀：采取有效的水处理和除氧措施，保证给水和锅炉水质合格，加强停炉保养。

⑱保持锅炉燃烧稳定，避免锅炉骤冷骤热。加强对封头扳边等应力集中的部位进行检查，一旦发现裂纹和起槽必须立即处理。

（2）火灾、爆炸事故应急措施。

①火灾初起最易扑灭，在等待救援到来期间，现场人员应在保证安全的前提下，根据不同的起火原因，采用相应灭火器对准着火点集中使用，尽量抓住时机把火扑灭，或控制住火势。同时通知电工切断锅炉房电源。

②发生中毒和窒息事故，现场人员应立即将其移至室外新鲜空气环境中；若员工发生严重急性中毒、神志不清、昏迷不醒等严重症状，现场人员应立即将其送往医院；若员工心跳、呼吸停止，现场人员立即采取人工呼吸与心脏复苏等有效措施并及时送往医院。

③发现人员烧烫伤时迅速将烧烫伤人员脱离现场，如果可以，剪掉身上的衣服。检查有无损伤，如颅脑、胸腹内脏器官有无损伤等。注意防止伤员休克、窒息、创面感染，必要时可用止痛剂，喝淡盐水。注意：在现场对创伤面一般不做处理，有水疱不要弄破，用洁净衣服覆盖，把伤员及时送医院救治。

4.9 现场救援

（1）救援注意事项。

必须保证抢救人员和附近人员的绝对安全，必须制定专门措施，经救援指挥部批准后执行。在执行中必须设置新的警戒标示，指派专人进行现场监督和检查。

在救援时，必须在确保安全，不会发生二次灾害的情况下进行。

如果出现人员出血较大时，应先对其进行止血处理，然后再搬运伤员。

（2）搬运伤员。

搬运脊柱骨折的伤员时千万要注意，不可随便搬动和翻动伤员，也绝对不可用抬、掮、背、抱的方法搬运，一定要用木板做的硬担架抬运。

如果患者呼吸心跳停止，抢救时应先进行人工呼吸和胸外心脏按压，然后在搬运转入就近医院。

（3）现场急救方法。

①人工呼吸：口对口（鼻）吹气法是现场急救中采用最多的一种人工呼吸方法，其具体操作方法如下。

对伤员进行初步处理：将需要进行人工呼吸的伤员放在通风良好，空气新鲜、气温适宜的地方，解开伤员的衣领、裤带、内衣及乳罩，清除口鼻分泌物、呕吐物及其他杂物，保证呼吸道畅通。

使伤员仰卧，施救人员位于其头部一侧，捏住伤员的鼻孔，深吸气后，将自己的嘴紧贴伤员的嘴吹入气体。之后，离开伤员的嘴，放开鼻孔，以一手压伤员胸部，助其呼出体内气体。如此，有节律地反复进行，每分钟进行 15 次。吹气时不要用力过度，以免造成伤员肺泡破裂。

吹气时，应配合对伤员进行胸外心脏按压。一般地，吹一次气后，作四次心脏按压。

②心肺复苏：胸外心脏按压是心脏复苏的主要方法，它是通过压迫胸骨，对心脏给予间接按压，使心脏排出血液，参与血液循环，以恢复心脏的自主跳动。其具体操作方法如下。

让需要进行心脏按压的伤员仰卧在平整的地面或木板上；施救人员位于伤员一侧，双手重叠放在伤员胸部两乳正中间处，用力向下挤压胸骨，使胸骨下陷 3～4cm，然后迅速放松，放松时手不离开胸部。如此反复有节律地进行。其按压速度为每分钟 60～80 次。

胸外心脏按压时的注意事项：

胸部严重损伤、肋骨骨折、气胸或心包填塞的伤员，不应采用此法。

胸外心脏按压应与人工呼吸配合进行。

按压时，用力要均匀，力量大小看伤员的身体及胸部情况而定；按压时，手臂不要弯曲，用力不要过猛，以免使伤员肋骨骨折。

随时观察伤员情况，作出相应的处理。

③止血：当伤员身体有外伤出血现象时，应及时采取止血措施。常用的止血方法有以下几种。

伤口加压法：主要适用于出血量不太大的一般伤口，通过对伤口的加压和包扎，减少出血，让血液凝固。

具体做法是如果伤口处如果没有异物，用干净的纱布、布块、手绢、绷带等物或直接用手紧压伤口止血；如果出血较多时，可以用纱布、毛巾等柔软物垫在伤口上，再用绷带包扎以增加压力，达到止血的目的。

手压止血法：临时用手指或手掌压迫伤口靠近心端的动脉，将动脉压向深部的骨头上，阻断血液的流通，从而达到临时止血的目的。这种方法通常是在急救中和其他止血方法配合使用，其关键是要掌握身体各部位血管止血的压迫点。

手压法仅限于无法止住伤口出血，或准备敷料包扎伤口的时候。施压时间切勿超过 15min。如施压过久，肢体组织可能因缺氧而损坏，以致不能康复，继而还可能需要截肢。

止血带法：适合于四肢伤口大量出血时使用。主要有布止血带绞血、布止血带加垫止血、橡皮止血带止血三种。

使用止血带法止血时，绑扎松紧要适宜，以出血停止、远端不能摸到脉搏为好。使用止血带的时间越短越好，最长不宜超过 3h。并在此时间内每隔半小时（冷天）或 1h 慢慢解开、放松一次。每次放松 1~2min，放松时可用指压法暂时止血。不到万不得已时不要轻易使用止血带，因为上好的止血带能把远端肢体的全部血流阻断，造成组织缺血，时间过长会引起肢体坏死。

五、触电事故专项应急预案

1　事故风险分析

沼气站生产、生活区使用大量机电设备及办公生活照明。根据本气站的用电情况，电气事故主要分为触电事故和雷电事故。触电事故是电流的能量直接或间接作用于人体造成的伤害，当人体接触带电体时，电流会对人体造成不同程度的伤害。触电事故对人体的伤害可以分为电伤和电击。雷电事故主要为雷电对设备、建筑物及人员的伤害。强大的雷电流能够对设备和建筑物造成巨大的破坏，对人身安全构成巨大的威胁。

2　应急处置

2.1　基本原则
（1）事故人员和应急救援人员的安全优先。
（2）防止事故扩大优先。
（3）保护环境优先。

2.2　应急指挥机构及职责
应急指挥机构及职责与综合预案相同。

3　处置程序

3.1　报告程序
发现有触电事故的紧急情况后，现场人员要立即向应急办公室汇报。值班人员在接到事故报告后要做好记录，并立即通知相关人员采取措施。

事故情况报告内容：事故发生的时间、地点、事故原因的初步判断、人员伤亡情况及现场采取的措施等。

汇报方式：口头或电话汇报。

3.2　应急启动
根据生产实际情况，本气站触电事故响应级别同综合预案。

发生事故后，如果达到Ⅱ级或以上响应标准时，应急救援总指挥立即下达启动应急预案命令，应急办公室接到总指挥的命令后，立即通知指挥部成员到应急办集合或赶赴指定地点。

一旦发现有人伤亡，应首先拨打"120"急救电话报警，同时立即上报×××镇政府（安监站）、×××县农业农村局、×××县安全监管部门由其启动相应级别应急预案。

3.3　应急行动
（1）抢救人员达到现场后，先听取事故现场人员的汇报，要针对现场情况，协助制定抢救方案及安全技术措施，召集应急救援人员，安排应急行动，进行应急资源调配，部署应急避险措施，及时上报事故信息。

（2）要组织人员，维持现场秩序，防止与救援无关人员进入事故现场，保障救援队伍的交通畅通。

（3）救护队员要按照现场抢救方案，组织现场救援工作。

（4）在事故区域附近抢救，对伤员进行简易救助后，送往医院进行进一步治疗。

3.4　应急扩大

若在抢救过程中，专业救援能力不足，应急救援总指挥应及时向外求援。

3.5　应急恢复

若遇险遇难人员全部救出，现场清理完毕，确认不会再发生次生灾害后，应急救援总指挥可命令解除警戒，恢复事故区域的生产。

3.6　应急结束

抢险救援结束后，总指挥下达应急结束命令，抢救人员返回原工作岗位。善后处理工作由本气站负责进行。保护现场，由上级有关部门或授权本气站按要求组成事故调查组进行事故调查。

4　处置措施

发现有人触电，首先要尽快使触电者脱离电源，然后根据触电者的具体症状进行对症施救。触电急救的要点是动作迅速，救护得法，切不可惊慌失措，束手无策。要贯彻"迅速、就地、正确、坚持"的触电急救八字方针。

4.1　脱离电源

（1）将出事附近电源开关刀拉掉或将电源插头拔掉，以切断电源。

（2）用干燥的绝缘木棒、竹竿、布带等物将电源线从触电者身上拨离或者将触电者拨离电源。

（3）必要时可用绝缘工具（如带有绝缘柄的电工钳、木柄斧头以及锄头）切断电源线。

（4）救护人可戴上手套或在手上包缠干燥的衣服、围巾、帽子等绝缘物品拖拽触电者，使之脱离电源。

（5）如果触电者由于痉挛手指紧握导线缠绕在身上，救护人可先用干燥的木板塞进触电者身下使其与地绝缘来隔断入地电流，然后再采取其他办法把电源切断。

（6）如果触电者触及断落在地上的带电高压导线，且尚未确证线路无电之前，救护人员不可进入断线落地点 8~10m 的范围内，以防止跨步电压触电。进入该范围的救护人员应穿上绝缘靴或临时双脚并拢跳跃地接近触电者。触电者脱离带电导线后应迅速将其带至 8~10m 以外立即开始触电急救。只有在确保线路已经无电，才可在触电者离开触电导线后就地急救。

（7）夜间发生触电事故时，应考虑携带应急灯及切断电源后等临时照明问题，以利救护。

4.2　触电者未失去知觉的救护措施

应让触电者在比较干燥、通风、暖和的地方静卧休息，并派人严密观察，同时请医生前来或送往医院诊治。

4.3　触电者已失去知觉但尚有心跳和呼吸的抢救措施

应使其舒适地平卧着，解开衣服以利呼吸，四周不要围人，保持空气流通，冷天应注意保暖，同时立即请医生前来或送往医院诊治。

4.4　对"假死"者的急救措施

当判定触电者呼吸和心跳停止时，应立即按心肺复苏法就地抢救。方法如下。

（1）通畅气道。

①清除口中异物：使触电者仰面躺在平硬的地方，迅速解开其领扣、围巾、紧身衣和裤带。如发现触电者口内有食物、假牙、血块等异物，可将其身体及头部同时侧转，迅速用一只手指或两只手指交叉从口角处插入，从口中取出异物，操作中要注意防止将异物推到咽喉深处。

②采用仰头抬颏法畅通气道：操作时，救护人用一只手放在触电者前额，另一只手的手指将其颏颌骨向上抬起，两手协同将头部推向后仰，舌根自然随之抬起、气道即可畅通。为使触电者头部后仰，可于其颈部下方垫适量厚度的物品，但严禁用枕头或其他物品垫在触电者头下。

（2）口对口（鼻）人工呼吸。使病人仰卧，松解衣扣和腰带，清除伤者口腔内痰液、呕吐物、血块、泥土等，保持呼吸道通畅。救护人员一手将伤者下颌托起，使其头尽量后仰，另一只手捏住伤者的鼻孔，深吸一口气，对住伤者的口用力吹气，然后立即离开伤者口，同时松开捏鼻孔的手。吹气力量要适中，次数以每分钟 16~18 次为宜。

（3）胸外心脏按压。将伤者仰卧在地上或硬板床上，救护人员跪或站于伤者一侧，面对伤者，将右手掌置于伤者胸骨下段及剑突部，左手置于右手之上，以上身的重量用力把胸骨下段向后压向脊柱，随后将手腕放松，每分钟挤压 60~80 次。在进行胸外心脏按压时，宜将伤者头放低以利静脉血回流。若伤者同时伴有呼吸停止，在进行胸外心脏按压时，还应进行人工呼吸。一般做四次胸外心脏按压，做一次人工呼吸。

六、高处坠落事故专项应急预案

1 事故风险分析

在超过坠落基准面 2m 以上的厌氧发酵罐、吸附塔、贮气柜顶部及其他场所进行高处作业，可导致高处坠落事故。在检修管道和电气线路中，检修人员有失足坠落危险。梯子、平台和操作通道地面防滑措施不好，有滑倒摔伤危险。

2 应急处置

2.1 基本原则
（1）事故人员和应急救援人员的安全优先。
（2）防止事故扩大优先。
（3）保护环境优先。

2.2 应急指挥机构及职责
应急指挥机构及职责与综合预案相同。

3 处置程序

3.1 报告程序
发现有事故异常时，现场人员要立即向应急办公室汇报。值班人员在接到事故报告后要做好记录，并立即通知相关人员采取措施。

事故情况报告内容：事故发生的时间、地点、事故原因的初步判断、人员伤亡情况及现场采取的措施等。

汇报方式：口头或电话汇报。

3.2 应急启动
根据生产实际情况，本气站高处坠落事故响应级别同综合预案。

发生事故后，如果达到 II 级或以上响应标准时，应急救援总指挥立即下达启动应急预案命令，应急办公室接到总指挥的命令后，立即通知指挥部成员到综合办集合或赶赴指定地点。

一旦发现有人伤亡，应首先拨打"120"急救电话报警，同时立即上报×××镇政府（安监站）、×××县农业农村局、×××县安全监管部门由其启动相应级别应急预案。

3.3 应急行动
（1）抢救人员达到现场后，先听取事故现场人员的汇报，要针对现场情况，协助制定抢救方案及安全技术措施，召集应急救援人员，安排应急行动，进行应急资源调配，部署应急避险措施，及时上报事故信息，必要时及时请求消防队支援。

（2）要组织人员，维持现场秩序，防止与救援无关人员进入事故现场，保障救援队伍的交通畅通。

（3）应急办要及时通知有关人员将抢救物资运抵抢救现场。

（4）救援人员要按照现场抢救方案，组织现场救援工作。

（5）在事故区域附近抢救，对伤员进行简易救助后，送往医院进行进一步治疗。

（6）事态紧急时，应急救援总指挥要及时命令事故影响区域的人员立即撤离，防止事故损失扩大。

3.4　应急扩大

若在抢险救援中抢救队伍、设备严重不足，救援遇到很大困难时，应急救援总指挥应及时向外求援。

3.5　应急恢复

若遇险遇难人员全部救出，现场清理完毕，确认不会再发生次生灾害后，应急救援总指挥可命令解除警戒，恢复事故区域的生产。

3.6　应急结束

抢险救援结束后，总指挥下达应急结束命令，抢救人员返回原工作岗位。善后处理工作由负责进行。保护现场，由上级有关部门或授权本气站按要求组成事故调查组进行事故调查。

4　处置措施

4.1　抢险救援

（1）抢救事故前必须对现场可能发生的险情进行排查，确保抢救人员的安全。在事故现场，有急救经验的人员首先尽快将坠落者平稳地移至安全地带，然后根据坠落者的具体症状进行对症施救。急救的要点是动作迅速，救护得法，切不可惊慌失措，束手无策。要贯彻"迅速、就地、正确、坚持"的急救八字方针。

（2）高处坠落伤发生后，受害者从高处坠落，受到高速的冲击力，使人体组织和器官遭到一定程度破坏而引起的损伤，通常有多个系统或多个器官的损伤，严重后果者当场死亡。高空坠落创伤除有直接或间接受伤器官表现外，尚可有昏迷、呼吸窘迫、面色苍白和表情淡漠等症状，可导致胸、腹腔内脏组织器官发生广泛的损伤，高处坠落时，足或臀部先着地，外力沿脊柱传导到颅脑而致伤；由高处仰面跌下时，背或腰部受冲击，可引起腰椎前纵韧带撕裂，椎体裂开或椎弓根骨折，易引起椎髓损伤。脑干损伤时常有较重的意识障碍、光反射消失等症状，也可能严重合并症的出现。

（3）发生高空坠落后应采取以下方法自救。

①尽量抓住其他物体，减缓冲击力。

②尽量避免头部着地。

③尽量用四肢保护内脏，身体外侧着地。

（4）救援人员应根据现场人员受伤情况，立即将伤者平稳地抬离危险区域，避免进一步的伤害。同时采取以下急救方法。

①去除伤员身上的用具和口袋中的硬物。

②在搬运和转送过程中，颈部和躯干不能前屈或扭转，而应使脊柱伸直，绝对禁止一个抬肩一个抬腿的搬法，以免发生或加重截瘫。

③创伤局部妥善包扎，但对疑似颅底骨折和脑脊液漏患者切忌做填塞，以免导致颅

内感染。

④颌面部伤员首先应保持呼吸道畅通，撤除假牙，清楚移位的组织碎片、血凝块、口腔分泌物等，同时松解伤员的颈、胸部纽扣。

⑤复合伤要求平仰卧位，保持呼吸畅通，解开衣领扣。

⑥周围血管伤，压迫伤部以上动脉至骨骼，直接在伤口上放置后敷料，绷带加压包扎以不出血和不影响肢体血循环为宜。当上述方法无效时可用止血带，原则上尽量缩短使用时间，一般不超过 1h 为宜，作好标记，注明上止血带时间。有条件时迅速给予静脉补液，补充血容量。

⑦快速平稳地送医院救治。迅速移走周围可能继续产生危险的坠落物、障碍物，为急救医生留通道，使其可以最快速度到达伤员处。

⑧高处坠落不仅产生外伤，还产生内伤，不可急速移动或摇动伤员身体。

⑨应多人平托住伤员身体，缓慢将其放置于平坦的地面上。

⑩发现伤员呼吸障碍，应进行口对口人工呼吸。

⑪发现出血，应迅速采取止血措施，可在伤口近心端结扎，但应每半个小时松开一次，避免坏死。动脉出血应用指压大腿根部股动脉止血。

⑫抢救伤员时，无论哪种情况，都应减少途中的颠簸，也不得翻动伤员。

4.2　伤员的搬运程序

伤员在现场经过急救后，就要迅速向医院转送。搬运伤员是一个非常重要的环节。如果搬运不得当，可使伤情加重，严重时还能造成神经、血管损伤，甚至瘫痪，难以治疗，给受伤者造成终身痛苦。所以，对伤员的搬运要十分注意。

如果伤员伤情不重，可采用捎、背、抱、扶的方法将伤员运出事故地点。

如果伤员有大腿或脊柱骨折、大出血或休克等情况时，就不能用背和扶等方法，一定要用担架搬运抬送。搬运伤员的担架可用专门准备的医用担架，也可就地取材，用木板、竹笆、木棍和绳子等临时绑扎而成。把担架准备好并放平后，两人站在伤员的一侧，其中一人抱住伤员的颈部及下背部，另一人抱住伤员的臀部和大腿，平稳地把伤员托起放在担架上。若有三人时，则一人抱住伤员的上背部和颈部，一人抱住臀部和大腿，第三人托住腰和后背，动作一致而平稳地把伤员托起放在担架上。

搬运脊柱骨折的伤员时千万要注意，不可随便搬动和翻动动员，也绝对不可用抬、捎、背、抱的方法搬运，一定要用木板做的硬担架抬运。伤员放到担架上以后，要让他平卧、腰部垫上一个衣服垫，然后用三、四根布带把伤员固定在木板上，以免在搬运中滚动或跌落，否则极易造成脊柱移位或扭转，刺伤血管和神经，使下肢瘫痪。伤员搬运到车上，并立即向医院转送。

如果救出的人有骨折等现象，应先对骨折作临时固定，条件允许时可给他吃点止痛和消炎药，但头部和腹部受伤时不可给他服药和喝开水。

七、有限空间作业事故专项应急预案

1　事故风险分析

本气站厌氧发酵罐、沼液池、搅拌池、燃气锅炉等场所、设备清理及相关作业都属于有限空间作业，在作业过程中若作业前通风作业及作业中防护措施不当可能会引起中毒和窒息事故发生。

按照《生产过程危险和有害因素分类与代码》（GB/T 13861—2009），将有限空间作业过程中存在的危险、有害因素分为四大类：人的因素、物的因素、环境因素、管理因素。

1.1　人的因素

（1）作业人员因素。作业人员不了解在进入期间可能面临的危害；不了解隔离危害和查证已隔离的程序；不了解危害暴露的形式、征兆和后果；不了解防护装备的使用和限制，如测试、监督、通风、通讯、照明、预防坠落、障碍物、以及进入方法和救援装备；不清楚监护人用来提醒撤离时的沟通方法；不清楚当发现有暴露危险的征兆或症状时，提醒监护人的方法；不清楚何时撤离有限空间，可能导致事故发生。

（2）监护人员因素。监护人不了解在作业人员在进入期间可能面临的危害；不了解人员受到危害影响时的行为表现；不清楚召唤救援和急救部门帮助进入者撤离的方法，就不能起到监督空间内外活动和保护进入者安全的作用。

1.2　物的因素

（1）有毒气体。有限空间内可能会存在很多的有毒气体，既可以是在有限空间内已经存在的，也可能是在工作过程中产生的。这些都对作业人员构成中毒威胁。

（2）氧气不足。有限空间内的氧气不足是经常遇到的情况。氧气不足的原因很多，如被密度大的气体（如二氧化碳）挤占、燃烧、氧化（如生锈）、吸收和吸附（如潮湿的活性炭）、工作行为（如使用溶剂、涂料、清洁剂或者是加热工作）等都可能影响氧气含量。作业人员进入后，可由于缺氧而窒息，而超过常量的氧气可能会加速燃烧或其他的化学反应。

（3）可燃气体。在有限空间内如有可燃气体，遇引火源，就可能导致火灾甚至爆炸。在有限空间中的引火源包括：产生热量的工作活动、焊接、切割等作业、打火工具、光源、电动工具、电子仪器，甚至静电。

1.3　环境因素

过冷、过热、潮湿的有限空间有可能对人员造成危害；在有限空间时间长了以后，会由于受冻、受热、受潮，致使体力不支。

在具有湿滑的表面的有限空间作业，有导致人员摔伤、磕碰等的危险。作业现场电气防护装置失效或误操作，电气线路短路、超负荷运行、雷击等都有可能发生电流对人体的伤害，而造成伤亡事故的危险。

1.4 管理因素

安全管理制度的缺失、没有编制专项作业方案、没有应急救援预案或未制定相应的安全措施、缺乏岗前教育及进入有限空间作业人员的防护装备与设施得不到维护和维修，是造成该类事故发生的重要原因。未制定有限空间作业的操作规程、操作人员无章可循而盲目作业、操作人员在未明了作业环境情况下贸然进入有限空间作业场所、误操作生产设备、作业人员未配置必要的安全防护与救护装备等，都有可能导致事故的发生。

2 应急处置

2.1 基本原则

（1）事故人员和应急救援人员的安全优先。

（2）防止事故扩大优先。

（3）保护环境优先。

2.2 应急指挥机构及职责

应急指挥机构及职责与综合预案相同。

3 处置程序

3.1 报告程序

发现有事故异常时，现场人员要立即向应急办公室汇报。值班人员在接到事故报告后要做好记录，并立即通知相关人员采取措施。

事故情况报告内容：事故发生的时间、地点、事故原因的初步判断、人员伤亡情况及现场采取的措施等。

汇报方式：口头或电话汇报。

3.2 应急启动

根据生产实际情况，本气站有限空间事故响应级别同综合预案。

发生事故后，如果达到Ⅱ级或以上响应标准时，应急救援总指挥立即下达启动应急预案命令，应急办公室接到总指挥的命令后，立即通知指挥部成员到综合办集合或赶赴指定地点。

一旦发现有人伤亡，应首先拨打"120"急救电话报警，同时立即上报×××镇政府（安监站）、×××县农业农村局、×××县安全监管部门由其启动相应级别应急预案。

3.3 应急行动

（1）抢救人员达到现场后，先听取事故现场人员的汇报，要针对现场情况，协助制定抢救方案及安全技术措施，召集应急救援人员，安排应急行动，进行应急资源调配，部署应急避险措施，及时上报事故信息，必要时及时请求消防队支援。

（2）要组织人员，维持现场秩序，防止与救援无关人员进入事故现场，保障救援队伍的交通畅通。

（3）应急办要及时通知有关人员将抢救物资运抵抢救现场。

（4）救援人员要按照现场抢救方案，组织现场救援工作。

（5）在事故区域附近抢救，对伤员进行简易救助后，送往医院进行进一步治疗。

（6）事态紧急时，应急救援总指挥要及时命令事故影响区域的人员立即撤离，防止事故损失扩大。

3.4　应急扩大

若在抢险救援中抢救队伍、设备严重不足，救援遇到很大困难时，应急救援总指挥应及时向外求援。

3.5　应急恢复

若遇险遇难人员全部救出，现场清理完毕，确认不会再发生次生灾害后，应急救援总指挥可命令解除警戒，恢复事故区域的生产。

3.6　应急结束

抢险救援结束后，总指挥下达应急结束命令，抢救人员返回原工作岗位。善后处理工作由负责进行。保护现场，由上级有关部门或授权本气站按要求组成事故调查组进行事故调查。

4　处置措施

4.1　抢险救援

（1）现场应急指挥员和应急人员首先对事故情况进行初始评估。根据观察到的情况，初步分析事故的范围和扩展的潜在可能性。

（2）抢险人员要穿戴好必要的劳动防护用品（正压式或长管或空气呼吸器、工作服、工作帽、手套、工作鞋、安全绳等），系好安全带，以防止抢险救援人员受到伤害。

（3）使用检测仪器对有限空间有毒有害气体的浓度和氧气的含量进行检测；也可采用其他简易快速检测方法作辅助检测。

（4）加强通风换气等相应的措施，确保整个救援期间处于安全受控状态。

（5）发现有限空间有伤害人员，用安全带系好被抢救者两腿根部及上体妥善提升使患者脱离危险区域，避免影响其呼吸部位。

（6）抢险过程中，有限空间内抢险人员与外面监护人员应保持通讯联络畅通并确定好联络信号，在抢险人员撤离前，监护人员不得离开监护岗位。

（7）在事故原因未完全调查清楚前，应初步判断中毒的面积和影响，并进行认真的检查和观察，查明中毒原因，隔离中毒源，避免中毒事件进一步扩大，预防中毒后果的恶化。

4.2　伤员现场救护

（1）中毒急救。

①呼吸道中毒时，应迅速离开现场，到新鲜空气流通的地方。

②经皮肤吸中毒者，必须用大量清洁自来水洗涤。

③眼、耳、鼻、咽喉黏膜损害，引起各种刺激症状者，须分别轻重，先用清水冲洗，然后由医生处理。

（2）缺氧窒息急救。

①迅速撤离现场，将窒息者移到通风处新鲜空气。

②视情况对窒息者供氧，或进行人工呼吸等，必要时严重者速送医院处理（打120电话）。

八、××××沼气站现场处置方案

1　事故风险分析

1.1　事故危险性分析

××××沼气站生产过程中存在的危险主要表现为沼气泄漏、火灾爆炸、中毒窒息、锅炉事故、触电、高处坠落、有限空间作业事故等，可能造成人身伤亡和财产的损失以及对周边环境造成污染。

1.2　可能发生的事故类型

气站可能发生的主要事故类型及特征见下表。

表　气站可能发生的主要事故类型及特征

事故类型	发生地点	原因	可能引发次生、衍生事故
沼气泄漏	厌氧发酵塔、储气柜、脱硫器、各管道等	设备设施缺陷、人员违章操作	火灾爆炸中毒窒息
火灾爆炸	站内	电气线路短路故障、沼气泄漏、现场有明火、违章作业	中毒、窒息
中毒窒息	站内各存在有毒有害气体的作业场所	未按要求佩戴劳保用品，通风环境较差	无
锅炉爆炸事故	锅炉房	设备故障、人员违章操作	火灾爆炸中毒窒息灼烫
触电	所有使用电气设备的场所	电气设备漏电、违章操作	无
高处坠落	在超过坠落基准面 2m 以上的厌氧发酵塔、贮气柜顶部等	防护不到位	无
有限空间作业事故	自然通风不良，易造成有毒有害、易燃易爆物质积聚或者氧含量不足的空间	防护不到位、通风不畅、违章作业	中毒窒息火灾爆炸
淹溺	沼液池、搅拌池等	防护不到位	无
机械伤害	使用机械设备的场所	机械设备安全防护装置不全，违章作业	无

1.3　造成的危害程度

以上事故均可导致人员伤亡、财产损失，给气站和员工家属造成身心和财产巨大损失，必须引起各作业区域各级各类人员的高度重视，未雨绸缪；防微杜渐，消除事故隐患。

2 应急处置

2.1 基本原则
（1）事故人员和应急救援人员的安全优先。
（2）防止事故扩大优先。
（3）保护环境优先。

2.2 应急工作职责
根据生产实际情况，在各作业区域设立生产现场应急处置小组，负责对生产现场出现的突发事故进行应急处置，并及时向本气站应急办公室报告。

各作业区相关负责人职责。
（1）日常工作中负责现场生产和安全管理。
（2）生产现场发生事故时负责各类突发事件的处置事宜，并负责向总指挥报告现场处置进展情况。
（3）现场不能处置突发事件时，应及时向总指挥报告，请求启动本气站应急预案。

各作业区当班工人职责。
（1）日常工作中认真遵守操作规程，确保安全生产、文明生产。
（2）生产现场发生事故时负责执行命令，进行应急处置。
（3）负责实施灭火、抢险、受伤人员抢救工作、重要财产抢救等现场救援工作。

2.3 现场应急处置
（1）当事故发生后，现场人员要积极开展自救和互救，采取电话联络、高声呼喊、警报等多种方式立即对外联络，同时及时向气站应急办公室（值班室）汇报。

汇报的内容包括：事故的地点、类型、危害范围和伤害情况，提出应急处置建议，同时要安排人员时刻与应急办公室保持联系等。

（2）气站应急救援指挥部总指挥在接到事故报告后应根据应急救援预案的应急级别，根据情况判断是否启动应急预案。

（3）迅速组织事故发生地或险情威胁区域的人员撤离危险区域，做好撤离人员的生活安置工作。

（4）封锁事故现场和危险区域，设置警示标志。同时设法保护周边重要生产、生活设施，防止引发次生的安全或环境事故。

（5）在确保安全的前提下，搜救遇险人员。组织医疗卫生力量，对受伤人员进行紧急救护。

3 应急处置

3.1 沼气泄漏事故应急处置
（1）当沼气压力过大，出现厌氧罐、管道等设施胀坏现象时，严禁明火，并立即向应急办公室报告，及时安排专业技术人员赶到现场进行维修。

（2）当室外管道被车辆压破和冻裂时，严禁明火，及时上报当地村委请专业技术人员进行检查维修，以防火灾及其他事故发生。

（3）发生沼气泄漏时，应设置警戒区，禁止无关人员进入；禁止车辆通行和一切火源（如禁止开关泄漏区电源）。

（4）在处理沼气泄漏时，应根据其泄漏和燃烧特点，迅速有效地排除险情，避免发生爆炸燃烧事故。在处理沼气泄漏排除险情的过程中，必须贯彻"先防爆，后排险"的指导思想，坚持"先控制火源，后制止泄漏"的处理原则，灵活运用关阀断气、堵塞漏点、善后测试的处理措施。

（5）沼气一旦发生泄漏，应及时关掉阀门，切掉气源。如果是阀门损坏，可用麻袋片缠住漏气处，或用大卡箍堵漏，及时更换阀门；若是管道破裂，可用木楔子堵漏，待维修人员及时更换管道。

（6）现场人员应把主要力量放在各种火源的控制方面，为迅速堵漏创造条件。对沼气已经扩散的地方，电器要保持原来的状态，不要随意开关；对接近扩散区的地方，要切断电源。

（7）对进入沼气泄漏区的排险人员，严禁穿带钉鞋和化纤衣服，严禁使用金属工具，以免碰撞发生火花或火星。

3.2　火灾爆炸事故应急处置

（1）报警。发生火灾、爆炸时，现场要在第一时间内向应急办公室报警，并汇报清楚火灾、爆炸地点、火势大小、燃烧物及可能危及的地点。

火灾可能蔓延、扩散时，要在第一时间内及时拨打119消防报警电话。

（2）人员疏散。救人是第一原则，在火灾、爆炸发生时第一时间内有序地组织人员疏散转移。利用现场有利条件，快速疏散。

（3）物资疏散。火场上的物资疏散，目的是最大限度地减少损失，防止火势蔓延和扩大。首先疏散的物资是那些可能扩大火灾和有爆炸危险的物资。例如，起易燃易爆物品，以及堵塞通道使灭火行动受阻的物资。其次疏散性质重要、价值昂贵的物资，如文件、档案资料、高级仪器等。

（4）初起火最易扑灭，在等待救援到来期间，现场人员应在保证安全的前提下，根据不同的起火原因，采取相应措施进行灭火。所有灭火器对准着火点集中使用，不要零打碎敲，尽量抓住战机把火扑灭，或控制住火势。

3.3　中毒窒息事故应急处置

（1）迅速将中毒窒息者撤离现场，转移到上风位置，在中毒窒息者救出后，及时送往医院抢救。在救援过程中，如仍受到有害气体的威胁，急救者一定要佩戴好个人防护用品。

（2）泄露源控制。沼气泄露引发的中毒窒息事故，应安排熟悉现场的操作人员关闭泄露点上下游阀门，切断泄露途径。

（3）救援过程中，要严禁明火、采取措施防止静电火花产生，以免发生火灾、爆炸等次生事故。

3.4　锅炉爆炸事故应急处置

（1）迅速了解掌握现场情况，并疏散人员，迅速核实人员伤亡情况，对伤员进行现场救治或送往医疗单位。

（2）迅速关闭进油、气阀门，关闭电源。

（3）马上向上级报告，及时报警求援并组织自救。

（4）爆炸后炉房内如未引起火灾，应立即熄灭周围明火，打开门窗通风，防止二次爆炸，并组织抢救受伤人员。

（5）爆炸后炉房内如引起火灾，报警后应先组织本单位人员灭火自救，防止事故扩大。

（6）扑救人员要穿戴好相应的防护用品和保持较低身姿，并在扑救过程密切监视和严密防范受热后爆炸伤人。

3.5　触电事故应急处置

对于触电事故，发现有人触电时，应立即使触电人员脱离电源，救护人千万不要用手直接去拉触电的人，防止发生救护人触电事故。脱离电源方法如下。

（1）高压触电脱离方法。触电者触及高压带电设备，救护人员应迅速切断使触电者带电的开关、刀闸或其他断路设备，或用适合该电压等级的绝缘工具（绝缘手套、穿绝缘鞋、并使用绝缘棒）等方法，将触电者与带电设备脱离。触电者未脱离高压电源前，现场救护人员不得直接用手触及伤员。救护人员在抢救过程中应注意保持自身与周围带电部分必要的安全距离，保证自己免受电击。

（2）低压触电脱离方法。

低压设备触电，救护人员应设法迅速切断电源。如果开关或按钮距离触电地点很近，应迅速拉开开关，切断电源；并应准备充足照明，以便进行抢救。如果开关距离触电地点很远，可用绝缘手钳或用干燥木柄的斧、刀、铁锹等绝缘材料解脱触电者或把电线切断。也可抓住触电者干燥而不贴身的衣服，将其拖开，切记要避免碰到金属物体和触电者的裸露身体；也可用绝缘手套或将手用干燥衣物等包起绝缘后解脱触电者；救护人员也可站在绝缘垫上或干木板上，绝缘自己进行救护。为使触电者脱离导电体，最好用一只手进行。如果触电人的衣服是干燥的，而且不是紧缠在身上时，救护人员可站在干燥的木板上，或用干衣服、干围巾等把自己一只手作严格绝缘包裹，然后用这一只手拉触电人的衣服，把他拉离带电体。

如果人在较高处触电，解脱电源后，可能会造成高处坠落而再次伤害的，要迅速采取地面拉网、垫软物等预防措施，防止切断电源后触电人从高处摔下。

注意：应切断电源侧（来电侧）的电线，且切断的电线不可触及人体。千万不能使用任何金属棒或湿的东西去挑电线，以免救护人触电。

落地带电导线触电脱离方法：触电者触及断落在地的带电高压导线，在未明确线路是否有电，救护人员在做好安全措施（如穿好绝缘靴、带好绝缘手套）后，可用干燥的木棒、木板、竹竿或其他带有绝缘柄（手握绝缘柄）工具，迅速将电线挑开。救护人员应疏散现场人员在以导线落地点为圆心8m为半径的范围以外，以防跨步电压伤人。

3.6　高处坠落事故应急处置

（1）当发生高处坠落后，抢救重点是集中现场的人力、物力，立即抢救受伤者。

（2）迅速将伤者移至安全地点，让伤者安静、保暖、平卧、少动。

（3）应急办公室立即拨打120急救，或派车将受伤人员送往医院救治。应详细说明事故地点、严重程度、本部门的联系电话，并派人到路口接应。

（4）在急救中心专业人员未到达之前，应根据事故现场的整体情况、位置和伤者的伤情、部位，在排除人为加重伤者伤情的情况下，立即组织人员进行抢救。

（5）伤者发生休克，应先进行人工呼吸，或根据部位的受伤情况做胸外挤压法（但必须注意骨折的部位）。

（6）发现脊椎受伤者，创伤处用消毒的纱布或清洁布覆盖，用绷带或布包扎；搬运时，将伤者平卧放在帆布担架上或硬板上，以免受伤的脊椎移位、断裂造成截瘫，导致死亡；抢救脊椎受伤者的搬运过程中严禁只抬伤者的两肩与两腿或单肩背运。

（7）发现伤者手足骨折或其他部位骨折的，不要盲目搬动伤者，应在骨折部位用夹板临时固定，使断端不再移位或刺伤肌肉、神经或血管。

（8）动用最快的交通工具，及时把伤者送住邻近医院抢救，运送途中应尽量减少颠簸。同时，密切注意伤者的呼吸、脉搏、血压及伤口的情况。

注意事项：

（1）进行心肺复苏救治时，必须注意受伤者姿势的正确性，操作时不能用力过大或频率过快。

（2）脊柱有骨折的伤员必须用硬板担架运送，切勿使脊柱扭曲，以防途中颠簸使脊柱骨折或脱位加重，造成或加重脊柱损伤。

（3）搬运伤员过程中严禁只抬伤者的两肩或两腿，绝对不准单人搬运，必须将伤员连同硬板一起固定后再进行搬运。

（4）用车辆运送伤员时，最好能把安放伤员的硬板悬空放置，以减缓车辆的颠簸，避免对伤员造成进一步伤害。

3.7　有限空间作业事故应急处置

现场人员要根据事故的严重程度、人员伤亡情况和现场初步处理措施及时采取相应救援措施。并迅速通知应急办。

（1）现场救援基本步骤。

①检测。

②强制通风。

③佩戴防护器具。

④发生火灾的及时扑灭，有触电危险的要切断电源。

果断决策，快速行动，抢救伤亡人员和控制危险源，防止灾情扩大。抢救伤亡人员时，必须坚持"依然活着"的原则，深入现场，采取一切可能的安全方法，在保证避免造成新的人员伤亡的情况下，积极进行救援行动，以最快的速度将中毒和受伤人员撤离现场。

（2）应急救援时的注意事项。

①不明情况绝对不能冒险进入。

②必须对受限空间进行长时间的强制通风，稀释有毒有害、易燃易爆气体。

③施救人员做好自我防护，系好安全绳、穿好防护服、戴上呼吸器，确保自身安全

后方可施救。

④施救人员应视自己能力大小进行，对超出自己施救能力的险情要及时毫不犹豫地向外求救。

3.8 淹溺事故应急处置

（1）现场人员会水者及救护人员发现溺水者，立即进行施救工作。现场人员不会水时，立即用绳索、竹竿、木板或救生圈等使溺水者握住后拖上岸。溺水者被抢救上岸后，立即清除口、鼻内的杂物，松解衣领、纽扣、腰带等，并注意保暖，必要时将舌头用毛巾、纱布包裹拉出，保持呼吸道畅通。

（2）立即对溺水者进行控水，使胃内积水倒出。控水方法：溺水者俯卧，救护者双手抱住溺水者腹部上提，或将溺水者放于救护者跪撑腿上，同时另一手拍溺水者后背，迅速将水控出。

（3）有呼吸（有脉搏）使溺水者处于侧卧位，保持呼吸道畅通。

（4）无呼吸者（有脉搏）使溺水者处于仰卧位，扶住头部和下颚，头部向后微仰保持呼吸道畅通，进行人工呼吸。

（5）无呼吸（无脉搏）使溺水者处于仰卧，食指位于胸骨下切迹，掌根紧靠食指旁，两掌重叠，按压深度 4~5cm，每 15s 吹气 2 次，按压 15 次。

（6）在送往医院的途中对溺水者进行人工呼吸，心脏按压也不能停止。

3.9 机械伤害事故应急处置

（1）发生断手、断指等严重情况时，对伤者伤口要进行包扎止血、止痛、进行半握拳状的功能固定。对断手、断指应用消毒或清洁敷料包好，不要将断指进入酒精等消毒液中，以防止细胞变质。将包好的断手、断指放在无泄漏的塑料袋内扎好，并放置冰块，随伤者送医院抢救。

（2）发生头皮撕裂的急救方法。

①必须及时对伤者进行抢救，采取止痛及其他对症措施。

②用生理盐水冲洗有伤部位，涂红汞后用消毒大纱布、消毒棉紧紧包扎，压迫止血。

③使用抗生素，注射抗破伤风血清，预防感染。

④送医院进行治疗。

备注：如果遇到此类情况，没有条件进行现场处理的，立即送伤者到医院救治。

4 现场急救技术

4.1 人工呼吸

口对口（鼻）吹气法是现场急救中采用最多的一种人工呼吸方法，其具体操作方法如下。

（1）对伤员进行初步处理。将需要进行人工呼吸的伤员放在通风良好，空气新鲜、气温适宜的地方，解开伤员的衣领、裤带、内衣及乳罩，清除口鼻分泌物、呕吐物及其他杂物，保证呼吸道畅通。

（2）使伤员仰卧，施救人员位于其头部一侧，捏住伤员的鼻孔，深吸气后，将自己的嘴紧贴伤员的嘴吹人气体。之后，离开伤员的嘴，放开鼻孔，以一手压伤员胸部，助其呼出体内气体。如此，有节律地反复进行，每分钟进行 15 次。吹气时不要用力过度，以免造成伤员肺泡破裂。

（3）吹气时，应配合对伤员进行胸外心脏按压。一般地，吹一次气后，作四次心脏按压。

4.2　心肺复苏

胸外心脏按压是心脏复苏的主要方法，它是通过压迫胸骨，对心脏给予间接按压，使心脏排出血液，参与血液循环，以恢复心脏的自主跳动。其具体操作方法如下。

（1）让需要进行心脏按压的伤员仰卧在平整的地面或木板上。

（2）施救人员位于伤员一侧，双手重叠放在伤员胸部两乳正中间处，用力向下挤压胸骨，使胸骨下陷 3~4cm，然后迅速放松，放松时手不离开胸部。如此反复有节律地进行。其按压速度为每分钟 60~80 次。

胸外心脏按压时的注意事项。

①胸部严重损伤、肋骨骨折、气胸或心包填塞的伤员，不应采用此法。

②胸外心脏按压应与人工呼吸配合进行。

③按压时，用力要均匀，力量大小看伤员的身体及胸部情况而定；按压时，手臂不要弯曲，用力不要过猛，以免使伤员肋骨骨折。

④随时观察伤员情况，作出相应的处理。

4.3　止血

当伤员身体有外伤出血现象时，应及时采取止血措施。常用的止血方法有以下几种。

（1）伤口加压法。主要适用于出血量不太大的一般伤口，通过对伤口的加压和包扎，减少出血，让血液凝固。其具体做法是如果伤口处如果没有异物，用干净的纱布、布块、手绢、绷带等物或直接用手紧压伤口止血；如果出血较多时，可以用纱布、毛巾等柔软物垫在伤口上，再用绷带包扎以增加压力，达到止血的目的。

（2）手压止血法。临时用手指或手掌压迫伤口靠近心端的动脉，将动脉压向深部的骨头上，阻断血液的流通，从而达到临时止血的目的。这种方法通常是在急救中和其他止血方法配合使用，其关键是要掌握身体各部位血管止血的压迫点。

手压法仅限于无法止住伤口出血，或准备敷料包扎伤口的时候。施压时间切勿超过 15min。如施压过久，肢体组织可能因缺氧而损坏，以致不能康复，继而还可能需要截肢。

（3）止血带法。适合于四肢伤口大量出血时使用。主要有布止血带绞血、布止血带加垫止血、橡皮止血带止血三种。使用止血带法止血时，绑扎松紧要适宜，以出血停止、远端不能摸到脉搏为好。使用止血带的时间越短越好，最长不宜超过 3h。并在此时间内每隔半小时（冷天）或 1h 慢慢解开、放松一次。每次放松 1~2min，放松时可用指压法暂时止血。不到万不得已时不要轻易使用止血带，因为上好的止血带能把远端肢体的全部血流阻断，造成组织缺血，时间过长会引起肢体坏死。

附录 3：大中型沼气站应急演练案例

大中型沼气站
应急救援演练案例

一、前期准备工作

入场准备，背景动作：播放《欢乐进行曲》。在音乐声中，所有观摩领导就座，各参演单位人员和观摩人员分7组（演练观摩组、村级救援组、后期处置组、医疗救护组、安全保卫组、抢险救援组、综合协调组）到主席台前整队待命。

二、演练操作程序

1. 主持人介绍出席观摩的主要领导、单位人员和来宾
2. 宣布演练纪律
3. 正式演练

三、演练正式开始

解说员【演练开始后解说】：尊敬的各位来宾，欢迎来到演练现场，此次演练模拟××村沼气站操作间通风不畅，导致一名员工窒息昏迷，根据事态发展及应急工作需求，××村委、××镇政府、××县农委分别启动了相关应急预案，××镇派出所、××镇卫生院、消防中队等相关部门之间互相衔接、各司其职、科学处置突发生产安全事故，降低了事故损失、影响范围和后果。

【各演练人员准备工作就绪后解说】：请大家将目光转向此次演练的沼气站操作间。

1. 正常作业

紧跟【背景动作】：××村沼气站站长安排两名工作人员A和B在生产操作间进行检修工作。

【紧跟解说】：安排完工作后沼气站站长就离开了现场。两名工人在未进行强制通风也未采取任何安全措施的情况下，就进入了门窗紧闭的操作间进行检修工作。

【同步背景动作】：沼气站站长离开现场，两名工人先后进入操作间开展工作。

【各演练人员准备工作就绪后解说】（背景解说）：沼气生产间要保持通风良好，工作人员在甲烷浓度达25%~30%的空气中即可窒息，若浓度再提高，可迅速死亡；硫化氢浓度达到200mg/m³时即可中毒并有神经系统后遗症，达到1 000mg/m³时只要吸一口立即死亡，如同触电，所以称为电击样死亡。如果脱硫剂长时间不更换，在气体泄漏时发生硫化氢中毒则后果相当严重。所以进入操作间等工作场所一定要开窗开门，通风透气后再进行工作。近年来，全国已发生多起类似的有限空间作业典型事故，造成多人死亡，教训惨痛。

2. 事故发生

【看到烟雾，紧跟解说】：正在操作间内作业的两人谁也没有意识到危险正在向他们一步步逼近。

【看到B倒地后，A大声喊话】："B、B你怎么了？"

【见B不应就喊气站站长快来】："站长快来，B不知怎么了，叫不应。"

【紧跟解说】：在附近工作的气站站长立即跑来。看到B倒地，立即将事故情况报告村委主任C。

3. 成立村级现场救援指挥部

【看到村委主任一行赶来紧跟解说】：村委主任 C 和村委委员等救援人员快速来到事故现场，村委主任 C 立即组织现场人员成立沼气站应急救援指挥部。帮忙开展救援工作。

【同步背景动作】：各施救组迅速到指挥部前集中。

【现场救援总指挥 C 在指挥部前大声说道】："我村沼气站在作业过程中发生 1 人窒息昏迷事故，现成立村应急救援指挥部迅速开展救援，各施救组听命。施救一组组长 D，负责为救援提供治安警戒物资保障，将事故情况上报 110 和 120 请求支援；施救二组组长 E 负责现场救援工作，组织人员佩戴防毒面具进入操作间救人。"

【村级救援组（施救组）紧跟喊话】："是。"

4. 村级救援行动

【背景动作】：村救援组 D 立即将事故情况上报 110 和 120，村救援组 E 等人寻找防毒面具准备进入操作间救人。

【利用各救援组行动空间同步解说】：在村级救援组准备开展救援的同时，村委主任 C 将事故情况立即向镇政府和县农委做了报告，县农委提出三点要求：一是在现场情况不明的情况下，任何人不得盲目施救；二是做好事故现场周边的警戒工作，做好村民情绪安抚工作；三是县农委将协调消防队等救援单位赶赴现场，做好救援单位道路引导工作。

县农委立即将事故情况上报县人民政府，县人民政府立即下达启动××县农村沼气秸秆气安全事故应急预案的命令，并任命县农委副主任 F 为现场救援总指挥，赶赴现场救援。

5. ××县启动应急响应

【看到救援队伍抵达时紧跟解说】：镇派出所安全保卫组抵达事故现场；镇政府牵头的抢险救援组抵达事故现场；镇卫生院牵头的医疗救护组抵达事故现场；综合协调组、后期处置组等分别抵达事故现场。

【同步背景动作】：6 个救援小组（分别为村救援组，派出所牵头的治安组，镇政府牵头的抢险救援组，卫生院牵头的医疗组，综合协调组、后期处置组）按顺序进入事故现场。

6. 成立现场救援指挥部

6 个救援工作组列队完毕后向现场救援总指挥报告。

【综合协调组组长】："报告总指挥，村救援组、治安组、医疗救护组、抢险救援组、后期处置组、综合协调组等救援工作组集结完毕，请指示！"

【农委副主任 F】："现在我宣布，××村沼气站中毒窒息事故现场救援指挥部正式成立，由我任总指挥。"

【村主任 C】："总指挥同志，我是××村委主任 C，我村沼气站发生一名工作人员窒息昏迷事故，已按程序成立村级应急指挥部，现向你移交指挥权。"

【现场救援总指挥 F】："好的，请你村尽快组织有关人员，配合现场救援指挥部各应急工作组展开救援行动。"

【村主任 C】："是。"

7. 应急处置

【现场救援总指挥 F】："各应急工作组听命，现在事故现场情况紧急，现在我命令：抢险救援组和医疗救护组配合，立即将中毒人员救出危险区域，转运至临时救护点进行救治。"

【村救援组组长和医疗救护组组长】："是！"

【现场救援总指挥 F】："治安组，请加设事故现场警戒，疏散周围人群，管控进出事故现场的主要道路。"

【治安组组长】："是！"

【现场救援总指挥 F】："后期处置组和村级救援队，配合现场救援应急工作组展开救援工作，为事故救援提供后勤保障，做好受伤人员家属和围观群众的安抚工作。"

【后期处置组和村应急保障组】："是！"

【现场救援总指挥 F】："综合协调组为事故救援提供后勤保障，并将事故救援信息及时上报有上级有关部门。"

【综合协调组】："是！"

【根据救援小组行动随机解说】：我们看到各小组领命后立即带领各自人员迅速到达各自位置展开抢险救援。

以消防中队为主的专业救援队伍，立即利用专业的救援工具开展救援。

以镇卫生院为主的医疗救护组在做好伤员接治准备。

安全保卫组在事故区域周边设置警戒线，并在人员聚集区、各主要出入口设置警力，为救援现场提供秩序保障。

村级救援队配合抢险救援组投入到现场救援工作中，后期处置组对伤员家属和围观群众进行安抚。

综合协调组为救援提供后勤保障，并做好信息传递上报工作。

8. 顺利救援

【背景动作】：医疗救护人员在临时救护点对中毒人员进行急救后转运到就近医院。

【各救援工作组展开救援工作间隙解说】：事故救援正在紧张有序进行，在此给大家普及一些进入沼气池作业经常采取的措施：第一步，进入沼气池前，先打开活动盖板，用排风扇通风换气。第二步，使用检测仪器测量沼气池内有毒有害气体浓度，具备条件方可进入，如无检测仪器可将鸡、鸭、兔等小动物绑好放入篮子中，用绳子系入池中试验 20min。如果没有出现不良反应，人员方可入池工作；如果小动物反应异常，则要继续通风换气，直到不再有危险。第三步，进入沼气池内的人员，要在胸部拴保险绳，池外有专人守护。如果下池人发生意外，池外可立即拉动保险绳将人救出，严禁单人操作。第四步，在进入沼气池维修、特别是出沉渣时，不要用蜡烛等明火照明，要用手电或日光灯系入池中，以免发生烧伤、爆炸事故。第五步，如果发现池内有人昏倒，一定不要莽撞下池抢救。最好以最快速度设法向池内鼓风换气，先让池内人员吸收到新鲜空气。需要注意的是，上述措施一般是在现场救援时无专业检测器具和救援装备的情况下使用，科学施救、专业救援是近年来首推的救援方式。

【救护车开启紧跟解说】：中毒的 1 名工作人员已成功被救出，医疗人员对中毒人员进行急救后转运到就近医院。

【医疗救护组组长】："报告总指挥，窒息昏迷的作业人员经现场急救，均无生命危险，已送至镇卫生院做进一步治疗。"

【现场救援总指挥 F】："明白，请全力配合医院救治。"

【抢险救援组】："报告总指挥，操作间中毒人员已救出，管道阀门已关闭，经通风换气，室内有毒有害气体浓度已降至安全值，请指示！"

【现场救援总指挥 F】："明白，确保所有救援人员安全，撤离现场。"

【抢险救援组组长】："是！"

9. 响应结束

【在救援队伍向主席台集结间解说】：至此，一起突发的沼气站操作间检修中毒窒息事故，在县、镇有关部门和村有关人员的通力协作下得到了及时救援，中毒窒息人员被安全救出。虽然在事故初期处置阶段有盲目施救行为，但由于应急措施得当，所幸未造成伤亡扩大，应急扩大后各部门单位各司其职开展工作，尤其是消防救援队伍为救援工作提供了有力保障，此次演练为我们所有参与演练的人员、观摩人员上了一堂生动的现场教育课。

【同步背景动作】：各应急工作小组和观摩人员迅速列队到演练主席台前。

【现场救援总指挥 F】："现在我宣布，××村沼气站中毒窒息事故现场救援工作已全部结束，下面我对下步工作提出四点建议：一是封闭事故现场，解除事故应急状态；二是成立事故调查组，尽快查明事故原因；三是成立善后处理组，妥善安置和慰问受伤人员；四是认真总结此类事故教训，防止此类事故再次发生。"

【解说员】："××县农村沼气站窒息事故应急演练科目已全部结束！"

主持人请各参演人员归队。

四、主持人：请领导讲话和总结点评

【背景动作】：会议主持人继续主持会议，请相关领导做点评和讲话。

点评完以后，主持人宣布演练结束。

附录4：典型事故案例分析

一、未采取安全防范措施盲目进入沼气池事故案例

1. 典型案例

2007年5月1日下午，贵州省黄平县谷陇镇翁山村一组村民张右东在未采取安全防范措施的情况下，下到刚进料三天的沼气池耙粪，因缺氧窒息倒在池内，其妻和儿子发现后相继下池施救也发生窒息，导致3人死亡。

2010年5月19日上午，湖北省咸丰县活龙坪乡村民黎作瑜请人维修沼气池，导致5人死亡。根据现场情况分析，当时是有人窒息后，连续几人试图下井救人，结果5人都不幸遇难。黎逢建、黎作瑜、黎鹏是一家人，82岁的黎逢建是黎作瑜的父亲，而年仅16岁的黎鹏是黎作瑜的儿子，还在活龙坪初中上初三。

2013年4月4日18时左右，四川彭山县保胜乡连桥村5组发生一起沼气池安全事故，造成5人死亡。据了解，该村民高文均在处理自家沼气池粪渣过程中，只身下到沼气池查看池内情况，很久未出来。随后，其妻李玉彬、其弟高文杰、其儿高小龙、邻居彭荣桃、彭长安先后进入沼气池内查看和营救被困者，6人都未能返回地面。附近群众发现情况不妙后，迅速拨打了110、120急救电话，并向当地政府报告了情况。接到事故报告后，当地政府主要领导率有关部门赶赴现场处置、救援、抢救，并成立了救助工作组、善后工作组等相关工作机构，救援队员携带便携气体检测仪迅速进池内开展救援工作。救援人员先后将6名中毒者救出，等候在现场的120急救医护人员随即将伤者送往医院救治。伤者被送到医院后，经全力抢救无效，全部死亡。

2010年4月15日，四川省自贡市贡井区龙潭镇幸福村发生一起沼气事故，4人死亡。当时，该村二组村民杨长生抽取自家沼气池内的沼液进行灌溉，污水泵工作一段时间后发生故障，杨长生到沼气池出料口察看，当从沼气池中拔出污水泵时绳索脱落，他便叫其妻邓红英搬来梯子，准备下池拉出污水泵。杨长生顺楼梯下到出料池内时，因缺氧窒息倒在池内，邓红英见状后大声呼救和电话求助。附近村民罗炎、张兴太、陈兴富三人闻讯后，陆续赶到事发现场。因救人心切，三人相继沿楼梯下到出料口内，全都窒息。虽经当地镇村干部组织医疗、应急、消防力量全力施救，最终还是有4人死亡。

2011年6月11日，江苏省东海县双店镇北涧村一村民为打捞掉进沼气池的猪仔，不幸发生窒息。闻讯赶来的村民刘通、刘架两兄弟先后下沼气池救人，双双倒下。最后，除刘架经抢救脱险外，两人死亡。

2011年8月11日，江苏省东海县李埝乡连汪村一村民为打捞掉进沼气池的手机，不幸发生窒息，赶来救援的弟弟及邻居程清明进入沼气池后也没能上来。最后，除程清明因抢救及时脱离危险外，兄弟俩不幸身亡。

2012年5月9日8时许，宜宾县双龙镇红星村上游组一处沼气池内发生一起意外事件。一名20岁的女子为救两名亲友，献出了年轻的生命。当时，他的父亲王增成看见稻田里的水干了，就拿着电动机来到稻田附近的一处沼气池里抽水保苗。邻居王增久

一家 3 人在附近点玉米。王增久看见王增成将沼气池里的水抽出后，就前来寻找去年自己丢在沼气池里的铁铲。却不料，王增久和王增成均被沼气熏晕后倒在沼气池内。"出事了，快来救人啊！"王增久的妻子吴贵聪及时发现情况后大声呼救，其 20 岁的儿媳王燕闻讯后立刻跑到现场进行施救。当王增久和王增成被她推上地面后，王燕自己却倒在了粪水中。最后，造成一人死亡、两人重伤。

2. 原因分析与防范措施

空气中二氧化碳含量增加到 30% 时，人的呼吸就会受到抑制，并麻痹死亡。如果人从新鲜空气环境里突然进入氧气只占 4% 以下的环境里，40s 就会失去知觉，随即痉挛、停止呼吸。沼气池内几乎没有氧气，加上二氧化碳含量高达 25% 以上，如果人进入这样的环境，会立即窒息死亡。

无论是进入沼气池主池还是出料间（水压间），都必须采取安全防范措施。

（1）先用鼓风设备从进料口向池内鼓风，排除池内的残留沼气。

（2）入池前，用动物做试验。可将鸡、鸭、兔等动物放入池内，观察 20~30min，如果动物无异样反应，活动正常，人员方可入池。

（3）入池人员必须系上结实的安全绳带，池外要有 2 名以上青壮人员专人牵绳看护。如果入池人员稍感不适，看护人员应立刻将其拉出池外，到通风阴凉处休息。

（4）入池操作，须用防爆电筒照明，严禁用油灯、火柴、蜡烛和打火机等照明。另外，池内掉落物品后，不要入池打捞，如果是重要物品，要请专业人员帮助。

二、抽污泵发热或负压回火引起小型沼气池爆炸事故案例

1. 典型案例

2014 年 3 月 14 日下午，甘肃省礼县盐官镇新集村养殖场沼气池在出料过程中发生爆炸，事故造成沼气池顶掀裂，钢结构圈舍彩钢瓦顶棚部分塌陷，养殖场生猪死亡 45 头，其中，母猪 3 头、育肥猪 42 头。

事故发生后，县政府立即启动应急机制：一是县能源站、消防队和盐官镇畜牧兽医站等相关部门人员第一时间赶赴现场，依据《礼县农村沼气安全生产事故应急预案》，及时疏散现场人员，排查事故隐患，划定安全隔离区，指派专人轮流值守，指导业主尽快转移生猪，减少了损失。二是县政府分管领导现场指导事故调查处理，组织农牧、公安、安监、消防、应急等部门和盐官镇政府组成事故调查和安全隐患排查工作组，向沼气业主送达了《沼气池事故处置意见》，制定了事故排查方案，对沼气池内加注了洗衣粉和自来水抑制甲烷的产生，全力开展现场调查和事故安全隐患排查，沼气池体顶部大面积开裂，四周空气通畅，经过应急处理，沼气池附近已检测不到甲烷（由于甲烷菌只有在厌氧条件下才能发酵，正常情况下，甲烷含量在 50% 以上、低于 40% 虽能勉强点燃，但离开火种就会熄灭），确保了安全。三是邀请省沼气爆炸原因事故鉴定专家对新集村沼气事故进行鉴定。四是帮助指导业主开展事故善后与生产自救，对死亡的 45 头猪在县动物卫生监督执法人员现场监督下，全部做了深埋和无害化处理，对养殖场剩余的育肥猪全部出售至本村村民家中饲养。协调县保险公司落实 3 头母猪死亡理赔金 3 000 元。

在全力妥善处理事故的同时，县上采取了四方面措施：一是下发了《关于加强沼气安全生产使用管理工作的紧急通知》，组织能源站专业技术人员对全县各类沼气池进行全面排查，做到不漏一户，确保沼气池安全。二是印发宣传资料，大力开展沼气规范操作、安全使用及科学管护等知识宣传培训，严防操作安全事故发生。三是与各沼气用户重新签订沼气使用安全责任书，进一步明确操作规范，预防安全事故。四是通过电视、网站等途径对事故案例进行说明，让广大沼气用户引以为戒。

2. 原因分析

该沼气池爆炸前，业主用污水泵从进料口旁沼气池观察口已连续出料 3 天。当天连续出料 2h 后，沼气池发生了爆炸。经过专家现场勘验分析，认为爆炸原因有以下两种可能：一是业主在出料过程中使用抽污泵，电机发热或短路引火爆炸；二是出料过程中，操作人员是经过培训的沼气维护管理人员，发生事故时据业主说他不在现场，可能有人使用沼气灶或抽烟（爆炸现场有烟头），沼气池产生负压引起回火或由烟火引起爆炸。根据以上种种原因分析，事故专家组认为，"此次事故应当排除沼气池工程质量和人为故意破坏因素，不能排除业主违规操作和抽污泵短路或发热因素"，因此定性为："新集村养殖小区沼气爆炸原因初步认定为业主违规操作引发的安全生产事故。"

三、贮气柜爆炸事故案例

1. 典型案例

1998 年，杭州市灯塔养殖场搬迁拆除原有沼气站设施时，由于施工人员不注意安全防范，同时缺乏有效的现场管理，盲目施工，发生贮气柜爆炸，导致人员伤亡。

2. 原因分析与防范措施

甲烷的爆炸极限范围为：5% ~ 14%。低压湿式气柜主要由水槽（或水封池）、中节和钟罩等几大部分组成。依靠中节和钟罩在水槽中自由升降而改变储气容积。已经使用的储气柜，虽然通过排气阀将内部燃气全部排出、钟罩落入最底部，但由于钟罩内还有一部分"死容积"存在，所以通过排空阀不能将气柜内的燃气排除干净。焊接前必须使用鼓风机用新鲜空气多次对柜内燃气进行置换，排除气柜"死容积"内残存的燃气。同时，作业时，还需不停地向柜内输送新鲜空气，并在储气柜外设安全监督人员，防止意外事故发生。另外还要注意的是，检修前气柜内燃气虽已置换合格，但由于水槽中的水已被储存的气体饱和，检修过程中可燃气体从水中解析出来，如不采取相应措施，仍可能引起爆炸。高空作业时，施工人员必须系安全带，防止高处坠落。

防止气柜爆炸事故的其他措施：定期检查避雷针和导架等金属构件的接地情况。检测接地电阻每年不少于一次。检查自动或手动放空装置，保证其性能可靠。定期检查进气水封，应保证起到与生产系统隔绝和隔绝火源的作用。在冬季要经常检查气柜水槽保温情况，防止冻结事故。

四、盲目进入阀门井、地下管道等有限空间作业事故案例

1. 典型案例

1997 年，灯塔养殖场田园分场沼气站工作人员在阀门井操作阀门时，由于井内底

部积存大量二氧化碳、硫化氢等有害气体，缺乏氧气，发生中毒窒息事故，导致2人死亡。

2012年10月29日9时40分，江苏龙海建工集团三名工人在合肥市魏武路和新蚌埠路交口处DN400阀门井内进行燃气钢管防腐施工。10时30分，这三名工人因在阀门井内空间狭小、作业时间长而导致缺氧、浑身无力，导致窒息。作业现场的井上监护人员发现阀门井内操作工人出现状况后，及时拨打119到场抢救，并由120送至急救中心进行输氧，经及时治疗，12时30分，3人已恢复正常。

2013年4月6日16时左右，因金华市金东区傅村镇清源街地下管道堵塞，56岁的阮某下去施工不久就倒下了。现场管理人员沈某见状马上跳下去救人，很快也中毒倒下，第三、四名民工下去施救无功而返。20时左右，两名中毒窒息民工经抢救无效死亡。

2014年6月29日，长沙市芙蓉区荷花路，2名燃气公司的工人先后下井检修燃气管道，双双中毒晕倒在井内，所幸被其他工作人员和赶来的市民救出。事故经过：15时40分许，3名身穿黄色工作服的维修工人来到燃气井口，打开井盖后，其中一名工人独自下井。下井时，该工人未佩戴口罩，身上也没绑安全绳，甚至连手套都没有戴。5min后，井上的两名工作人员站在井口呼喊，但没有回应。此时，站在五六米外的刘女士都能闻到浓重的燃气味道。15时46分，井上的一名工人见井下没有回应，也没有采取任何防护措施就下井打探情况。不料，刚下去不久，他就开始发晕，双腿发软，井上的那名工人使劲拉住他衣领，但根本拉不上。井上的工人立即呼救，周边市民闻讯赶来，大伙一齐把第二个下井的工人拉了上来。此时，这名工人趴倒在地，已经无法站稳。而最先下井的工人还在井内。大家焦急不已，叫来更多人帮忙。直到15时57分，救援人员带着绳索下井，才把那名工人拉上来。但工人已全身瘫软，昏迷不醒，救援人员立即采用心肺复苏进行急救，直到120急救人员赶到，将其送往附近的湖南旺旺医院抢救，脱离了生命危险。

2. 原因分析

以上事故完全是违反有限空间作业安全操作规程造成的。有限空间是指封闭或部分封闭、进出口较为狭窄有限、未被设计为固定工作场所，自然通风不良，易造成有毒有害、易燃易爆物质积聚或氧含量不足的空间。阀门井、集水井、地下管道属于有限空间的一种。有限空间作业的最大危险来自有毒有害气体，如清理疏通下水道、粪便池、窑井、污水池、地窖等作业容易产生硫化氢、一氧化碳中毒。

3. 防范措施

有限空间事故完全可防，关键是相关人员要有强烈的风险意识。作业前，首先要编制安全技术措施方案、安全操作规程，采取相应安全防范措施，设置作业现场的安全区域，并由具有相应资质的单位和专业人员施工，确定专人进行现场统一指挥和监护；其次要检测有限空间内部氧气、危险物、有害物浓度，识别危险源，并隔离电、高/低温等危害物质。进入阀门井前，可用鸡、兔等小动物做试验；其三要强化通风换气，入井人还要扎紧安全带，按规定佩戴个人防护用品和自动报警装置。当发生急性中毒、窒息事故时，应急救援人员应在做好个体防护并佩戴必要应急救援设备的前提下，才能进行救援。严禁贸然施救，造成不必要的伤亡。

五、室外燃气管道漏气事故案例

1. 典型案例

2004 年 5 月 29 日，泸州市纳西区炳灵路 15 号人行道与地下层之间的夹缝发生天然气爆炸，导致 5 人死亡，35 人受伤。距离爆炸处 20m 处的与地沟交叉的天然气管道发生腐蚀穿孔，泄漏的燃气渗透到地沟并沿着地沟扩散，最后经地沟渗透到负一楼与人行道平层间的缝隙，达到爆炸极限后被点燃而发生惨剧。事故发生前曾有市民向天然气公司报警闻到臭味，但天然气公司派一非专业人员到现场调查，该人员认为不是天然气泄漏而未予以及时处理，因此是一起责任事故。

2014 年 5 月 17 日凌晨，长春市洋浦大街与四通路交会处一施工单位铺设地下光缆安装高清摄像头时，发生燃气泄漏，致使临街一户居民平房发生爆燃，两人受轻伤，3 300 户居民用户停止供气近 13h。经排查确认，主要原因是由于第三方企业在定向钻施工中破坏燃气管线，造成 PE355 中压天然气管线发生燃气泄漏。

2000 年 10 月 28 日 5 时 50 分，合肥市郊区杏花村镇四河小区 4 号住宅楼发生爆炸，造成 10 人死亡、11 人受伤、6 户房屋严重损毁的特大爆炸事故。群众反映自 1998 年后，该楼内住户陆续发现该楼附近、楼梯道内、居室内尤其是卫生间经常闻到较浓的"煤气（液化气）"味，多次向小区物业管理公司及通过打热线电话向合肥市煤气公司反映。市煤气公司也曾先后多次派人来该楼内住户进行检查处理，市煤气公司人员通过检查认为室内管道不存在漏气问题。但住户仍然经常闻到"煤气（液化气）"味，此后问题一直没有解决，直到事故发生。经对发生事故楼房的液化气管道进行气密试验，发现该楼北侧约 80cm 深地下液化气管道有 3 处泄漏点。

爆炸的主要原因如下。

（1）液化气管道铺设在回填软基上，地表有水泥层（板）封闭，地下因杂填土自重和地坪上人、车等荷载，导致地面发生沉降，使管道 3 处接口变形，液化气渗漏。

（2）液化气公司内部管理不严，对管道巡检维修工作检查督促不到位。1999 年以来，该楼住户和附近住户陆续发现住宅内有液化气味道，并多次向液化气公司有关部门反映，液化气公司在接报后，未进一步追查其来源，也未向公司领导报告。

（3）事故发生楼设置的地下防潮架空层，按当时设计规范并未要求地下架空层墙如何处理，也未要求通风开孔，为爆炸性气体渗入地下架空层并逐渐集聚提供了条件。

（4）事故发生楼位于低处，且楼外地面全部用水泥层（板）封闭，地下 2.2m 是以生活垃圾为主的黑灰色填土，其产生的甲烷气体混合后形成更易爆炸的混合气。在事故发生前的 10 月 11—28 日为连阴雨天气，10 月 27 日气压为全月最高，事故发生当日气压又明显降低，形成地下架空层与地面的气压差，使积聚在架空层的混合气体沿墙缝等向外渗漏，遇明火引起爆炸。

次要原因如下。

（1）市煤气安装公司对安装的管道基础处理不符合要求，使管道上下充填物有硬石和垃圾，降低了管道抗沉降能力。

（2）物业公司无经营资质，对住户擅自改变住房性质结构和用途未及时报告处理，对下水道、窨井、化粪池未按规定及时疏通，使沼气聚集。

（3）住户擅自改变原有住房结构和用途，违法将住宅改为生产场地，从事服装生产经营并私自招用多名徒工，造成室内温度高、热点多、明火增加等。

2. 地下管道燃气漏气的因素分析

从燃气管道漏气排查和事故分析来看，燃气管道漏气原因有以下几个方面。

管道设计施工因素：

（1）由于设计者对现场考察不详尽或者燃气管道周围与其他构筑物、管道、管沟标识不清，造成设计方案不完善留下隐患。

（2）施工单位不按设计技术要求施工，用劣质材料，甚至偷工减料，管道不做防腐或防腐达不到技术要求。

（3）施工中质量不合格法兰螺栓受力不均、焊接质量不佳、不按规定进行压力实验、气密实验和无损探伤。

（4）当楼房特别是高层楼房，基础下沉时如果燃气进户管无伸缩补偿装置，燃气进户管很有可能被折断而发生漏气。如果泄漏的燃气沿其他管沟进入楼房内极易引发着火爆炸、煤气中毒等事故。

外部因素：

（1）在施工前不与供气单位联系，导致开挖中，引发一系列人为损坏燃气管道和设施，而导致燃气泄漏。

（2）建筑基础施工中，大面积开挖使燃气管道失去基础支撑，导致燃气管道断裂或损坏而发生漏气。

（3）重型汽车在埋有燃气管道的上方行驶，使燃气管道经受不住车辆的冲击和挤压等不均匀受力而断裂漏气。

（4）地下燃气管道在电化学腐蚀或化学腐蚀的长期作用下，导致埋地钢管被腐蚀穿孔漏气。特别是在燃气管穿越下水管及某些杂散电流集中处，如果燃气管道未认真做好防腐，极易引起钢管被腐蚀穿孔而导致燃气泄漏。

季节因素：在北方地区，严寒的冬季和春天解冻的季节，由于低温使管材脆性增加，在温度变化的作用下，引起埋地管道附近土层的冰冻或解冻、膨胀、升降，导致燃气管道受外力作用而损坏，且这种管道断裂或裂缝具有突发性，这种事故往往难以预料发生的具体时间和管段部位。特别是设在冰冻线以上的庭院管，某些管段因埋深较浅，受季节性冻土影响，在土层冻涨与融陷的不均匀作用下，最容易造成该管段脆性断裂，外泄的燃气渗入相邻的下水管道、暖气或电缆沟，窜入周围的建筑物内，酿成事故。

3. 防范措施

以上事例告诉我们，必须采取相应措施，防止室外燃气管道漏气。

（1）燃气管道施工应严格按照有关规范标准进行，管道连接宜采用焊接，地下管线施工要考虑地基沉降因素，以防止管道损坏漏气。做好工程施工、竣工验收记录，竣工图存档备查，方便今后管网工程维修使用。

（2）燃气产、供单位要建立和完善室内外燃气管道检查、报告、维护、抢修制度，责任到人。巡线人员要熟悉地下管网的管径、材质、位置、走向，定时对管线和设施进行巡查和测漏，了解燃气管线附近的动态，如有无建筑施工、地质勘探、起重运输、堆积重物、违章占线、倾倒腐蚀性液体等。

（3）建筑物地下架空层要设置通气口，下水道、窑井和化粪池盖板要预留透气孔，以防止易燃易爆气体聚集。

（4）埋有燃气管道位置必须设明显标志，不准在燃气管道上方随意施工、挖掘及通过重型车辆。

（5）燃气管网改造后，必须重新进行气性试验。

（6）物业管理部门或房主发现住户有违法生产经营、擅自改变建筑物结构和用途等问题，要及时向有关部门反映，以便及时处理，防患于未然。

（7）要通过宣传，让村民认识燃气的危险性，察觉到异常后要及时上报，并采取通风等措施。

六、室内燃气管道泄漏事故案例

1. 典型案例

2011 年 12 月，大连市沙河口区某居民家中因燃气嘴子未关严，造成室内居民 5 人死亡。据死者家属说，当日她早晨给家里打电话无人接，1h 左右赶到事发现场，发现门反锁。在邻居的帮助下，打开窗进入厨房，发现靠墙的燃气嘴子呈 30 度开启，家人死亡，该用户立即将燃气嘴子关严并报警。经现场勘查，该户居民在使用完燃气后由于一时疏忽，未将燃气嘴子关好，致使燃气外泄，造成本次事故的发生。

水溢出扑灭燃气灶，致燃气泄漏而造成死亡事故。1998 年 6 月 13 日，重庆市某厂职工早晨起来，开启灶具煮上早点后上街买东西，不久火焰意外熄灭，导致燃气泄漏，室内两小孩发觉气体异味，关闭灶具时产生火花，随即发生爆炸燃烧，小孩严重烧伤，室内家具被毁。2011 年 3 月，大连市中山区某居民在家中烧水时沸水溢出将火扑灭，燃气外泄造成 1 人中毒死亡。急修工人立即赶到现场，发现该户室内所使用的燃气具为铁头灶具，灶上有半壶水。经安监办工作人员询问，死者在烧水时由于一时疏忽没有在水烧开时关闭燃气嘴子及灶具开关，致使壶中的水在烧沸时溢出将火扑灭，燃气泄漏造成该户一名男子一氧化碳中毒死亡。随后急修工人对室内燃气设施进行气密性检测，经检测内外管线无泄漏。经现场勘查，本次事故发生的主要原因是由于死者在家中烧水时因一时疏忽未能将燃气嘴子和灶具开关及时关闭致使沸水溢出后将火扑灭，燃气外泄造成此次事故的发生。

未定期更换燃气胶管，漏气致人中毒死亡。2011 年 12 月，大连市沙河口区某居民家中燃气胶管着火，煤气外泄造成室内 1 人中毒死亡。2010 年 6 月，大连市沙河口某居民家中胶管老化漏气，造成 6 人一氧化碳中毒。

燃气胶管未用卡子卡住，脱落漏气致人中毒。2007 年 6 月，大连市西岗区鞍山路某居民家中燃气胶管脱落，燃气外泄致 3 人一氧化碳中毒。2012 年 1 月，大连市沙河口区某居民家中燃气外泄发生爆炸，造成 1 人受伤，室内财产损失若干。经现场勘查发现，本次事故发生的主要原因是由于该户家中连接燃气嘴子处的胶管脱落，燃气外泄，用户在打开燃气灶时遇明火发生爆炸。

灶具未及时安装，供气后漏气造成中毒死亡。北方某省一集中供气系统在停止供气一段时间恢复供气后，一住户由于在停止供气期间将灶具取下，而灶前阀门未关，造成燃气泄漏，使住户一人中毒死亡。该气站定时供气，每日三餐分别供气 1、2、2 小时。由于原料储备不足，系统停运近 1 个月。用户已形成定时停气的习惯，许多人不关阀门，气化站在恢复供气时，没有一家一户告知，只在广播中通知了，使一些没有听到消息的用户家中燃气跑漏。发生事故的用户不按燃气使用常识要求，私自拆除燃气设备也是事故的原因之一。

燃气灶具老化或使用不当，造成漏气。1996 年 8 月 19 日，成都市一环路三段南玻公寓一住户因使用天然气不当，导致天然气从灶具泄漏，点火时发生爆炸，使 1~7 楼的玻璃幕墙全部损坏，直接经济损失近 4 万元。2008 年，上海市一居民家燃气灶具老化引发爆燃。12 月 9 日 15 时 30 分左右，居住在祁连山路 2828 弄 34 号某室的李老伯出门散步回家，准备去厨房烧点热水。刚踏进厨房，他就感觉有点不对劲，随即跑出厨房。就在这一瞬间，厨房内突然发生爆燃，气体把李老伯家南北阳台的窗户全部震碎。所幸及时躲避，李老伯和老伴均无受伤。燃气公司赶到现场检查后发现，煤气管道没有出现问题。初步推测，爆燃原因是燃气灶具老化而引发的。

2. 室内燃气泄漏原因分析与预防措施

燃气泄漏是燃气爆炸和中毒的根源，常见的燃气泄漏的原因如下。

第一，30%的燃气泄漏事件都是因胶管破裂、脱落而起，导致胶管破裂脱落的原因有：胶管两端未打卡子或卡子松动；胶管超期使用，老化龟裂；使用易腐蚀、老化的劣质胶管；疏于防范使胶管被老鼠咬坏、尖锐物体刮坏等。

第二，户内燃气管道损坏，导致燃气泄漏。户内燃气管道损坏的主要原因有：长期接触水或腐蚀性物质，导致管道腐蚀；家庭装修、管壁悬挂物品等外力作用，使管道接口松动；管线防腐漆（层）脱落未及时补刷，金属与空气长期接触，导致管线腐蚀。

第三、燃气表损坏，导致燃气泄漏。燃气表损坏的主要原因：超期使用，内部构件老化；外力破坏，引起燃气表表体或接头损坏。

第四，燃气灶具点火失败，导致燃气泄漏。燃气点火失败的原因有：风门没调好，进空气口太大，空气太多；打火触点形成污垢或是微动开关失灵；电池没电；电路接触不良；过压保护；管道堵塞；点火针位置不当。

第五，锅内液体溢出，浇灭正在燃烧的火焰，导致燃气泄漏。导致锅内液体溢出的原因有：大火蒸煮发生沸汤，处理不及时；忘记煲汤、煮粥的时间，人员长时间离开。

第六，忘关燃气阀门，导致燃气泄漏。忘关阀门的原因有：紧急出门或有紧急事件处理；老人或小孩忘记关阀；停气后短期未供气。

第七，燃气阀门接口损坏，导致燃气泄漏。导致燃气阀门损坏的原因：长期开关阀门，阀门松动；年久失修；阀门被腐蚀。

第八，燃气灶具损坏，导致泄漏爆炸。燃气灶具损坏的原因：气灶本身年久失修；气灶质量不合格；人为外力碰触和摩擦导致破坏。

第九，私改燃气管线，导致燃气泄漏。私改管线的原因：为室内美观，私自改造燃气管线；为增加燃气设施，自行增设三通延长管线；贪图小利益，为燃气表不计量或少计量，偷改管线。

第十，供气单位违规操作，导致燃气泄漏。违规操作主要有：置换或维修时未对设备进行全面检查便进行通气；意外泄漏发生时未及时到达现场或未采取适宜的处置措施引发二次泄漏；未按规定定期进行入户安检或安检、宣传不到位。

因此，户内用气系统应每年检修一次；每三个月对户内管路、阀门、灶具、燃气表进行巡查一次，发现故障及时检修。对于用户来说，必须安装具备熄火保护装置的燃气灶，同时在使用燃气具时，灶前不应离人；燃气胶管两端必须用卡子卡紧，胶管必须为燃气专用胶管，并且要每18个月更换一次；尽量安装燃气报警器，当燃气泄漏时能及时发现；厨房至卧室门要关严，防止漏气后进入卧室。在发现燃气泄漏后不要打开燃气灶开关，而要立即打开门窗通风，禁止动用明火，切断所有电源，然后到室外拨打报修电话，以免引起煤气爆炸事故的发生。气站要尽量避免定时供气，如果必须定时供气，燃气一定要加臭。

3. 室内管道漏气的责任认定

2008年12月25日，武汉市青山区一燃气泄漏事故发生后，用户与供气企业就燃气泄漏事故造成人员中毒的医疗费、补偿费进行多次反复协商，但一直未能达成一致，其关键问题在于双方对事故的责任认定上存在很大的分歧。供气企业认为，用户使用无熄火保护装置的灶具，事发现场看到，用户的灶具有一侧开关位于开启状态，事故的原因是由于用气时灶具火焰被风吹灭，因而引发燃气泄漏造成人员中毒。另外，也不排除因为管道腐蚀穿孔引发漏气，但造成管道的腐蚀责任在于用户，因为用户在管道旁装有一个水槽，日常生活盥洗用水溅落在管道上。日久天长造成管道锈蚀穿孔，该栋楼的其他用户管道并未出现腐蚀状况。用户认为，管道由供气企业安装。供气企业应负有管道安全检查和维护的责任，供气管道的腐蚀穿孔引发漏气事故是由于供气企业未及时履行检查和维修义务所造成，发生事故前，用户没有使用燃气灶具，因此，供气企业应对事故承担全部责任。

按照谁使用、谁管理、谁负责的原则，以燃气计量表为界划分居民公用管道和专用管道是目前行业内比较通行的方法。燃气计量表及表前的管道由供气企业负责安全管理和维修维护，表后的用户专用管道，其安全管理由用户负责。有的地方将表后的阀门作为分界点，还有的城市将室外表后穿墙入户处的管道作为分界点。由于没有明确的规定，供气单位和燃气用户之间关于燃气管道的安全责任可以通过签订供气合同的方式予以明确。由于燃气是可能危及人身、财产安全的一种商品，供气人应向用气人做出安全使用燃气的告知和禁止行为的警示，包括对室内公用和专用管道设施使用、保护、检查和泄漏处置的方法及事项。按相关法规，作为经营者的供气企业未告知用户防止危害发生相关事项的，因用户过失行为造成事故发生的，除用户要承担主要责任外，供气企业也有相应的责任。燃气管理法规和规章对用户安全使用和保护燃气管道行为做出规定的，无论企业是否告知，用户都应当自觉遵守，否则将承担相应的法律责任。

室内用户专用管道，交付给用户点火通气使用后，在保修期（一般为两年）内发生的质量问题由供气企业免费维修。超过保修期，管道的检查维护义务由用户承担，发现漏气、管道损坏或需改变管道位置的，可请求供气企业提供有偿服务。用户如果自行对专用管道改装改接，将自行承担安全方面的风险，而与供气企业无关。燃气表和公用供气管道在室内安装的，设施的检查维修责任及相关费用由供气企业承担。但是，如果因为用户擅自隐蔽公用管道拒不改正，无理阻挠供气企业入户对公用管道进行检查、维修而造成漏气事故发生的，用户要承担相应责任。

管道燃气用户室内发生漏气导致火灾、爆炸或中毒事故，人身或财产受到损害，用户可以按国家《消费者权益保护法》通过相应途径解决：一是与供气企业进行协商，达成赔偿或补偿协议。二是请求消费者协会调解。三是向有关行政部门申诉。公安、消防部门对燃气火灾、爆炸或中毒事故进行紧急救援，并对事故性质进行认定，对人为故意造成事故伤害的，将立案追究相关众员的刑事或治安责任，对于管道自然损坏失修、用户使用不当等非人为故意造成的意外伤害，公安、消防部门对民事责任不做认定追究。安监部门按照国务院《生产安全事故报告和调查处理条例》可以对燃气事故进行调查和对事故的责任进行认定，对事故责任单位和有关责任人员提出处理的建议。四是提请仲裁机构仲裁。五是向人民法院提起诉讼。损害事故一旦发生，无论采用哪种方式解决，对供气企业和用户而言，都需要有相关管理部门或司法机关来查明事故原因，对事故责任做出认定，使事故得到公正、合理和妥善的处理和解决。

七、施工中触电事故案例

1. 典型案例

9月26日12时15分许，兰州市榆中县定远镇歇驾嘴村的兰州猪场大型沼气池建设项目施工现场发生一起施工人员触电事故，事故造成3人死亡、1人受伤。当时，他们是在进行厌氧发酵罐保温层作业，他们4人挪动高达四五米的脚手架时，不慎碰到了空中的高压电线。事故发生后，兰州市安监局牵头组成事故调查组调查这起事故。为了杜绝类似安全生产事故再次发生，榆中县政府召开了全县安全生产紧急会议，安排对榆中县各行业开展安全生产大检查。

2. 原因分析

经全面调查，确定这起事故是工人在施工期间，挪动脚手架时不慎触电造成。

八、秸秆堆场起火事故案例

1. 典型案例

2015年5月25日18时50分，位于沅江市南嘴镇余百新村的金太阳纸业有限公司芦苇堆场突然起火。接到火警后，沅江市迅速启动应急预案，当地消防、公安及周边乡镇应急分队赶赴现场灭火。至当日23时，火势得到有效控制，火灾没有造成人员伤亡。这已经是5月国内造纸厂发生的第三起火灾（之前两起为苏州金红叶纸业和河北华泰纸业）。

2015年3月2日18时53分，位于新疆阿克苏地区拜城县察尔其镇鼎元牛业有限公司内一100余吨饲料堆场突发大火。阿克苏市"119"指挥中心接到报警后，紧急调集拜城县消防中队及辖区八钢、金辉专职队共6辆大型水罐消防车30名官兵火速赶赴现场进行处置。经过消防官兵 10 个多小时的奋力扑救，成功将大火扑灭，避免了重大财产损失的发生。

秸秆沼气站与养殖场、造纸行业类似，一般也要在秸秆堆场储存几个月的生产量，秸秆极易燃烧，有时还会自燃，一旦发生火灾会造成严重损失，所以我们一定要引以为戒，做好原料场的消防工作。

2. 原因分析

（1）人为因素点燃。由于安全管理规章制度不健全，门卫管理松懈，外来人员随意出入，易被人点燃，造成人为纵火。

（2）秸秆自燃。秸秆在超量、超期、超时、含水量大的情况下存放，在微生物的作用下，温度上升，加上通风效果不好，散热不良，形成阴燃，引起火灾。

（3）原料场与周围居民、工业建筑、道路、通讯、电力架空线路的防火间距不够。原料场布局不合理，靠近生活、生产区和公路、电力架空线路等，外来火种会引起堆垛着火。

（4）电源、火源管理不当。

在原料场中间或周围架设临时电气线路及照明灯具烤燃可燃物，致成火灾。

电气线路、电气设备安装不合理或设备、线路本身有故障以及雷击引起火灾。

在原料场内使用电焊、气焊、气割或人员吸烟、使用明火引起火灾。

运输设备因摩擦、撞击产生火花，原料场内的汽车等车辆排出火星或秸秆接触高温部件而着火。

秸秆随地丢弃、管理不善不能及时清理，车辆转动部位被散秸秆缠住，摩擦生热，引燃秸秆或车辆油箱而着火。

运输秸秆期间，设备与地面、秸秆与地面之间摩擦起热，火星引燃秸秆。

运输车辆线路老化，散热系统散热差等原因，车辆自燃，引燃秸秆。

在原料场违章动火，玩火，纵火，节日期间燃放烟花爆竹、孔明灯，内部职工、外来人员、随车人员吸烟等引燃秸秆。

3. 预防措施

（1）原料场的选址。

原料场应选在靠近气站所在地全年风向最小频率的上风侧，并设有充足的消防水源和畅通的消防车道。避免火灾事故的扩大，便于火灾事故的处理。

原料场地应当平坦，不积水，垛基要比自然地面高出 30cm，有缺陷的地方应及时修补。

（2）预防自燃的发生。

收购秸秆时严把湿度关。

专人定期检测堆垛温度，记录备案。对渗水、漏水、内部温度较高的秸秆垛应及时翻晒、晾垛，以防自燃。

做好雨季的防雨防雷击工作。避雷装置要覆盖整个原料场，避雷装置与堆垛应保持3m 以上的距离。雷雨季节，要对避雷装置进行检测。

（3）要加强用电设备的管理。

在原料场火灾事故中，因电器设备故障或电线短路而引起的火灾比较多，因此，在原料场内使用电器设备时必须严格执行安全操作规程。

电器设备如电焊机、电缆线（消防配电柜、照明电缆、其他工作电缆）等每年至少进行两次绝缘测定，每周或每月对电缆线外层进行检查，发现可能引起打火、短路、发热和绝缘不良等情况时必须及时维修，特别是原料场内有移动的电器设备如上垛机、自制消防车、电动抓草机的电缆线更应该认真、细致的检查。

电器设备和电线不准超负荷。保险装置应符合规定要求，开关须设有防护罩。

定期清除设备周围秸秆和粉尘。防止机械设备的轴承或照明灯具上，因运转时间较长，摩擦生热或灯泡烘烤而起火。

原料场工作结束时，应及时切断电源（不含消防供电系统、照明系统）。

（4）加强火源的管理。

健全保卫制度。门卫处应建立出入人员登记表，设置禁烟、禁火标志。

原料场周围要安装防飞火装置。原料场周围不得有人生火做饭。节假日期间，更应该注意烟花、孔明灯、未引燃的爆竹。节日期间秸秆垛应覆盖三防雨布或者用清水将秸秆垛打湿，特别是春节期间，用水打湿秸秆更是一个好计策。

原料场内严禁吸烟。因为麦草的着火点只有 200℃，而烟头表面温度一般是 200~300℃，中心温度可达 700~800℃，因此一颗小小的烟头却能引起一场火灾。

严禁使用明火。工作现场应配有灭火器材、消防水，地面用水浇湿。

加强对机动车辆的管理。外来送秸秆的车辆应停靠在原料场外 30min 左右。一方面使车辆高温部位进行冷却，另一方面观察外来车辆自身是否携带火种。外来车辆易产生火花部位要加装防护装置，排气管必须戴性能良好的防火帽，原料场内运输车辆水箱散热片应经常清理，防止水箱高温，水箱盖弹起伤人。同时还需要在车身上加装一个备用水箱，连接到刹车锅上，经常滴水，起到降温作用。司机平时应经常检查电瓶接线柱是否松动，因接触不好易氧化，打火造成车辆自燃。

要保持原料场现场清洁干净。原料场每班工作结束后，都要清理道路上撒落的秸秆，一旦出现火险可避免火烧连营。

（5）加强消防设施基础建设。原料场应当按照有关规定，设置消防设施，配备消防器材，并放置在标志明显、便于取用的地点。

九、杭州萧山江南养殖有限公司沼气厌氧反应罐爆炸事故调查报告

2016 年 1 月 15 日 12 时 40 分左右，位于杭州市萧山区南阳街道的杭州萧山江南养殖有限公司发生一起爆炸事故，造成 2 人死亡，1 人轻伤，直接经济损失 167 万元。

2016 年 1 月 15 日，杭州市安全监管局接到杭州市 110 联动事故报告后立即赶往事故现场。因杭州萧山江南养殖有限公司处围垦地块，萧山区和大江东产业集聚区对其安全监管属地管辖权存在争议，1 月 18 日上午，杭州市政府召开关于杭州萧山江南养殖有限公司安全监管职责等有关问题的专题协调会，会上依据有关法律法规和文件规定，决定将该起事故提级调查，成立由市安全监管局、市监察局、市公安局、市总工会、市

农业局、市农办及市建委等有关部门参加的"1·15"爆炸事故调查组，并邀请市检察院派员参加，赴事故现场开展事故调查工作。

事故调查组按照"四不放过"和"科学严谨、依法依规、实事求是、注重实效"的原则，深入事故现场进行勘察，调查询问有关当事人、查阅有关资料，并委托浙江省安全生产科学研究院进行技术鉴定（时间为 2016 年 1 月 20 日至 3 月 31 日），查明了事故发生的经过和原因，认定了事故性质和责任，提出了对有关责任人员、责任单位的处理建议和防范措施。

（一）基本情况

1. 建设单位概况

杭州萧山江南养殖有限公司（以下简称江南养殖公司）成立于 2000 年 6 月 21 日，企业住所：萧山区南阳街道南丰村围垦，企业注册号：330181000069827，注册资本 3 880 万元。经营范围：种猪繁殖，生猪养殖。法定代表人毕秋叶，总经理张坚明，公司有员工 100 多人，其中管理人员 20 人。

2. 施工企业概况

杭州清城能源环保工程有限公司（以下简称清城环保公司）成立于 2004 年 4 月 21 日，企业住所：杭州市下城区东新路 533 号蔚蓝国际大厦 1 号楼 1001 室，企业注册号：330103000085497，注册资本 1 600 万元。经营范围：服务（环保工程的咨询、设计、施工，新能源工程、环境工程和可再生能源的技术开发，承接建筑工程、市政工程、室内外装饰工程），批发、零售（环保设备，非标设备，机电设备，五金交电，建筑材料，金属材料）。法定代表人，吴赛明。目前公司有员工百余人，其中管理人员 20 余人。公司具有安全生产许可证书，许可范围：建筑施工，有效期至 2017 年 10 月 9 日。

清城环保公司具有的建筑企业资质证书，由浙江省建设厅 2007 年 3 月 2 日核发，证书编号：B3214330104020-6/2，有效期至 2017 年 12 月 18 日。根据《住房城乡建设部关于印发〈建筑业企业资质标准〉的通知》（建市〔2014〕159 号）、《住房城乡建设部关于印发〈建筑业企业资质管理规定和资质标准实施意见〉的通知》（建市〔2015〕20 号）及浙江省住建厅《关于我省换发新版建筑业企业资质证书的通知》（建发〔2015〕421 号）文件规定，建筑企业从 2015 年 1 月 1 日起实行新版《建筑业企业资质标准》，清城环保公司对应为环保工程专业承包叁级资质，可承担污染修复工程、生活垃圾处理处置工程中型以下以及其他小型环保工程的施工。

3. 工程及施工概况

该工程项目为杭州萧山江南养殖有限公司沼气利用及污水处理二期工程（一期工程于 2013 年 2 月投入使用），由清城环保公司负责施工图设计、设备及其安装工程一次性包干，项目总投资 633 万元，污废水处理后出水达到国家污水综合排放一级标准。项目设计处理规模 1 000t/d，采用"CSTR+UASB+气浮+A/O+A/O+A/O"工艺，厌氧产生的沼气发电后用于污水处理过程中所需的电能。工程主要建设内容包括：1 000m³ 的集水池 1 座，1 000m³ 的酸化池 1 座，1 500m³ 的 CSTR 厌氧反应器 4 座，300m³ 的进料配水池 3 座，1 500m³ 的 UASB 厌氧反应器 2 座，1 000m³ 竖流式沉淀池 1 座，1 000m³ 双膜贮气柜 1 座，气浮池 1 座，1 440m³ 一级 A 池 1 座，2 900m³ 一级 O 池 1 座，

1 570m³二级 A/O 池 1 座，3 800m³三级 A/O 池 1 座，7 845m³新建 A/O 组合池 1 座，4 010m³新建 A/O 组合池 1 座，650m³深度处理池 2 座，1 100m³芬顿反应池 1 座，氧化塘 12 500m³，115m³污泥浓缩池 1 座，150m³污泥浓缩池 1 座，设备用房 830m²。2015年 10 月 20 日项目开工。

4. 事故发生前现场情况

事故发生前主体工程基本完工。发生爆炸的 3 号厌氧罐高 12m，直径 12.99m，容积 1 500m³，主壁为 5～8mm 厚的搪瓷钢板拼接（密封胶密封），L10mm×8mm 角钢加固，外层为 10～12mm 的聚四氟乙烯保温板，表层为彩钢板铆接。罐顶中心设有沼气导出口，侧边设有溢流口，均有安全水封装置。至 2016 年 1 月 13 日，罐体、管道及保温层基本施工完毕，沼气导出口管道已安装完毕，阀门呈关闭状态。1 月 14 日，施工人员对 3 号厌氧罐顶保温层工艺孔进行修补（打孔、铆接），当日 14 时开始向新建厌氧罐内阶段性进料（具有厌氧活性污泥成分的污水），至事故发生时罐内污水约为 330m³（液位约为 2.5m）。1 月 15 日中午罐顶保温层修补完毕后开始清扫工作，此时沼气导出口和物料溢流口水封装置均未进行水封，罐内外气体直接相通。

（二）事故经过

2016 年 1 月 15 日 12 时 30 分，清城环保公司现场负责人周兰胜安排韩李伟、武新平 2 人到 3 号厌氧罐顶做清扫工作，安排刘延、王元圆、韩俊峰、左鹏飞和左林伟 5 人到 2 号厌氧罐顶（距 3 号厌氧罐 2m 左右）进行打铆钉及清扫工作，左随刚、周龙龙、贾军林 3 人到沉淀池刷油漆，同时三个厌氧罐继续进料。12 点 40 分左右，3 号厌氧罐突然发生爆炸，罐顶（约 2t 重）向西南方向飞出 30m 左右后落下，在罐顶作业的韩李伟被甩到罐顶西南向 10m 左右的河面上，武新平被甩到罐顶东南向 10m 左右的河面上，两人相距 15m 左右。2 号厌氧罐顶的 5 人，左林伟昏厥、腿部骨折，被其他 4 人背下厌氧罐，韩俊峰脸部轻伤。周兰胜从距离厌氧罐 50m 左右的地方跑过来，查看情况后立即安排车将伤者送往医院，并继续寻找韩李伟、武新平，同时拨打 120 急救电话。救护车到现场后，将 2 人送往医院进行抢救，后因伤势过重、抢救无效死亡。

（三）事故原因和性质

1. 直接原因

清城环保公司违反施工组织方案，在新建厌氧罐体施工未完成全部安装、未投入使用的情况下向罐内进料，导致污水发酵产生的沼气（主要成分为甲烷）与厌氧罐内部空气混合，形成爆炸性混合气体并达到爆炸浓度下限，从沼气导出口水封装置不断向罐顶泄漏；在进料的同时安排人员在罐顶作业，作业人员韩李伟违规在罐顶吸烟形成点火源，引起罐内气体在有限空间内瞬间发生爆炸，产生巨大能量将罐顶掀飞，致韩李伟、武新平两人随同罐顶飞出从高处坠落至水面，经抢救无效死亡。

2. 间接原因

（1）清城环保公司施工组织管理不到位。清城环保公司未严格按照施工组织设计和施工方案开展罐体安装工作，在罐体施工未完成全部安装、未投入使用的情况下就开始进料；在罐内产生的气体从罐顶水封装置不断泄漏的情况下，依旧安排作业人员在罐顶进行作业，形成了边运行边施工的交叉作业环境。

（2）清城环保公司安全管理不到位。现场管理只有项目负责人周兰胜一人，同时担负现场的施工安全管理，未专门配备安全管理人员，未能有效进行安全监管；作业前只交代工作任务和施工注意事项，没有讲明罐上施工存在的安全隐患，也没有采取员工火种检查等措施，在工人上罐前未发现工人携带火种上罐进行施工的违规行为。

（3）清城环保公司安全教育不到位。未对新员工进行岗前安全培训教育，现场作业人员中，韩李伟（死者）、周龙龙和贾军林3人于1月14日（事故发生前一天）直接到工地上岗，未进行任何安全培训教育，致使员工缺乏基本的安全意识和安全知识；作业前未进行施工安全交底，未告知作业人员厌氧罐内的气体为易燃气体，遇火源可能发生爆炸，致使作业人员对现场吸烟可能引发爆炸的危险性认知不足。

（4）管理及施工人员安全意识不足。清城环保公司管理人员对危险因素辨识能力不足，公司总经理、总工、工程部经理（安全员）及项目负责人都知道厌氧罐进料后产生的气体具有火灾爆炸危险，但均认为动火作业结束就可以进料，致使管理层从上到下违章指挥、违反施工方案、简化施工程序；操作人员安全意识较低，对施工安装规程和施工方案不理解、不掌握，导致未拒绝现场的违章指挥，在有甲烷产生的罐体顶部进行作业，并违规使用明火。

（5）江南养殖公司对施工方的安全监管不到位。江南养殖公司未安排专人负责施工现场安全监管工作，或安排第三方进行监理，错误地认为安全生产责任完全由施工方承担，从而导致其对安全管理的缺位，对清城环保公司不按施工方案进行施工的行为未进行及时制止。

3. 事故性质

经调查认定，杭州清城能源环保工程有限公司"1·15"爆炸事故是一起生产安全责任事故。

（四）事故责任分析及对有关责任单位和责任人的处理建议

韩李伟，普工，安全意识淡薄，在禁火区域违规吸烟，引发厌氧罐爆炸，对这起事故负有直接责任，鉴于其已在事故中死亡，不予追究。

周兰胜，清城环保公司工程项目负责人，全面负责该工程现场管理。未能认真履行安全生产工作职责，安全管理不力，新员工到工程部后未进行安全教育培训直接安排上岗作业；作业前未对作业人员进行施工安全交底，告知作业场所和工作岗位存在的危险因素及防范措施；现场安全管理不到位，未及时发现作业人员吸烟的违规行为，明知提前进料违反施工方案仍冒险操作，对这起事故负有主要管理责任，建议司法机关依法追究其刑事责任。

王忠富，清城环保公司工程部经理兼安全员，负责工程监管、人员录用及安全教育培训。对员工的安全培训教育不到位，招聘新员工后未进行安全教育培训直接安排到施工工地进行作业；为赶工期，明知提前进料违反施工方案，在施工未结束的情况下仍让其下属提前进料，对这起事故负有安全监管责任，建议司法机关依法追究其刑事责任。

袁良平，清城环保公司总工程师，分管工程施工、安全管理和工程设计。未认真履行本岗位职责，对公司安全生产教育、培训、考核工作监管不到位，未认真检查员工安全教育培训情况；未有效督促检查本单位的安全生产工作，对违反施工方案提前进料的情况未进行阻止，未排除重大安全隐患，对这起事故的发生负有安全监管责任，建议清城环保公司根据公司安全生产责任制规定给予相应处理。

吴赛明，清城环保公司法定代表人、总经理，未认真履行安全生产工作职责，未有效组织实施本单位安全生产教育和培训计划，未能有效督促检查本单位的安全生产工作，明知提前进料违反施工方案，在施工未结束的情况下仍让其下属安排提前进料事宜，对这起事故的发生负有直接领导责任，建议杭州市安全生产监督管理局根据安全生产法律、法规的规定给予行政处罚。

清城环保公司违反施工组织方案进行施工，安全教育不到位，作业前未进行施工安全交底，对这起事故负有直接管理责任。建议杭州市安全生产监督管理局根据安全生产法律、法规的规定给予行政处罚。

江南养殖公司未对施工单位的安全生产进行统一协调、管理，未安排专人负责施工现场安全监管工作，对清城环保公司不按施工方案进行施工的行为未进行及时制止。建议由杭州市农业主管部门根据相关法律、法规给予处理。

（五）整改及防范措施

清城环保公司要认真分析这起事故的原因，吸取事故教训，切实落实安全生产责任，加强施工现场安全管理和日常检查，规范进行现场安全技术交底工作；充分论证潜在风险，科学编制施工方案，严格按照施工方案进行施工；加强对作业人员安全培训教育，提高作业人员的安全意识，防止此类事故的再次发生，确保安全生产。

江南养殖公司要认真汲取这起事故教训，认真落实安全生产责任制。举一反三，进一步落实施工现场的安全监管职责；加强施工现场的安全检查，督促施工单位按施工方案组织施工，对发现施工现场存在的安全隐患，要及时通知施工单位立即整改，防止安全事故发生。

萧山区南阳街道要进一步落实属地安全监管责任，加强对重点工程项目的安全监管，加强安全生产检查，督促建设单位和施工单位落实安全生产责任制，确保安全生产。

萧山区农业主管部门要切实履行行业安全监管职责，严格按照《浙江省沼气开发利用促进办法》和《浙江省沼气利用工程作业方案及建设档案管理办法》等有关规定，加强沼气开发利用项目安全监管工作，认真做好施工项目审查、备案、检查及验收工作，及时办理相关手续，确保安全施工。

十、南大环保科技服务泰兴有限公司沼气厌氧反应罐爆炸事故调查报告

2015 年 10 月 23 日 9 时 40 分左右，南大环保科技服务泰兴有限公司 12 000 吨/天高浓有机废水资源化处理工程（以下简称：废水处理工程）在施工过程中，ECSB 厌氧反应罐发生爆炸，造成 4 人死亡，1 人受伤，直接经济损失约 2 698.37 万元人民币。

事故发生后，泰州市委、市政府主要领导高度重视，分别做出批示。泰州市政府分管领导、泰州市安监局主要领导、泰兴市委、市政府领导及相关部门负责人等在接报后的第一时间赶到事故现场，指挥协调事故应急处理、善后处理和事故调查工作。省安监

局当日派员赶赴事故现场，跟踪了解和指导事故调查有关工作。

根据《安全生产法》和《生产安全事故报告和调查处理条例》等法律法规，泰州市政府于事故当日成立事故调查组，由泰州市安监局牵头，会同泰州市监察局、公安局、总工会、住建局、环保局、建工局等部门组成事故调查组，并邀请泰州市检察院参加事故调查工作。事故调查组还聘请了3名专家组成技术鉴定专家组，开展事故调查工作。调查组通过现场勘察、调查取证、综合分析，查明了事故原因，认定了事故性质和责任，提出了对责任单位和有关人员的处理建议，并提出事故防范及整改措施建议。现将有关情况报告如下。

（一）基本情况

1. 事故相关单位情况

（1）南大环保科技服务泰兴有限公司（以下简称：南大泰兴公司），废水处理工程建设方。

（2）江苏南大环保科技有限公司（以下简称：江苏南大公司），废水处理工程总承包方。

（3）无锡践行中欧科技有限公司（以下简称：无锡践行公司），废水处理工程厌氧系统施工承包方。

（4）胜利油田胜利动力机械集团有限公司（以下简称：胜动集团公司），废水处理工程沼气发电系统施工承包方。

（5）泰州祥和项目管理有限公司（以下简称：祥和监理公司），废水处理工程监理方。

（6）信邦建设工程有限公司（以下简称：信邦公司），废水处理工程沼气发电系统设备安装方。

（7）安阳鑫源安装有限公司（以下简称：安阳鑫源公司），废水处理工程厌氧系统罐体安装方。

2. 事故工程概况

废水处理工程位于泰兴经济开发区新港南路20号，由南大泰兴公司投资建设，总投资约1.2亿元人民币，主要用于处理有机废水、发电。项目分2期施工，1期工程主要包含土建工程、厌氧系统、好氧系统、沼气发电系统等，投资约7 000万元人民币。

（1）工程发包情况。

南大泰兴公司将废水处理工程直接发包给江苏南大公司，由江苏南大公司总承包，并委托祥和监理公司对工程实施监理。

江苏南大公司将该工程划分为土建工程、厌氧系统、好氧系统、沼气发电系统4个标段，进行专业分包。其中，厌氧系统的施工及技术指导分包给无锡践行公司，无锡践行公司将厌氧系统的罐体安装分包给安阳鑫源公司。沼气发电系统的施工分包给胜动集团公司，胜动集团公司将其中的沼气发电机组及附属设备的安装分包给信邦公司。

（2）厌氧系统情况。

厌氧系统的工作原理为：收集的废水进入NT中和罐进行调质后，再进入ECSB厌氧反应罐与颗粒污泥发生生物转化反应，将废水中的有机物转化为沼气，沼气导出用于发电。处理后的废水再进入 NT 中和罐与收集的废水进行混合调质，循环利用。

至事故发生时，NT 中和罐、ECSB 厌氧反应罐（高约 22m，直径约 16m）本体安装结束，胜动集团公司正在对其安装外接管道。

3. 监管情况

废水处理建设项目于 2015 年 6 月 15 日通过江苏泰兴经济开发区管委会审查，之后该项目又陆续取得了泰兴市相关部门的项目立项、环境评价、土地规划等批文，并通过了安全生产条件分析、论证，到 2015 年 10 月 23 日事故发生时，未取得施工许可证。2015 年 5 月 6 日，南大泰兴公司在工程没有取得施工许可证的情况下，同意工程开工。泰兴经济开发区管委会作为该工程的建设主管部门，未制止该工程无施工许可证施工行为。

（二）事故发生经过、应急救援情况

1. 事故发生经过

因厌氧系统需要调试，在 ECSB 厌氧反应罐部分外接管道未安装、工程未完工的情况下，江苏南大公司与无锡践行公司商定，提前向厌氧反应罐投放颗粒污泥，培养厌氧反应罐内厌氧环境，由江苏南大公司负责采购、投放颗粒污泥，无锡践行公司负责技术指导。

2015 年 10 月 8 日，江苏南大公司技术负责人王林平通知祥和监理公司，近期将向厌氧反应罐投放颗粒污泥，10 月 20 日加入废水会反应产生沼气，10 月 20 日以后不能再在厌氧反应罐周围动火作业。10 月 15 日左右，王林平又将该情况通知了胜动集团公司项目经理张岩基，张岩基将该情况告知了信邦公司施工队长汪彬。

2015 年 10 月 11—21 日，江苏南大公司陆续向厌氧反应罐内投放了约 480t 颗粒污泥，一直未加废水。

2015 年 10 月 21 日，祥和监理公司因厌氧反应罐西北侧的 1 根沼气外接管道焊接质量不符合要求，向胜动集团公司发出《工程联系单》要求返工，张岩基签收后安排汪彬落实返工。22 日，汪彬安排副队长王朋、焊工杜卫东和小工李玉秋按《工程联系单》要求返工。当天，王朋等 3 人用钢管和跳板，紧靠厌氧反应罐西北侧盘梯搭设了一个高 2.75m 的返工操作平台，并将存在焊接质量问题的钢管切割下来。

10 月 23 日上午上班后，王朋、杜卫东和李玉秋在厌氧反应罐西北侧地面准备焊接的钢管。9 时左右，安阳鑫源公司的李会明、刘玉龙、甘华卫、靳新庆和秦雪亮 5 人到厌氧反应罐罐体上铆固保温棉护板。甘华卫、靳新庆和秦雪亮 3 人将安全绳系在罐顶围栏上，挂在罐体南侧作业，李会明和刘玉龙 2 人在罐顶监护。9 时 30 分左右，杜卫东和李玉秋 2 人爬上返工操作平台焊接钢管，李玉秋扶住焊接钢管上口，杜卫东负责焊接，王朋则在地面上扶住钢管下口。9 时 40 分左右，杜卫东开始对钢管接口电焊，约几秒钟后，焊接接口及钢管下口有热流喷出，随即发出一声巨响，厌氧反应罐爆炸，反应罐顶盖被炸飞，掉落在西南方向约 50m 处的污水处理池盖上。爆炸时，王朋、杜卫东和李玉秋 3 人陆续逃离了现场。甘华卫、靳新庆和秦雪亮 3 人的安全绳断裂，掉在厌氧反应罐西侧平台上。李会明和刘玉龙 2 人掉进厌氧反应罐内。

2. 应急处置情况

事故发生后，现场施工人员立即拨打 119、110 和 120 急救电话，并立即组织施救。接到事故报告后，泰兴市安监局、公安消防、泰兴经济开发区管委会等部门（单位）负责人第一时间赶赴现场，指导应急处置。

甘华卫、靳新庆和秦雪亮 3 人先被现场施救人员抬下送去泰兴市人民医院抢救，李会明和刘玉龙 2 人被稍后赶到的消防队员从厌氧反应罐内救出后送去泰兴市人民医院抢救。李会明、刘玉龙、甘华卫和靳新庆 4 人经医院抢救无效于当日死亡，秦雪亮目前仍在泰兴市人民医院治疗。

（三）事故造成的人员伤亡及直接经济损失

1. 伤亡人员情况

事故共造成 4 人死亡，1 人受伤。

2. 事故造成的直接经济损失

事故造成直接经济损失约 2 698.37 万元人民币。

（四）事故原因和性质

1. 事故原因

（1）直接原因。2015 年 10 月 11 日至 10 月 21 日陆续投放厌氧反应罐内的颗粒污泥来自其他厌氧系统，夹杂少量未完全降解的有机废水，颗粒污泥在厌氧反应罐内自身代谢产生沼气。事发时，因施工人员焊接钢管产生火花，引发罐体内沼气爆炸。

（2）间接原因。

①改变了施工程序，但未重新编制施工方案：江苏南大公司改变了原编制的施工程序，在工程未完工的情况下，提前向厌氧反应罐内投放颗粒污泥，但未针对性地重新组织研究、编制新的施工方案。

②安全交底不彻底：王林平在征询无锡践行公司技术员戴朝杰能否提前向厌氧反应罐内投放颗粒污泥的意见时，戴朝杰未明确交代颗粒污泥在未加入废水的情况下自身会产生沼气，造成相关施工单位及施工人员误认为颗粒污泥不加废水就不会产生沼气。

③安全管理不到位：

江苏南大公司虽然通知了有关施工单位及施工人员在 20 日之后不能再在厌氧反应罐周围动火作业，但在 20 日之后未制止在厌氧反应罐周围动火作业。施工协调不到位，事发当天现场存在 2 家施工单位人员在厌氧反应罐罐体上上、下交叉作业。

无锡践行公司对投放颗粒污泥的技术交底工作检查不到位，未能及时发现交底不彻底的问题；在厌氧反应罐投放颗粒污泥后，现场安全检查不到位，未能及时发现并制止现场动火作业。

胜动集团公司在施工现场未设置安全管理机构，仅派一名不具备上岗资格的项目经理在现场实施管理。在江苏南大公司通知 20 日之后不能在厌氧反应罐周围动火作业的情况下，未向江苏南大公司提出动火作业申请，直接安排人员动火作业。

祥和监理公司超资质承接机电安装工程监理业务。在工程施工期间，将现场监理人员抽走，仅留下 1 名总监对工程实施监理。对胜动集团公司不在现场设置安全管理机构的问题未采取强制措施。安全巡查不到位，未能及时发现、制止 20 日后在厌氧反应罐上动火作业及事发当日的交叉作业。

④政府部门监管不到位：废水处理工程自开工以来，一直未取得施工许可证，但泰兴经济开发区管委会未对该违章建设行为做出处理，监管不到位。

2. 事故性质

调查组经过对事故原因的调查分析，认定这是一起生产安全责任事故。

（五）事故责任的认定以及对事故责任单位和人员的处理建议

1. 事故责任人及处理建议

（1）张岩基，作为胜动集团公司项目经理，不具备项目经理上岗资格；接到江苏南大公司通知 20 日之后不能在厌氧反应罐周围动火作业后，在未向江苏南大公司提出动火作业申请的情况下，仍直接安排人员动火作业，对此次事故的发生负有直接责任，建议由司法机关依法追究刑事责任。

（2）戴朝杰，作为无锡践行公司技术员，具体负责厌氧反应罐的调试指导工作，在王林平向其征询能否提前向厌氧反应罐投放颗粒污泥的意见时，未明确交代颗粒污泥在未加入废水的情况下自身会产生沼气，对此次事故的发生负有重要责任，建议由司法机关依法追究刑事责任。

（3）汪彬，作为信邦公司施工队长，已经接到 20 日之后不能在厌氧反应罐周围动火作业的通知，但在张岩基通知其 21 日进行返工作业时，未对动火作业提出异议，在未向江苏南大公司提出动火作业申请的情况下直接安排动火作业，对此次事故的发生负有重要责任，建议由司法机关依法追究刑事责任。

（4）蒋国雄，作为江苏南大公司法定代表人，未对工程实施安全检查，未及时发现并消除本公司改变施工程序不重新组织编制新的施工方案的隐患，对此次事故的发生负有管理责任，根据《安全生产法》第九十二条第二项"生产经营单位的主要负责人未履行本法规定的安全生产管理职责，导致发生生产安全事故的，由安全生产监督管理部门依照下列规定处以罚款：（二）发生较大事故的，处上一年年收入百分之四十的罚款"的规定，建议由泰州市安监局对蒋国雄处以 2014 年年收入 40% 的罚款。

（5）陈宜亮，作为胜动集团公司法定代表人，未对工程实施安全检查，未及时发现并消除本公司在施工现场未设置安全管理机构、仅派一名不具备上岗资格的项目经理在现场实施管理的隐患，对此次事故的发生负有管理责任，根据《安全生产法》第九十二条第二项"生产经营单位的主要负责人未履行本法规定的安全生产管理职责，导致发生生产安全事故的，由安全生产监督管理部门依照下列规定处以罚款：（二）发生较大事故的，处上一年年收入百分之四十的罚款"的规定，建议由泰州市安监局对陈宜亮处 2014 年年收入 40% 的罚款。

（6）魏国红，作为江苏南大公司项目经理，在本公司改变了原编制的施工程序后，未重新组织编制新的施工方案；未对事发当日现场交叉作业进行协调、管理，对此次事故的发生负有管理责任，建议由江苏南大公司按公司内部规章处理，处理结果报泰州市安委办。

（7）万路波，作为无锡践行公司项目经理，虽然安排戴朝杰具体负责厌氧反应罐的调试指导工作，但对调试技术交底工作及调试现场未尽到检查、督促职责，对此次事故的发生负有一定责任，建议由无锡践行公司按公司内部规章处理，处理结果报泰州市安委办。

（8）李圣，作为祥和监理公司总监，安全巡查不到位，未能及时发现、制止 20 日后在厌氧反应罐上动火作业及事发当日的交叉作业，对此次事故的发生负有监理责任，建议由祥和监理公司按公司内部规章处理，处理结果报泰州市安委办。

（9）李晶明，作为泰兴经济开发区管委会副主任，分管该项目建设工作，对该项目监管不到位，负有领导责任，建议由泰兴市监察部门对其进行诫勉谈话。

2. 事故责任单位及处理建议

（1）江苏南大公司，作为废水处理工程总承包方，改变了原编制的施工程序，但未针对性地重新组织研究、编制新的施工方案；虽然通知了有关施工单位及施工人员在 20 日之后不能再在厌氧反应罐周围动火作业，但在 20 日之后未制止在厌氧反应罐周围动火作业；施工协调不到位，事发当天现场存在 2 家施工单位人员在厌氧反应罐罐体上上、下交叉作业，对此次事故的发生负有主要责任，根据《安全生产法》第一百零九条第二项"发生生产安全事故，对负有责任的生产经营单位除要求其依法承担相应的赔偿等责任外，由安全生产监督管理部门依照下列规定处以罚款：（二）发生较大事故的，处五十万元以上一百万元以下的罚款"的规定，建议由泰州市安监局对江苏南大公司处 60 万元人民币罚款的行政处罚。

（2）无锡践行公司，作为废水处理工程厌氧系统的施工及技术指导方，对投放颗粒污泥的技术交底工作检查不到位，未能及时发现交底不彻底的问题；在厌氧反应罐投放颗粒污泥后，现场安全检查不到位，未能及时发现并制止现场动火作业，对此次事故的发生负有重要责任，根据《安全生产法》第一百零九条第二项"发生生产安全事故，对负有责任的生产经营单位除要求其依法承担相应的赔偿等责任外，由安全生产监督管理部门依照下列规定处以罚款：（二）发生较大事故的，处五十万元以上一百万元以下的罚款"的规定，建议由泰州市安监局对无锡践行公司处 50 万元人民币罚款的行政处罚。

（3）胜动集团公司，作为废水处理工程沼气发电系统的施工承包方，未在施工现场设置安全管理机构，仅派一名不具备上岗资格的项目经理在现场实施管理；在江苏南大公司通知 20 日之后不能在厌氧反应罐周围动火作业的情况下，未向江苏南大公司提出动火作业申请，直接安排人员动火作业，对此次事故的发生负有重要责任，根据《安全生产法》第一百零九条第二项"发生生产安全事故，对负有责任的生产经营单位除要求其依法承担相应的赔偿等责任外，由安全生产监督管理部门依照下列规定处以罚款：（二）发生较大事故的，处五十万元以上一百万元以下的罚款"的规定，建议由泰州市安监局对胜动集团公司处 50 万元人民币罚款的行政处罚。

（4）祥和监理公司，超资质承接机电安装工程监理业务；在工程施工期间，将现场监理人员抽走，仅留下 1 名总监对工程实施监理；对胜动集团公司在施工现场未设置安全管理机构的问题未采取强制措施；安全巡查不到位，未能及时发现、制止 20 日后在厌氧反应罐上动火作业及事发当日的交叉作业，对此次事故的发生负有重要责任，根据《安全生产法》第一百零九条第二项"发生生产安全事故，对负有责任的生产经营单位除要求其依法承担相应的赔偿等责任外，由安全生产监督管理部门依照下列规定处以罚款：（二）发生较大事故的，处五十万元以上一百万元以下的罚款"的规定，建议由泰州市安监局对祥和监理公司处 50 万元人民币罚款的行政处罚。

（5）南大泰兴公司，在废水处理工程未办理施工许可证的情况下，同意工程开工建设；委托不具备机电安装工程监理资质的祥和监理公司实施工程监理，建议由泰兴市住建局依法给予行政处罚。

（6）泰兴经济开发区管委会，未对废水处理工程违章建设行为做出处理，监管不到位，对此次事故的发生负有一定责任，建议泰兴经济开发区管委会向泰兴市人民政府做出书面检查。

（六）事故防范和整改措施建议

（1）江苏南大公司应认真履行项目总承包职责，应研究、了解施工各环节潜在的危险，编制工程施工方案，指导各承建单位按方案施工，本次工程中尤其要认真组织制订事故厌氧反应罐中的颗粒污泥导出、置换施工方案，做好技术交底工作；应与各承包单位签订专门的安全生产管理协议，明确各自的安全生产职责；应切实做好安全生产统一协调、管理工作，定期进行安全检查，发现安全问题的，应当及时督促整改。

（2）无锡践行公司应从此次事故中深刻吸取教训，应建立健全本单位的安全生产责任制，层层落实安全生产责任；在项目施工过程中，应将工艺或施工过程中的危险因素及时告知有关单位，协助有关单位制定相应的安全防范措施，确保施工各环节的安全生产。

（3）胜动集团公司应严格遵守安全生产相关法律、法规，在现场设置安全管理机构，配足配齐安全管理人员；应加强对员工的教育培训，确保相应岗位人员持证上岗；应加强施工现场安全管理，健全危险作业管理制度，规范施工人员作业行为。

（4）祥和监理公司应在本公司资质范围内承揽监理业务；应按要求配足配齐监理人员，督促其认真履行监理职责；加强施工现场安全巡查，发现存在事故隐患的，要求施工单位整改，施工单位拒不整改或者不停止施工的，应当及时向有关主管部门报告。

（5）南大泰兴公司应严格遵守法律法规的规定，建设工程应及时办理有关项目手续，禁止无证建设行为；应加强承包单位资质审查，确保具备相应资质的单位承揽工程。

（6）泰兴经济开发区管委会应通过事故认真吸取教训，举一反三，对辖区内所有在建项目进行排查，督促企业完善项目建设手续，对手续不全的项目应一律停止施工；应进一步落实企业主体责任和政府部门监管责任，督促企业加大隐患排查治理力度，切实开展在建项目安全检查，及时消除各类事故隐患。

附录5：中华人民共和国安全生产法

中华人民共和国主席令

第十三号

《全国人民代表大会常务委员会关于修改〈中华人民共和国安全生产法〉的决定》已由中华人民共和国第十二届全国人民代表大会常务委员会第十次会议于 2014 年 8 月 31 日通过，现予公布，自 2014 年 12 月 1 日起施行。

中华人民共和国主席　习近平

2014 年 8 月 31 日

目　　录

第一章　总　　则

第一条　为了加强安全生产工作，防止和减少生产安全事故，保障人民群众生命和财产安全，促进经济社会持续健康发展，制定本法。

第二条　在中华人民共和国领域内从事生产经营活动的单位（以下统称生产经营单位）的安全生产，适用本法；有关法律、行政法规对消防安全和道路交通安全、铁路交通安全、水上交通安全、民用航空安全以及核与辐射安全、特种设备安全另有规定的，适用其规定。

第三条　安全生产工作应当以人为本，坚持安全发展，坚持安全第一、预防为主、综合治理的方针，强化和落实生产经营单位的主体责任，建立生产经营单位负责、职工参与、政府监管、行业自律和社会监督的机制。

第四条　生产经营单位必须遵守本法和其他有关安全生产的法律、法规，加强安全生产管理，建立、健全安全生产责任制和安全生产规章制度，改善安全生产条件，推进安全生产标准化建设，提高安全生产水平，确保安全生产。

第五条　生产经营单位的主要负责人对本单位的安全生产工作全面负责。

第六条　生产经营单位的从业人员有依法获得安全生产保障的权利，并应当依法履行安全生产方面的义务。

第七条　工会依法对安全生产工作进行监督。

生产经营单位的工会依法组织职工参加本单位安全生产工作的民主管理和民主监

督，维护职工在安全生产方面的合法权益。生产经营单位制定或者修改有关安全生产的规章制度，应当听取工会的意见。

第八条 国务院和县级以上地方各级人民政府应当根据国民经济和社会发展规划制定安全生产规划，并组织实施。安全生产规划应当与城乡规划相衔接。

国务院和县级以上地方各级人民政府应当加强对安全生产工作的领导，支持、督促各有关部门依法履行安全生产监督管理职责，建立健全安全生产工作协调机制，及时协调、解决安全生产监督管理中存在的重大问题。

乡、镇人民政府以及街道办事处、开发区管理机构等地方人民政府的派出机关应当按照职责，加强对本行政区域内生产经营单位安全生产状况的监督检查，协助上级人民政府有关部门依法履行安全生产监督管理职责。

第九条 国务院安全生产监督管理部门依照本法，对全国安全生产工作实施综合监督管理；县级以上地方各级人民政府安全生产监督管理部门依照本法，对本行政区域内安全生产工作实施综合监督管理。

国务院有关部门依照本法和其他有关法律、行政法规的规定，在各自的职责范围内对有关行业、领域的安全生产工作实施监督管理；县级以上地方各级人民政府有关部门依照本法和其他有关法律、法规的规定，在各自的职责范围内对有关行业、领域的安全生产工作实施监督管理。

安全生产监督管理部门和对有关行业、领域的安全生产工作实施监督管理的部门，统称负有安全生产监督管理职责的部门。

第十条 国务院有关部门应当按照保障安全生产的要求，依法及时制定有关的国家标准或者行业标准，并根据科技进步和经济发展适时修订。

生产经营单位必须执行依法制定的保障安全生产的国家标准或者行业标准。

第十一条 各级人民政府及其有关部门应当采取多种形式，加强对有关安全生产的法律、法规和安全生产知识的宣传，增强全社会的安全生产意识。

第十二条 有关协会组织依照法律、行政法规和章程，为生产经营单位提供安全生产方面的信息、培训等服务，发挥自律作用，促进生产经营单位加强安全生产管理。

第十三条 依法设立的为安全生产提供技术、管理服务的机构，依照法律、行政法规和执业准则，接受生产经营单位的委托为其安全生产工作提供技术、管理服务。

生产经营单位委托前款规定的机构提供安全生产技术、管理服务的，保证安全生产的责任仍由本单位负责。

第十四条 国家实行生产安全事故责任追究制度，依照本法和有关法律、法规的规定，追究生产安全事故责任人员的法律责任。

第十五条 国家鼓励和支持安全生产科学技术研究和安全生产先进技术的推广应用，提高安全生产水平。

第十六条 国家对在改善安全生产条件、防止生产安全事故、参加抢险救护等方面取得显著成绩的单位和个人，给予奖励。

第二章　生产经营单位的安全生产保障

第十七条　生产经营单位应当具备本法和有关法律、行政法规和国家标准或者行业标准规定的安全生产条件；不具备安全生产条件的，不得从事生产经营活动。

第十八条　生产经营单位的主要负责人对本单位安全生产工作负有下列职责：

（一）建立、健全本单位安全生产责任制；

（二）组织制定本单位安全生产规章制度和操作规程；

（三）组织制定并实施本单位安全生产教育和培训计划；

（四）保证本单位安全生产投入的有效实施；

（五）督促、检查本单位的安全生产工作，及时消除生产安全事故隐患；

（六）组织制定并实施本单位的生产安全事故应急救援预案；

（七）及时、如实报告生产安全事故。

第十九条　生产经营单位的安全生产责任制应当明确各岗位的责任人员、责任范围和考核标准等内容。

生产经营单位应当建立相应的机制，加强对安全生产责任制落实情况的监督考核，保证安全生产责任制的落实。

第二十条　生产经营单位应当具备的安全生产条件所必需的资金投入，由生产经营单位的决策机构、主要负责人或者个人经营的投资人予以保证，并对由于安全生产所必需的资金投入不足导致的后果承担责任。

有关生产经营单位应当按照规定提取和使用安全生产费用，专门用于改善安全生产条件。安全生产费用在成本中据实列支。安全生产费用提取、使用和监督管理的具体办法由国务院财政部门会同国务院安全生产监督管理部门征求国务院有关部门意见后制定。

第二十一条　矿山、金属冶炼、建筑施工、道路运输单位和危险物品的生产、经营、储存单位，应当设置安全生产管理机构或者配备专职安全生产管理人员。

前款规定以外的其他生产经营单位，从业人员超过一百人的，应当设置安全生产管理机构或者配备专职安全生产管理人员；从业人员在一百人以下的，应当配备专职或者兼职的安全生产管理人员。

第二十二条　生产经营单位的安全生产管理机构以及安全生产管理人员履行下列职责：

（一）组织或者参与拟订本单位安全生产规章制度、操作规程和生产安全事故应急救援预案；

（二）组织或者参与本单位安全生产教育和培训，如实记录安全生产教育和培训情况；

（三）督促落实本单位重大危险源的安全管理措施；

（四）组织或者参与本单位应急救援演练；

（五）检查本单位的安全生产状况，及时排查生产安全事故隐患，提出改进安全生产管理的建议；

（六）制止和纠正违章指挥、强令冒险作业、违反操作规程的行为；

（七）督促落实本单位安全生产整改措施。

第二十三条 生产经营单位的安全生产管理机构以及安全生产管理人员应当恪尽职守，依法履行职责。

生产经营单位作出涉及安全生产的经营决策，应当听取安全生产管理机构以及安全生产管理人员的意见。

生产经营单位不得因安全生产管理人员依法履行职责而降低其工资、福利等待遇或者解除与其订立的劳动合同。

危险物品的生产、储存单位以及矿山、金属冶炼单位的安全生产管理人员的任免，应当告知主管的负有安全生产监督管理职责的部门。

第二十四条 生产经营单位的主要负责人和安全生产管理人员必须具备与本单位所从事的生产经营活动相应的安全生产知识和管理能力。

危险物品的生产、经营、储存单位以及矿山、金属冶炼、建筑施工、道路运输单位的主要负责人和安全生产管理人员，应当由主管的负有安全生产监督管理职责的部门对其安全生产知识和管理能力考核合格。考核不得收费。

危险物品的生产、储存单位以及矿山、金属冶炼单位应当有注册安全工程师从事安全生产管理工作。鼓励其他生产经营单位聘用注册安全工程师从事安全生产管理工作。注册安全工程师按专业分类管理，具体办法由国务院人力资源和社会保障部门、国务院安全生产监督管理部门会同国务院有关部门制定。

第二十五条 生产经营单位应当对从业人员进行安全生产教育和培训，保证从业人员具备必要的安全生产知识，熟悉有关的安全生产规章制度和安全操作规程，掌握本岗位的安全操作技能，了解事故应急处理措施，知悉自身在安全生产方面的权利和义务。未经安全生产教育和培训合格的从业人员，不得上岗作业。

生产经营单位使用被派遣劳动者的，应当将被派遣劳动者纳入本单位从业人员统一管理，对被派遣劳动者进行岗位安全操作规程和安全操作技能的教育和培训。劳务派遣单位应当对被派遣劳动者进行必要的安全生产教育和培训。

生产经营单位接收中等职业学校、高等学校学生实习的，应当对实习学生进行相应的安全生产教育和培训，提供必要的劳动防护用品。学校应当协助生产经营单位对实习学生进行安全生产教育和培训。

生产经营单位应当建立安全生产教育和培训档案，如实记录安全生产教育和培训的时间、内容、参加人员以及考核结果等情况。

第二十六条 生产经营单位采用新工艺、新技术、新材料或者使用新设备，必须了解、掌握其安全技术特性，采取有效的安全防护措施，并对从业人员进行专门的安全生产教育和培训。

第二十七条 生产经营单位的特种作业人员必须按照国家有关规定经专门的安全作业培训，取得相应资格，方可上岗作业。

特种作业人员的范围由国务院安全生产监督管理部门会同国务院有关部门确定。

第二十八条 生产经营单位新建、改建、扩建工程项目（以下统称建设项目）的安全设施，必须与主体工程同时设计、同时施工、同时投入生产和使用。安全设施投资应当纳入建设项目概算。

第二十九条　矿山、金属冶炼建设项目和用于生产、储存、装卸危险物品的建设项目，应当按照国家有关规定进行安全评价。

第三十条　建设项目安全设施的设计人、设计单位应当对安全设施设计负责。

矿山、金属冶炼建设项目和用于生产、储存、装卸危险物品的建设项目的安全设施设计应当按照国家有关规定报经有关部门审查，审查部门及其负责审查的人员对审查结果负责。

第三十一条　矿山、金属冶炼建设项目和用于生产、储存、装卸危险物品的建设项目的施工单位必须按照批准的安全设施设计施工，并对安全设施的工程质量负责。

矿山、金属冶炼建设项目和用于生产、储存危险物品的建设项目竣工投入生产或者使用前，应当由建设单位负责组织对安全设施进行验收；验收合格后，方可投入生产和使用。安全生产监督管理部门应当加强对建设单位验收活动和验收结果的监督核查。

第三十二条　生产经营单位应当在有较大危险因素的生产经营场所和有关设施、设备上，设置明显的安全警示标志。

第三十三条　安全设备的设计、制造、安装、使用、检测、维修、改造和报废，应当符合国家标准或者行业标准。

生产经营单位必须对安全设备进行经常性维护、保养，并定期检测，保证正常运转。维护、保养、检测应当作好记录，并由有关人员签字。

第三十四条　生产经营单位使用的危险物品的容器、运输工具，以及涉及人身安全、危险性较大的海洋石油开采特种设备和矿山井下特种设备，必须按照国家有关规定，由专业生产单位生产，并经具有专业资质的检测、检验机构检测、检验合格，取得安全使用证或者安全标志，方可投入使用。检测、检验机构对检测、检验结果负责。

第三十五条　国家对严重危及生产安全的工艺、设备实行淘汰制度，具体目录由国务院安全生产监督管理部门会同国务院有关部门制定并公布。法律、行政法规对目录的制定另有规定的，适用其规定。

省、自治区、直辖市人民政府可以根据本地区实际情况制定并公布具体目录，对前款规定以外的危及生产安全的工艺、设备予以淘汰。

生产经营单位不得使用应当淘汰的危及生产安全的工艺、设备。

第三十六条　生产、经营、运输、储存、使用危险物品或者处置废弃危险物品的，由有关主管部门依照有关法律、法规的规定和国家标准或者行业标准审批并实施监督管理。

生产经营单位生产、经营、运输、储存、使用危险物品或者处置废弃危险物品，必须执行有关法律、法规和国家标准或者行业标准，建立专门的安全管理制度，采取可靠的安全措施，接受有关主管部门依法实施的监督管理。

第三十七条　生产经营单位对重大危险源应当登记建档，进行定期检测、评估、监控，并制定应急预案，告知从业人员和相关人员在紧急情况下应当采取的应急措施。

生产经营单位应当按照国家有关规定将本单位重大危险源及有关安全措施、应急措施报有关地方人民政府安全生产监督管理部门和有关部门备案。

第三十八条 生产经营单位应当建立健全生产安全事故隐患排查治理制度，采取技术、管理措施，及时发现并消除事故隐患。事故隐患排查治理情况应当如实记录，并向从业人员通报。

县级以上地方各级人民政府负有安全生产监督管理职责的部门应当建立健全重大事故隐患治理督办制度，督促生产经营单位消除重大事故隐患。

第三十九条 生产、经营、储存、使用危险物品的车间、商店、仓库不得与员工宿舍在同一座建筑物内，并应当与员工宿舍保持安全距离。

生产经营场所和员工宿舍应当设有符合紧急疏散要求、标志明显、保持畅通的出口。禁止锁闭、封堵生产经营场所或者员工宿舍的出口。

第四十条 生产经营单位进行爆破、吊装以及国务院安全生产监督管理部门会同国务院有关部门规定的其他危险作业，应当安排专门人员进行现场安全管理，确保操作规程的遵守和安全措施的落实。

第四十一条 生产经营单位应当教育和督促从业人员严格执行本单位的安全生产规章制度和安全操作规程；并向从业人员如实告知作业场所和工作岗位存在的危险因素、防范措施以及事故应急措施。

第四十二条 生产经营单位必须为从业人员提供符合国家标准或者行业标准的劳动防护用品，并监督、教育从业人员按照使用规则佩戴、使用。

第四十三条 生产经营单位的安全生产管理人员应当根据本单位的生产经营特点，对安全生产状况进行经常性检查；对检查中发现的安全问题，应当立即处理；不能处理的，应当及时报告本单位有关负责人，有关负责人应当及时处理。检查及处理情况应当如实记录在案。

生产经营单位的安全生产管理人员在检查中发现重大事故隐患，依照前款规定向本单位有关负责人报告，有关负责人不及时处理的，安全生产管理人员可以向主管的负有安全生产监督管理职责的部门报告，接到报告的部门应当依法及时处理。

第四十四条 生产经营单位应当安排用于配备劳动防护用品、进行安全生产培训的经费。

第四十五条 两个以上生产经营单位在同一作业区域内进行生产经营活动，可能危及对方生产安全的，应当签订安全生产管理协议，明确各自的安全生产管理职责和应当采取的安全措施，并指定专职安全生产管理人员进行安全检查与协调。

第四十六条 生产经营单位不得将生产经营项目、场所、设备发包或者出租给不具备安全生产条件或者相应资质的单位或者个人。

生产经营项目、场所发包或者出租给其他单位的，生产经营单位应当与承包单位、承租单位签订专门的安全生产管理协议，或者在承包合同、租赁合同中约定各自的安全生产管理职责；生产经营单位对承包单位、承租单位的安全生产工作统一协调、管理，定期进行安全检查，发现安全问题的，应当及时督促整改。

第四十七条 生产经营单位发生生产安全事故时，单位的主要负责人应当立即组织抢救，并不得在事故调查处理期间擅离职守。

第四十八条 生产经营单位必须依法参加工伤保险，为从业人员缴纳保险费。

国家鼓励生产经营单位投保安全生产责任保险。

第三章　从业人员的安全生产权利义务

第四十九条 生产经营单位与从业人员订立的劳动合同，应当载明有关保障从业人员劳动安全、防止职业危害的事项，以及依法为从业人员办理工伤保险的事项。

生产经营单位不得以任何形式与从业人员订立协议，免除或者减轻其对从业人员因生产安全事故伤亡依法应承担的责任。

第五十条 生产经营单位的从业人员有权了解其作业场所和工作岗位存在的危险因素、防范措施及事故应急措施，有权对本单位的安全生产工作提出建议。

第五十一条 从业人员有权对本单位安全生产工作中存在的问题提出批评、检举、控告；有权拒绝违章指挥和强令冒险作业。

生产经营单位不得因从业人员对本单位安全生产工作提出批评、检举、控告或者拒绝违章指挥、强令冒险作业而降低其工资、福利等待遇或者解除与其订立的劳动合同。

第五十二条 从业人员发现直接危及人身安全的紧急情况时，有权停止作业或者在采取可能的应急措施后撤离作业场所。

生产经营单位不得因从业人员在前款紧急情况下停止作业或者采取紧急撤离措施而降低其工资、福利等待遇或者解除与其订立的劳动合同。

第五十三条 因生产安全事故受到损害的从业人员，除依法享有工伤保险外，依照有关民事法律尚有获得赔偿的权利的，有权向本单位提出赔偿要求。

第五十四条 从业人员在作业过程中，应当严格遵守本单位的安全生产规章制度和操作规程，服从管理，正确佩戴和使用劳动防护用品。

第五十五条 从业人员应当接受安全生产教育和培训，掌握本职工作所需的安全生产知识，提高安全生产技能，增强事故预防和应急处理能力。

第五十六条 从业人员发现事故隐患或者其他不安全因素，应当立即向现场安全生产管理人员或者本单位负责人报告；接到报告的人员应当及时予以处理。

第五十七条 工会有权对建设项目的安全设施与主体工程同时设计、同时施工、同时投入生产和使用进行监督，提出意见。

工会对生产经营单位违反安全生产法律、法规，侵犯从业人员合法权益的行为，有权要求纠正；发现生产经营单位违章指挥、强令冒险作业或者发现事故隐患时，有权提出解决的建议，生产经营单位应当及时研究答复；发现危及从业人员生命安全的情况时，有权向生产经营单位建议组织从业人员撤离危险场所，生产经营单位必须立即作出处理。

工会有权依法参加事故调查，向有关部门提出处理意见，并要求追究有关人员的责任。

第五十八条 生产经营单位使用被派遣劳动者的，被派遣劳动者享有本法规定的从业人员的权利，并应当履行本法规定的从业人员的义务。

第四章 安全生产的监督管理

第五十九条 县级以上地方各级人民政府应当根据本行政区域内的安全生产状况，组织有关部门按照职责分工，对本行政区域内容易发生重大生产安全事故的生产经营单位进行严格检查。

安全生产监督管理部门应当按照分类分级监督管理的要求，制定安全生产年度监督检查计划，并按照年度监督检查计划进行监督检查，发现事故隐患，应当及时处理。

第六十条 负有安全生产监督管理职责的部门依照有关法律、法规的规定，对涉及安全生产的事项需要审查批准（包括批准、核准、许可、注册、认证、颁发证照等，下同）或者验收的，必须严格依照有关法律、法规和国家标准或者行业标准规定的安全生产条件和程序进行审查；不符合有关法律、法规和国家标准或者行业标准规定的安全生产条件的，不得批准或者验收通过。对未依法取得批准或者验收合格的单位擅自从事有关活动的，负责行政审批的部门发现或者接到举报后应当立即予以取缔，并依法予以处理。对已经依法取得批准的单位，负责行政审批的部门发现其不再具备安全生产条件的，应当撤销原批准。

第六十一条 负有安全生产监督管理职责的部门对涉及安全生产的事项进行审查、验收，不得收取费用；不得要求接受审查、验收的单位购买其指定品牌或者指定生产、销售单位的安全设备、器材或者其他产品。

第六十二条 安全生产监督管理部门和其他负有安全生产监督管理职责的部门依法开展安全生产行政执法工作，对生产经营单位执行有关安全生产的法律、法规和国家标准或者行业标准的情况进行监督检查，行使以下职权：

（一）进入生产经营单位进行检查，调阅有关资料，向有关单位和人员了解情况；

（二）对检查中发现的安全生产违法行为，当场予以纠正或者要求限期改正；对依法应当给予行政处罚的行为，依照本法和其他有关法律、行政法规的规定作出行政处罚决定；

（三）对检查中发现的事故隐患，应当责令立即排除；重大事故隐患排除前或者排除过程中无法保证安全的，应当责令从危险区域内撤出作业人员，责令暂时停产停业或者停止使用相关设施、设备；重大事故隐患排除后，经审查同意，方可恢复生产经营和使用；

（四）对有根据认为不符合保障安全生产的国家标准或者行业标准的设施、设备、器材以及违法生产、储存、使用、经营、运输的危险物品予以查封或者扣押，对违法生产、储存、使用、经营危险物品的作业场所予以查封，并依法作出处理决定。

监督检查不得影响被检查单位的正常生产经营活动。

第六十三条 生产经营单位对负有安全生产监督管理职责的部门的监督检查人员（以下统称安全生产监督检查人员）依法履行监督检查职责，应当予以配合，不得拒绝、阻挠。

第六十四条 安全生产监督检查人员应当忠于职守，坚持原则，秉公执法。

安全生产监督检查人员执行监督检查任务时，必须出示有效的监督执法证件；对涉及被检查单位的技术秘密和业务秘密，应当为其保密。

第六十五条　安全生产监督检查人员应当将检查的时间、地点、内容、发现的问题及其处理情况，作出书面记录，并由检查人员和被检查单位的负责人签字；被检查单位的负责人拒绝签字的，检查人员应当将情况记录在案，并向负有安全生产监督管理职责的部门报告。

第六十六条　负有安全生产监督管理职责的部门在监督检查中，应当互相配合，实行联合检查；确需分别进行检查的，应当互通情况，发现存在的安全问题应当由其他有关部门进行处理的，应当及时移送其他有关部门并形成记录备查，接受移送的部门应当及时进行处理。

第六十七条　负有安全生产监督管理职责的部门依法对存在重大事故隐患的生产经营单位作出停产停业、停止施工、停止使用相关设施或者设备的决定，生产经营单位应当依法执行，及时消除事故隐患。生产经营单位拒不执行，有发生生产安全事故的现实危险的，在保证安全的前提下，经本部门主要负责人批准，负有安全生产监督管理职责的部门可以采取通知有关单位停止供电、停止供应民用爆炸物品等措施，强制生产经营单位履行决定。通知应当采用书面形式，有关单位应当予以配合。

负有安全生产监督管理职责的部门依照前款规定采取停止供电措施，除有危及生产安全的紧急情形外，应当提前二十四小时通知生产经营单位。生产经营单位依法履行行政决定、采取相应措施消除事故隐患的，负有安全生产监督管理职责的部门应当及时解除前款规定的措施。

第六十八条　监察机关依照行政监察法的规定，对负有安全生产监督管理职责的部门及其工作人员履行安全生产监督管理职责实施监察。

第六十九条　承担安全评价、认证、检测、检验的机构应当具备国家规定的资质条件，并对其作出的安全评价、认证、检测、检验的结果负责。

第七十条　负有安全生产监督管理职责的部门应当建立举报制度，公开举报电话、信箱或者电子邮件地址，受理有关安全生产的举报；受理的举报事项经调查核实后，应当形成书面材料；需要落实整改措施的，报经有关负责人签字并督促落实。

第七十一条　任何单位或者个人对事故隐患或者安全生产违法行为，均有权向负有安全生产监督管理职责的部门报告或者举报。

第七十二条　居民委员会、村民委员会发现其所在区域内的生产经营单位存在事故隐患或者安全生产违法行为时，应当向当地人民政府或者有关部门报告。

第七十三条　县级以上各级人民政府及其有关部门对报告重大事故隐患或者举报安全生产违法行为的有功人员，给予奖励。具体奖励办法由国务院安全生产监督管理部门会同国务院财政部门制定。

第七十四条　新闻、出版、广播、电影、电视等单位有进行安全生产公益宣传教育的义务，有对违反安全生产法律、法规的行为进行舆论监督的权利。

第七十五条　负有安全生产监督管理职责的部门应当建立安全生产违法行为信息库，如实记录生产经营单位的安全生产违法行为信息；对违法行为情节严重的生产经营单位，应当向社会公告，并通报行业主管部门、投资主管部门、国土资源主管部门、证券监督管理机构以及有关金融机构。

第五章　生产安全事故的应急救援与调查处理

第七十六条　国家加强生产安全事故应急能力建设，在重点行业、领域建立应急救援基地和应急救援队伍，鼓励生产经营单位和其他社会力量建立应急救援队伍，配备相应的应急救援装备和物资，提高应急救援的专业化水平。

国务院安全生产监督管理部门建立全国统一的生产安全事故应急救援信息系统，国务院有关部门建立健全相关行业、领域的生产安全事故应急救援信息系统。

第七十七条　县级以上地方各级人民政府应当组织有关部门制定本行政区域内生产安全事故应急救援预案，建立应急救援体系。

第七十八条　生产经营单位应当制定本单位生产安全事故应急救援预案，与所在地县级以上地方人民政府组织制定的生产安全事故应急救援预案相衔接，并定期组织演练。

第七十九条　危险物品的生产、经营、储存单位以及矿山、金属冶炼、城市轨道交通运营、建筑施工单位应当建立应急救援组织；生产经营规模较小的，可以不建立应急救援组织，但应当指定兼职的应急救援人员。

危险物品的生产、经营、储存、运输单位以及矿山、金属冶炼、城市轨道交通运营、建筑施工单位应当配备必要的应急救援器材、设备和物资，并进行经常性维护、保养，保证正常运转。

第八十条　生产经营单位发生生产安全事故后，事故现场有关人员应当立即报告本单位负责人。

单位负责人接到事故报告后，应当迅速采取有效措施，组织抢救，防止事故扩大，减少人员伤亡和财产损失，并按照国家有关规定立即如实报告当地负有安全生产监督管理职责的部门，不得隐瞒不报、谎报或者迟报，不得故意破坏事故现场、毁灭有关证据。

第八十一条　负有安全生产监督管理职责的部门接到事故报告后，应当立即按照国家有关规定上报事故情况。负有安全生产监督管理职责的部门和有关地方人民政府对事故情况不得隐瞒不报、谎报或者迟报。

第八十二条　有关地方人民政府和负有安全生产监督管理职责的部门的负责人接到生产安全事故报告后，应当按照生产安全事故应急救援预案的要求立即赶到事故现场，组织事故抢救。

参与事故抢救的部门和单位应当服从统一指挥，加强协同联动，采取有效的应急救援措施，并根据事故救援的需要采取警戒、疏散等措施，防止事故扩大和次生灾害的发生，减少人员伤亡和财产损失。

事故抢救过程中应当采取必要措施，避免或者减少对环境造成的危害。

任何单位和个人都应当支持、配合事故抢救，并提供一切便利条件。

第八十三条　事故调查处理应当按照科学严谨、依法依规、实事求是、注重实效的原则，及时、准确地查清事故原因，查明事故性质和责任，总结事故教训，提出整改措施，并对事故责任者提出处理意见。事故调查报告应当依法及时向社会公布。事故调查和处理的具体办法由国务院制定。

事故发生单位应当及时全面落实整改措施，负有安全生产监督管理职责的部门应当加强监督检查。

第八十四条　生产经营单位发生生产安全事故，经调查确定为责任事故的，除了应当查明事故单位的责任并依法予以追究外，还应当查明对安全生产的有关事项负有审查批准和监督职责的行政部门的责任，对有失职、渎职行为的，依照本法第八十七条的规定追究法律责任。

第八十五条　任何单位和个人不得阻挠和干涉对事故的依法调查处理。

第八十六条　县级以上地方各级人民政府安全生产监督管理部门应当定期统计分析本行政区域内发生生产安全事故的情况，并定期向社会公布。

第六章　法律责任

第八十七条　负有安全生产监督管理职责的部门的工作人员，有下列行为之一的，给予降级或者撤职的处分；构成犯罪的，依照刑法有关规定追究刑事责任：

（一）对不符合法定安全生产条件的涉及安全生产的事项予以批准或者验收通过的；

（二）发现未依法取得批准、验收的单位擅自从事有关活动或者接到举报后不予取缔或者不依法予以处理的；

（三）对已经依法取得批准的单位不履行监督管理职责，发现其不再具备安全生产条件而不撤销原批准或者发现安全生产违法行为不予查处的；

（四）在监督检查中发现重大事故隐患，不依法及时处理的。

负有安全生产监督管理职责的部门的工作人员有前款规定以外的滥用职权、玩忽职守、徇私舞弊行为的，依法给予处分；构成犯罪的，依照刑法有关规定追究刑事责任。

第八十八条　负有安全生产监督管理职责的部门，要求被审查、验收的单位购买其指定的安全设备、器材或者其他产品的，在对安全生产事项的审查、验收中收取费用的，由其上级机关或者监察机关责令改正，责令退还收取的费用；情节严重的，对直接负责的主管人员和其他直接责任人员依法给予处分。

第八十九条　承担安全评价、认证、检测、检验工作的机构，出具虚假证明的，没收违法所得；违法所得在十万元以上的，并处违法所得二倍以上五倍以下的罚款；没有违法所得或者违法所得不足十万元的，单处或者并处十万元以上二十万元以下的罚款；对其直接负责的主管人员和其他直接责任人员处二万元以上五万元以下的罚款；给他人造成损害的，与生产经营单位承担连带赔偿责任；构成犯罪的，依照刑法有关规定追究刑事责任。

对有前款违法行为的机构，吊销其相应资质。

第九十条　生产经营单位的决策机构、主要负责人或者个人经营的投资人不依照本法规定保证安全生产所必需的资金投入，致使生产经营单位不具备安全生产条件的，责令限期改正，提供必需的资金；逾期未改正的，责令生产经营单位停产停业整顿。

有前款违法行为，导致发生生产安全事故的，对生产经营单位的主要负责人给予撤职处分，对个人经营的投资人处二万元以上二十万元以下的罚款；构成犯罪的，依照刑法有关规定追究刑事责任。

第九十一条 生产经营单位的主要负责人未履行本法规定的安全生产管理职责的，责令限期改正；逾期未改正的，处二万元以上五万元以下的罚款，责令生产经营单位停产停业整顿。

生产经营单位的主要负责人有前款违法行为，导致发生生产安全事故的，给予撤职处分；构成犯罪的，依照刑法有关规定追究刑事责任。

生产经营单位的主要负责人依照前款规定受刑事处罚或者撤职处分的，自刑罚执行完毕或者受处分之日起，五年内不得担任任何生产经营单位的主要负责人；对重大、特别重大生产安全事故负有责任的，终身不得担任本行业生产经营单位的主要负责人。

第九十二条 生产经营单位的主要负责人未履行本法规定的安全生产管理职责，导致发生生产安全事故的，由安全生产监督管理部门依照下列规定处以罚款：

（一）发生一般事故的，处上一年年收入百分之三十的罚款；

（二）发生较大事故的，处上一年年收入百分之四十的罚款；

（三）发生重大事故的，处上一年年收入百分之六十的罚款；

（四）发生特别重大事故的，处上一年年收入百分之八十的罚款。

第九十三条 生产经营单位的安全生产管理人员未履行本法规定的安全生产管理职责的，责令限期改正；导致发生生产安全事故的，暂停或者撤销其与安全生产有关的资格；构成犯罪的，依照刑法有关规定追究刑事责任。

第九十四条 生产经营单位有下列行为之一的，责令限期改正，可以处五万元以下的罚款；逾期未改正的，责令停产停业整顿，并处五万元以上十万元以下的罚款，对其直接负责的主管人员和其他直接责任人员处一万元以上二万元以下的罚款：

（一）未按照规定设置安全生产管理机构或者配备安全生产管理人员的；

（二）危险物品的生产、经营、储存单位以及矿山、金属冶炼、建筑施工、道路运输单位的主要负责人和安全生产管理人员未按照规定经考核合格的；

（三）未按照规定对从业人员、被派遣劳动者、实习学生进行安全生产教育和培训，或者未按照规定如实告知有关的安全生产事项的；

（四）未如实记录安全生产教育和培训情况的；

（五）未将事故隐患排查治理情况如实记录或者未向从业人员通报的；

（六）未按照规定制定生产安全事故应急救援预案或者未定期组织演练的；

（七）特种作业人员未按照规定经专门的安全作业培训并取得相应资格，上岗作业的。

第九十五条 生产经营单位有下列行为之一的，责令停止建设或者停产停业整顿，限期改正；逾期未改正的，处五十万元以上一百万元以下的罚款，对其直接负责的主管人员和其他直接责任人员处二万元以上五万元以下的罚款；构成犯罪的，依照刑法有关规定追究刑事责任：

（一）未按照规定对矿山、金属冶炼建设项目或者用于生产、储存、装卸危险物品的建设项目进行安全评价的；

（二）矿山、金属冶炼建设项目或者用于生产、储存、装卸危险物品的建设项目没有安全设施设计或者安全设施设计未按照规定报经有关部门审查同意的；

（三）矿山、金属冶炼建设项目或者用于生产、储存、装卸危险物品的建设项目的施工单位未按照批准的安全设施设计施工的；

（四）矿山、金属冶炼建设项目或者用于生产、储存危险物品的建设项目竣工投入生产或者使用前，安全设施未经验收合格的。

第九十六条　生产经营单位有下列行为之一的，责令限期改正，可以处五万元以下的罚款；逾期未改正的，处五万元以上二十万元以下的罚款，对其直接负责的主管人员和其他直接责任人员处一万元以上二万元以下的罚款；情节严重的，责令停产停业整顿；构成犯罪的，依照刑法有关规定追究刑事责任：

（一）未在有较大危险因素的生产经营场所和有关设施、设备上设置明显的安全警示标志的；

（二）安全设备的安装、使用、检测、改造和报废不符合国家标准或者行业标准的；

（三）未对安全设备进行经常性维护、保养和定期检测的；

（四）未为从业人员提供符合国家标准或者行业标准的劳动防护用品的；

（五）危险物品的容器、运输工具，以及涉及人身安全、危险性较大的海洋石油开采特种设备和矿山井下特种设备未经具有专业资质的机构检测、检验合格，取得安全使用证或者安全标志，投入使用的；

（六）使用应当淘汰的危及生产安全的工艺、设备的。

第九十七条　未经依法批准，擅自生产、经营、运输、储存、使用危险物品或者处置废弃危险物品的，依照有关危险物品安全管理的法律、行政法规的规定予以处罚；构成犯罪的，依照刑法有关规定追究刑事责任。

第九十八条　生产经营单位有下列行为之一的，责令限期改正，可以处十万元以下的罚款；逾期未改正的，责令停产停业整顿，并处十万元以上二十万元以下的罚款，对其直接负责的主管人员和其他直接责任人员处二万元以上五万元以下的罚款；构成犯罪的，依照刑法有关规定追究刑事责任：

（一）生产、经营、运输、储存、使用危险物品或者处置废弃危险物品，未建立专门安全管理制度、未采取可靠的安全措施的；

（二）对重大危险源未登记建档，或者未进行评估、监控，或者未制定应急预案的；

（三）进行爆破、吊装以及国务院安全生产监督管理部门会同国务院有关部门规定的其他危险作业，未安排专门人员进行现场安全管理的；

（四）未建立事故隐患排查治理制度的。

第九十九条　生产经营单位未采取措施消除事故隐患的，责令立即消除或者限期消除；生产经营单位拒不执行的，责令停产停业整顿，并处十万元以上五十万元以下的罚款，对其直接负责的主管人员和其他直接责任人员处二万元以上五万元以下的罚款。

第一百条　生产经营单位将生产经营项目、场所、设备发包或者出租给不具备安全生产条件或者相应资质的单位或者个人的，责令限期改正，没收违法所得；违法所得十万元以上的，并处违法所得二倍以上五倍以下的罚款；没有违法所得或者违法所得不足十万元的，单处或者并处十万元以上二十万元以下的罚款；对其直接负责的主管人员和其他直接责任人员处一万元以上二万元以下的罚款；导致发生生产安全事故给他人造成损害的，与承包方、承租方承担连带赔偿责任。

生产经营单位未与承包单位、承租单位签订专门的安全生产管理协议或者未在承包合同、租赁合同中明确各自的安全生产管理职责，或者未对承包单位、承租单位的安全生产统一协调、管理的，责令限期改正，可以处五万元以下的罚款，对其直接负责的主管人员和其他直接责任人员可以处一万元以下的罚款；逾期未改正的，责令停产停业整顿。

第一百零一条　两个以上生产经营单位在同一作业区域内进行可能危及对方安全生产的生产经营活动，未签订安全生产管理协议或者未指定专职安全生产管理人员进行安全检查与协调的，责令限期改正，可以处五万元以下的罚款，对其直接负责的主管人员和其他直接责任人员可以处一万元以下的罚款；逾期未改正的，责令停产停业。

第一百零二条　生产经营单位有下列行为之一的，责令限期改正，可以处五万元以下的罚款，对其直接负责的主管人员和其他直接责任人员可以处一万元以下的罚款；逾期未改正的，责令停产停业整顿；构成犯罪的，依照刑法有关规定追究刑事责任：

（一）生产、经营、储存、使用危险物品的车间、商店、仓库与员工宿舍在同一座建筑内，或者与员工宿舍的距离不符合安全要求的；

（二）生产经营场所和员工宿舍未设有符合紧急疏散需要、标志明显、保持畅通的出口，或者锁闭、封堵生产经营场所或者员工宿舍出口的。

第一百零三条　生产经营单位与从业人员订立协议，免除或者减轻其对从业人员因生产安全事故伤亡依法应承担的责任的，该协议无效；对生产经营单位的主要负责人、个人经营的投资人处二万元以上十万元以下的罚款。

第一百零四条　生产经营单位的从业人员不服从管理，违反安全生产规章制度或者操作规程的，由生产经营单位给予批评教育，依照有关规章制度给予处分；构成犯罪的，依照刑法有关规定追究刑事责任。

第一百零五条　违反本法规定，生产经营单位拒绝、阻碍负有安全生产监督管理职责的部门依法实施监督检查的，责令改正；拒不改正的，处二万元以上二十万元以下的罚款；对其直接负责的主管人员和其他直接责任人员处一万元以上二万元以下的罚款；构成犯罪的，依照刑法有关规定追究刑事责任。

第一百零六条　生产经营单位的主要负责人在本单位发生生产安全事故时，不立即组织抢救或者在事故调查处理期间擅离职守或者逃匿的，给予降级、撤职的处分，并由安全生产监督管理部门处上一年年收入百分之六十至百分之一百的罚款；对逃匿的处十五日以下拘留；构成犯罪的，依照刑法有关规定追究刑事责任。

生产经营单位的主要负责人对生产安全事故隐瞒不报、谎报或者迟报的，依照前款规定处罚。

第一百零七条　有关地方人民政府、负有安全生产监督管理职责的部门，对生产安全事故隐瞒不报、谎报或者迟报的，对直接负责的主管人员和其他直接责任人员依法给予处分；构成犯罪的，依照刑法有关规定追究刑事责任。

第一百零八条　生产经营单位不具备本法和其他有关法律、行政法规和国家标准或者行业标准规定的安全生产条件，经停产停业整顿仍不具备安全生产条件的，予以关闭；有关部门应当依法吊销其有关证照。

第一百零九条　发生生产安全事故，对负有责任的生产经营单位除要求其依法承担相应的赔偿等责任外，由安全生产监督管理部门依照下列规定处以罚款：

（一）发生一般事故的，处二十万元以上五十万元以下的罚款；

（二）发生较大事故的，处五十万元以上一百万元以下的罚款；

（三）发生重大事故的，处一百万元以上五百万元以下的罚款；

（四）发生特别重大事故的，处五百万元以上一千万元以下的罚款；情节特别严重的，处一千万元以上二千万元以下的罚款。

第一百一十条　本法规定的行政处罚，由安全生产监督管理部门和其他负有安全生产监督管理职责的部门按照职责分工决定。予以关闭的行政处罚由负有安全生产监督管理职责的部门报请县级以上人民政府按照国务院规定的权限决定；给予拘留的行政处罚由公安机关依照治安管理处罚法的规定决定。

第一百一十一条　生产经营单位发生生产安全事故造成人员伤亡、他人财产损失的，应当依法承担赔偿责任；拒不承担或者其负责人逃匿的，由人民法院依法强制执行。

生产安全事故的责任人未依法承担赔偿责任，经人民法院依法采取执行措施后，仍不能对受害人给予足额赔偿的，应当继续履行赔偿义务；受害人发现责任人有其他财产的，可以随时请求人民法院执行。

第七章　附　　则

第一百一十二条　本法下列用语的含义：

危险物品，是指易燃易爆物品、危险化学品、放射性物品等能够危及人身安全和财产安全的物品。

重大危险源，是指长期地或者临时地生产、搬运、使用或者储存危险物品，且危险物品的数量等于或者超过临界量的单元（包括场所和设施）。

第一百一十三条　本法规定的生产安全一般事故、较大事故、重大事故、特别重大事故的划分标准由国务院规定。

国务院安全生产监督管理部门和其他负有安全生产监督管理职责的部门应当根据各自的职责分工，制定相关行业、领域重大事故隐患的判定标准。

第一百一十四条　本法自 2014 年 12 月 1 日起施行。

附录 6：生产安全事故应急条例

中华人民共和国国务院令

第 708 号

《生产安全事故应急条例》已经 2018 年 12 月 5 日国务院第 33 次常务会议通过，现予公布，自 2019 年 4 月 1 日起施行。

总理　李克强

2019 年 2 月 17 日

第一章　总　则

第一条　为了规范生产安全事故应急工作，保障人民群众生命和财产安全，根据《中华人民共和国安全生产法》和《中华人民共和国突发事件应对法》，制定本条例。

第二条　本条例适用于生产安全事故应急工作；法律、行政法规另有规定的，适用其规定。

第三条　国务院统一领导全国的生产安全事故应急工作，县级以上地方人民政府统一领导本行政区域内的生产安全事故应急工作。生产安全事故应急工作涉及两个以上行政区域的，由有关行政区域共同的上一级人民政府负责，或者由各有关行政区域的上一级人民政府共同负责。

县级以上人民政府应急管理部门和其他对有关行业、领域的安全生产工作实施监督管理的部门（以下统称负有安全生产监督管理职责的部门）在各自职责范围内，做好有关行业、领域的生产安全事故应急工作。

县级以上人民政府应急管理部门指导、协调本级人民政府其他负有安全生产监督管理职责的部门和下级人民政府的生产安全事故应急工作。

乡、镇人民政府以及街道办事处等地方人民政府派出机关应当协助上级人民政府有关部门依法履行生产安全事故应急工作职责。

第四条　生产经营单位应当加强生产安全事故应急工作，建立、健全生产安全事故应急工作责任制，其主要负责人对本单位的生产安全事故应急工作全面负责。

第二章　应急准备

第五条　县级以上人民政府及其负有安全生产监督管理职责的部门和乡、镇人民政府以及街道办事处等地方人民政府派出机关，应当针对可能发生的生产安全事故的特点和危害，进行风险辨识和评估，制定相应的生产安全事故应急救援预案，并依法向社会公布。

生产经营单位应当针对本单位可能发生的生产安全事故的特点和危害，进行风险辨识和评估，制定相应的生产安全事故应急救援预案，并向本单位从业人员公布。

第六条　生产安全事故应急救援预案应当符合有关法律、法规、规章和标准的规定，具有科学性、针对性和可操作性，明确规定应急组织体系、职责分工以及应急救援程序和措施。

有下列情形之一的，生产安全事故应急救援预案制定单位应当及时修订相关预案：

（一）制定预案所依据的法律、法规、规章、标准发生重大变化；

（二）应急指挥机构及其职责发生调整；

（三）安全生产面临的风险发生重大变化；

（四）重要应急资源发生重大变化；

（五）在预案演练或者应急救援中发现需要修订预案的重大问题；

（六）其他应当修订的情形。

第七条　县级以上人民政府负有安全生产监督管理职责的部门应当将其制定的生产安全事故应急救援预案报送本级人民政府备案；易燃易爆物品、危险化学品等危险物品的生产、经营、储存、运输单位，矿山、金属冶炼、城市轨道交通运营、建筑施工单位，以及宾馆、商场、娱乐场所、旅游景区等人员密集场所经营单位，应当将其制定的生产安全事故应急救援预案按照国家有关规定报送县级以上人民政府负有安全生产监督管理职责的部门备案，并依法向社会公布。

第八条　县级以上地方人民政府以及县级以上人民政府负有安全生产监督管理职责的部门，乡、镇人民政府以及街道办事处等地方人民政府派出机关，应当至少每2年组织1次生产安全事故应急救援预案演练。

易燃易爆物品、危险化学品等危险物品的生产、经营、储存、运输单位，矿山、金属冶炼、城市轨道交通运营、建筑施工单位，以及宾馆、商场、娱乐场所、旅游景区等人员密集场所经营单位，应当至少每半年组织1次生产安全事故应急救援预案演练，并将演练情况报送所在地县级以上地方人民政府负有安全生产监督管理职责的部门。

县级以上地方人民政府负有安全生产监督管理职责的部门应当对本行政区域内前款规定的重点生产经营单位的生产安全事故应急救援预案演练进行抽查；发现演练不符合要求的，应当责令限期改正。

第九条　县级以上人民政府应当加强对生产安全事故应急救援队伍建设的统一规划、组织和指导。

县级以上人民政府负有安全生产监督管理职责的部门根据生产安全事故应急工作的实际需要，在重点行业、领域单独建立或者依托有条件的生产经营单位、社会组织共同建立应急救援队伍。

国家鼓励和支持生产经营单位和其他社会力量建立提供社会化应急救援服务的应急救援队伍。

第十条　易燃易爆物品、危险化学品等危险物品的生产、经营、储存、运输单位，矿山、金属冶炼、城市轨道交通运营、建筑施工单位，以及宾馆、商场、娱乐场所、旅游景区等人员密集场所经营单位，应当建立应急救援队伍；其中，小型企业或者微型企业等规模较小的生产经营单位，可以不建立应急救援队伍，但应当指定兼职的应急救援人员，并且可以与邻近的应急救援队伍签订应急救援协议。

工业园区、开发区等产业聚集区域内的生产经营单位，可以联合建立应急救援队伍。

第十一条 应急救援队伍的应急救援人员应当具备必要的专业知识、技能、身体素质和心理素质。

应急救援队伍建立单位或者兼职应急救援人员所在单位应当按照国家有关规定对应急救援人员进行培训；应急救援人员经培训合格后，方可参加应急救援工作。

应急救援队伍应当配备必要的应急救援装备和物资，并定期组织训练。

第十二条 生产经营单位应当及时将本单位应急救援队伍建立情况按照国家有关规定报送县级以上人民政府负有安全生产监督管理职责的部门，并依法向社会公布。

县级以上人民政府负有安全生产监督管理职责的部门应当定期将本行业、本领域的应急救援队伍建立情况报送本级人民政府，并依法向社会公布。

第十三条 县级以上地方人民政府应当根据本行政区域内可能发生的生产安全事故的特点和危害，储备必要的应急救援装备和物资，并及时更新和补充。

易燃易爆物品、危险化学品等危险物品的生产、经营、储存、运输单位，矿山、金属冶炼、城市轨道交通运营、建筑施工单位，以及宾馆、商场、娱乐场所、旅游景区等人员密集场所经营单位，应当根据本单位可能发生的生产安全事故的特点和危害，配备必要的灭火、排水、通风以及危险物品稀释、掩埋、收集等应急救援器材、设备和物资，并进行经常性维护、保养，保证正常运转。

第十四条 下列单位应当建立应急值班制度，配备应急值班人员：

（一）县级以上人民政府及其负有安全生产监督管理职责的部门；

（二）危险物品的生产、经营、储存、运输单位以及矿山、金属冶炼、城市轨道交通运营、建筑施工单位；

（三）应急救援队伍。

规模较大、危险性较高的易燃易爆物品、危险化学品等危险物品的生产、经营、储存、运输单位应当成立应急处置技术组，实行24小时应急值班。

第十五条 生产经营单位应当对从业人员进行应急教育和培训，保证从业人员具备必要的应急知识，掌握风险防范技能和事故应急措施。

第十六条 国务院负有安全生产监督管理职责的部门应当按照国家有关规定建立生产安全事故应急救援信息系统，并采取有效措施，实现数据互联互通、信息共享。

生产经营单位可以通过生产安全事故应急救援信息系统办理生产安全事故应急救援预案备案手续，报送应急救援预案演练情况和应急救援队伍建设情况；但依法需要保密的除外。

第三章　应急救援

第十七条 发生生产安全事故后，生产经营单位应当立即启动生产安全事故应急救援预案，采取下列一项或者多项应急救援措施，并按照国家有关规定报告事故情况：

（一）迅速控制危险源，组织抢救遇险人员；

（二）根据事故危害程度，组织现场人员撤离或者采取可能的应急措施后撤离；

（三）及时通知可能受到事故影响的单位和人员；

（四）采取必要措施，防止事故危害扩大和次生、衍生灾害发生；

（五）根据需要请求邻近的应急救援队伍参加救援，并向参加救援的应急救援队伍提供相关技术资料、信息和处置方法；

（六）维护事故现场秩序，保护事故现场和相关证据；

（七）法律、法规规定的其他应急救援措施。

第十八条　有关地方人民政府及其部门接到生产安全事故报告后，应当按照国家有关规定上报事故情况，启动相应的生产安全事故应急救援预案，并按照应急救援预案的规定采取下列一项或者多项应急救援措施：

（一）组织抢救遇险人员，救治受伤人员，研判事故发展趋势以及可能造成的危害；

（二）通知可能受到事故影响的单位和人员，隔离事故现场，划定警戒区域，疏散受到威胁的人员，实施交通管制；

（三）采取必要措施，防止事故危害扩大和次生、衍生灾害发生，避免或者减少事故对环境造成的危害；

（四）依法发布调用和征用应急资源的决定；

（五）依法向应急救援队伍下达救援命令；

（六）维护事故现场秩序，组织安抚遇险人员和遇险遇难人员亲属；

（七）依法发布有关事故情况和应急救援工作的信息；

（八）法律、法规规定的其他应急救援措施。

有关地方人民政府不能有效控制生产安全事故的，应当及时向上级人民政府报告。上级人民政府应当及时采取措施，统一指挥应急救援。

第十九条　应急救援队伍接到有关人民政府及其部门的救援命令或者签有应急救援协议的生产经营单位的救援请求后，应当立即参加生产安全事故应急救援。

应急救援队伍根据救援命令参加生产安全事故应急救援所耗费用，由事故责任单位承担；事故责任单位无力承担的，由有关人民政府协调解决。

第二十条　发生生产安全事故后，有关人民政府认为有必要的，可以设立由本级人民政府及其有关部门负责人、应急救援专家、应急救援队伍负责人、事故发生单位负责人等人员组成的应急救援现场指挥部，并指定现场指挥部总指挥。

第二十一条　现场指挥部实行总指挥负责制，按照本级人民政府的授权组织制定并实施生产安全事故现场应急救援方案，协调、指挥有关单位和个人参加现场应急救援。

参加生产安全事故现场应急救援的单位和个人应当服从现场指挥部的统一指挥。

第二十二条　在生产安全事故应急救援过程中，发现可能直接危及应急救援人员生命安全的紧急情况时，现场指挥部或者统一指挥应急救援的人民政府应当立即采取相应措施消除隐患，降低或者化解风险，必要时可以暂时撤离应急救援人员。

第二十三条　生产安全事故发生地人民政府应当为应急救援人员提供必需的后勤保障，并组织通信、交通运输、医疗卫生、气象、水文、地质、电力、供水等单位协助应急救援。

第二十四条　现场指挥部或者统一指挥生产安全事故应急救援的人民政府及其有关部门应当完整、准确地记录应急救援的重要事项，妥善保存相关原始资料和证据。

第二十五条　生产安全事故的威胁和危害得到控制或者消除后，有关人民政府应当决定停止执行依照本条例和有关法律、法规采取的全部或者部分应急救援措施。

第二十六条　有关人民政府及其部门根据生产安全事故应急救援需要依法调用和征用的财产，在使用完毕或者应急救援结束后，应当及时归还。财产被调用、征用或者调用、征用后毁损、灭失的，有关人民政府及其部门应当按照国家有关规定给予补偿。

第二十七条　按照国家有关规定成立的生产安全事故调查组应当对应急救援工作进行评估，并在事故调查报告中作出评估结论。

第二十八条　县级以上地方人民政府应当按照国家有关规定，对在生产安全事故应急救援中伤亡的人员及时给予救治和抚恤；符合烈士评定条件的，按照国家有关规定评定为烈士。

第四章　法律责任

第二十九条　地方各级人民政府和街道办事处等地方人民政府派出机关以及县级以上人民政府有关部门违反本条例规定的，由其上级行政机关责令改正；情节严重的，对直接负责的主管人员和其他直接责任人员依法给予处分。

第三十条　生产经营单位未制定生产安全事故应急救援预案、未定期组织应急救援预案演练、未对从业人员进行应急教育和培训，生产经营单位的主要负责人在本单位发生生产安全事故时不立即组织抢救的，由县级以上人民政府负有安全生产监督管理职责的部门依照《中华人民共和国安全生产法》有关规定追究法律责任。

第三十一条　生产经营单位未对应急救援器材、设备和物资进行经常性维护、保养，导致发生严重生产安全事故或者生产安全事故危害扩大，或者在本单位发生生产安全事故后未立即采取相应的应急救援措施，造成严重后果的，由县级以上人民政府负有安全生产监督管理职责的部门依照《中华人民共和国突发事件应对法》有关规定追究法律责任。

第三十二条　生产经营单位未将生产安全事故应急救援预案报送备案、未建立应急值班制度或者配备应急值班人员的，由县级以上人民政府负有安全生产监督管理职责的部门责令限期改正；逾期未改正的，处 3 万元以上 5 万元以下的罚款，对直接负责的主管人员和其他直接责任人员处 1 万元以上 2 万元以下的罚款。

第三十三条　违反本条例规定，构成违反治安管理行为的，由公安机关依法给予处罚；构成犯罪的，依法追究刑事责任。

第五章　附　　则

第三十四条　储存、使用易燃易爆物品、危险化学品等危险物品的科研机构、学校、医院等单位的安全事故应急工作，参照本条例有关规定执行。

第三十五条　本条例自 2019 年 4 月 1 日起施行。

附录 7：生产安全事故报告和调查处理条例

中华人民共和国国务院令

第 493 号

《生产安全事故报告和调查处理条例》已经 2007 年 3 月 28 日国务院第 172 次常务会议通过，现予公布，自 2007 年 6 月 1 日起施行。

总理　温家宝

2017 年 4 月 9 日

第一章　总　　则

第一条　为了规范生产安全事故的报告和调查处理，落实生产安全事故责任追究制度，防止和减少生产安全事故，根据《中华人民共和国安全生产法》和有关法律，制定本条例。

第二条　生产经营活动中发生的造成人身伤亡或者直接经济损失的生产安全事故的报告和调查处理，适用本条例；环境污染事故、核设施事故、国防科研生产事故的报告和调查处理不适用本条例。

第三条　根据生产安全事故（以下简称事故）造成的人员伤亡或者直接经济损失，事故一般分为以下等级：

（一）特别重大事故，是指造成 30 人以上死亡，或者 100 人以上重伤（包括急性工业中毒，下同），或者 1 亿元以上直接经济损失的事故；

（二）重大事故，是指造成 10 人以上 30 人以下死亡，或者 50 人以上 100 人以下重伤，或者 5000 万元以上 1 亿元以下直接经济损失的事故；

（三）较大事故，是指造成 3 人以上 10 人以下死亡，或者 10 人以上 50 人以下重伤，或者 1000 万元以上 5000 万元以下直接经济损失的事故；

（四）一般事故，是指造成 3 人以下死亡，或者 10 人以下重伤，或者 1000 万元以下直接经济损失的事故。

国务院安全生产监督管理部门可以会同国务院有关部门，制定事故等级划分的补充性规定。

本条第一款所称的"以上"包括本数，所称的"以下"不包括本数。

第四条　事故报告应当及时、准确、完整，任何单位和个人对事故不得迟报、漏报、谎报或者瞒报。

事故调查处理应当坚持实事求是、尊重科学的原则，及时、准确地查清事故经过、事故原因和事故损失，查明事故性质，认定事故责任，总结事故教训，提出整改措施，并对事故责任者依法追究责任。

第五条　县级以上人民政府应当依照本条例的规定，严格履行职责，及时、准确地完成事故调查处理工作。

事故发生地有关地方人民政府应当支持、配合上级人民政府或者有关部门的事故调查处理工作，并提供必要的便利条件。

参加事故调查处理的部门和单位应当互相配合，提高事故调查处理工作的效率。

第六条　工会依法参加事故调查处理，有权向有关部门提出处理意见。

第七条　任何单位和个人不得阻挠和干涉对事故的报告和依法调查处理。

第八条　对事故报告和调查处理中的违法行为，任何单位和个人有权向安全生产监督管理部门、监察机关或者其他有关部门举报，接到举报的部门应当依法及时处理。

第二章　事故报告

第九条　事故发生后，事故现场有关人员应当立即向本单位负责人报告；单位负责人接到报告后，应当于1小时内向事故发生地县级以上人民政府安全生产监督管理部门和负有安全生产监督管理职责的有关部门报告。

情况紧急时，事故现场有关人员可以直接向事故发生地县级以上人民政府安全生产监督管理部门和负有安全生产监督管理职责的有关部门报告。

第十条　安全生产监督管理部门和负有安全生产监督管理职责的有关部门接到事故报告后，应当依照下列规定上报事故情况，并通知公安机关、劳动保障行政部门、工会和人民检察院：

（一）特别重大事故、重大事故逐级上报至国务院安全生产监督管理部门和负有安全生产监督管理职责的有关部门；

（二）较大事故逐级上报至省、自治区、直辖市人民政府安全生产监督管理部门和负有安全生产监督管理职责的有关部门；

（三）一般事故上报至设区的市级人民政府安全生产监督管理部门和负有安全生产监督管理职责的有关部门。

安全生产监督管理部门和负有安全生产监督管理职责的有关部门依照前款规定上报事故情况，应当同时报告本级人民政府。国务院安全生产监督管理部门和负有安全生产监督管理职责的有关部门以及省级人民政府接到发生特别重大事故、重大事故的报告后，应当立即报告国务院。

必要时，安全生产监督管理部门和负有安全生产监督管理职责的有关部门可以越级上报事故情况。

第十一条　安全生产监督管理部门和负有安全生产监督管理职责的有关部门逐级上报事故情况，每级上报的时间不得超过2小时。

第十二条　报告事故应当包括下列内容：

（一）事故发生单位概况；

（二）事故发生的时间、地点以及事故现场情况；

（三）事故的简要经过；

（四）事故已经造成或者可能造成的伤亡人数（包括下落不明的人数）和初步估计的直接经济损失；

（五）已经采取的措施；

（六）其他应当报告的情况。

第十三条　事故报告后出现新情况的，应当及时补报。

自事故发生之日起 30 日内，事故造成的伤亡人数发生变化的，应当及时补报。道路交通事故、火灾事故自发生之日起 7 日内，事故造成的伤亡人数发生变化的，应当及时补报。

第十四条　事故发生单位负责人接到事故报告后，应当立即启动事故相应应急预案，或者采取有效措施，组织抢救，防止事故扩大，减少人员伤亡和财产损失。

第十五条　事故发生地有关地方人民政府、安全生产监督管理部门和负有安全生产监督管理职责的有关部门接到事故报告后，其负责人应当立即赶赴事故现场，组织事故救援。

第十六条　事故发生后，有关单位和人员应当妥善保护事故现场以及相关证据，任何单位和个人不得破坏事故现场、毁灭相关证据。

因抢救人员、防止事故扩大以及疏通交通等原因，需要移动事故现场物件的，应当做出标志，绘制现场简图并做出书面记录，妥善保存现场重要痕迹、物证。

第十七条　事故发生地公安机关根据事故的情况，对涉嫌犯罪的，应当依法立案侦查，采取强制措施和侦查措施。犯罪嫌疑人逃匿的，公安机关应当迅速追捕归案。

第十八条　安全生产监督管理部门和负有安全生产监督管理职责的有关部门应当建立值班制度，并向社会公布值班电话，受理事故报告和举报。

第三章　事故调查

第十九条　特别重大事故由国务院或者国务院授权有关部门组织事故调查组进行调查。

重大事故、较大事故、一般事故分别由事故发生地省级人民政府、设区的市级人民政府、县级人民政府负责调查。省级人民政府、设区的市级人民政府、县级人民政府可以直接组织事故调查组进行调查，也可以授权或者委托有关部门组织事故调查组进行调查。

未造成人员伤亡的一般事故，县级人民政府也可以委托事故发生单位组织事故调查组进行调查。

第二十条　上级人民政府认为必要时，可以调查由下级人民政府负责调查的事故。

自事故发生之日起 30 日内（道路交通事故、火灾事故自发生之日起 7 日内），因事故伤亡人数变化导致事故等级发生变化，依照本条例规定应当由上级人民政府负责调查的，上级人民政府可以另行组织事故调查组进行调查。

第二十一条　特别重大事故以下等级事故，事故发生地与事故发生单位不在同一个县级以上行政区域的，由事故发生地人民政府负责调查，事故发生单位所在地人民政府应当派人参加。

第二十二条　事故调查组的组成应当遵循精简、效能的原则。

根据事故的具体情况，事故调查组由有关人民政府、安全生产监督管理部门、负有安全生产监督管理职责的有关部门、监察机关、公安机关以及工会派人组成，并应当邀请人民检察院派人参加。

事故调查组可以聘请有关专家参与调查。

第二十三条 事故调查组成员应当具有事故调查所需要的知识和专长，并与所调查的事故没有直接利害关系。

第二十四条 事故调查组组长由负责事故调查的人民政府指定。事故调查组组长主持事故调查组的工作。

第二十五条 事故调查组履行下列职责：

（一）查明事故发生的经过、原因、人员伤亡情况及直接经济损失；

（二）认定事故的性质和事故责任；

（三）提出对事故责任者的处理建议；

（四）总结事故教训，提出防范和整改措施；

（五）提交事故调查报告。

第二十六条 事故调查组有权向有关单位和个人了解与事故有关的情况，并要求其提供相关文件、资料，有关单位和个人不得拒绝。

事故发生单位的负责人和有关人员在事故调查期间不得擅离职守，并应当随时接受事故调查组的询问，如实提供有关情况。

事故调查中发现涉嫌犯罪的，事故调查组应当及时将有关材料或者其复印件移交司法机关处理。

第二十七条 事故调查中需要进行技术鉴定的，事故调查组应当委托具有国家规定资质的单位进行技术鉴定。必要时，事故调查组可以直接组织专家进行技术鉴定。技术鉴定所需时间不计入事故调查期限。

第二十八条 事故调查组成员在事故调查工作中应当诚信公正、恪尽职守，遵守事故调查组的纪律，保守事故调查的秘密。

未经事故调查组组长允许，事故调查组成员不得擅自发布有关事故的信息。

第二十九条 事故调查组应当自事故发生之日起60日内提交事故调查报告；特殊情况下，经负责事故调查的人民政府批准，提交事故调查报告的期限可以适当延长，但延长的期限最长不超过60日。

第三十条 事故调查报告应当包括下列内容：

（一）事故发生单位概况；

（二）事故发生经过和事故救援情况；

（三）事故造成的人员伤亡和直接经济损失；

（四）事故发生的原因和事故性质；

（五）事故责任的认定以及对事故责任者的处理建议；

（六）事故防范和整改措施。

事故调查报告应当附具有关证据材料。事故调查组成员应当在事故调查报告上签名。

第三十一条 事故调查报告报送负责事故调查的人民政府后，事故调查工作即告结束。事故调查的有关资料应当归档保存。

第四章　事故处理

第三十二条　重大事故、较大事故、一般事故，负责事故调查的人民政府应当自收到事故调查报告之日起 15 日内做出批复；特别重大事故，30 日内做出批复，特殊情况下，批复时间可以适当延长，但延长的时间最长不超过 30 日。

有关机关应当按照人民政府的批复，依照法律、行政法规规定的权限和程序，对事故发生单位和有关人员进行行政处罚，对负有事故责任的国家工作人员进行处分。

事故发生单位应当按照负责事故调查的人民政府的批复，对本单位负有事故责任的人员进行处理。

负有事故责任的人员涉嫌犯罪的，依法追究刑事责任。

第三十三条　事故发生单位应当认真吸取事故教训，落实防范和整改措施，防止事故再次发生。防范和整改措施的落实情况应当接受工会和职工的监督。

安全生产监督管理部门和负有安全生产监督管理职责的有关部门应当对事故发生单位落实防范和整改措施的情况进行监督检查。

第三十四条　事故处理的情况由负责事故调查的人民政府或者其授权的有关部门、机构向社会公布，依法应当保密的除外。

第五章　法律责任

第三十五条　事故发生单位主要负责人有下列行为之一的，处上一年年收入 40% 至 80% 的罚款；属于国家工作人员的，并依法给予处分；构成犯罪的，依法追究刑事责任：

（一）不立即组织事故抢救的；

（二）迟报或者漏报事故的；

（三）在事故调查处理期间擅离职守的。

第三十六条　事故发生单位及其有关人员有下列行为之一的，对事故发生单位处 100 万元以上 500 万元以下的罚款；对主要负责人、直接负责的主管人员和其他直接责任人员处上一年年收入 60% 至 100% 的罚款；属于国家工作人员的，并依法给予处分；构成违反治安管理行为的，由公安机关依法给予治安管理处罚；构成犯罪的，依法追究刑事责任：

（一）谎报或者瞒报事故的；

（二）伪造或者故意破坏事故现场的；

（三）转移、隐匿资金、财产，或者销毁有关证据、资料的；

（四）拒绝接受调查或者拒绝提供有关情况和资料的；

（五）在事故调查中作伪证或者指使他人作伪证的；

（六）事故发生后逃匿的。

第三十七条　事故发生单位对事故发生负有责任的，依照下列规定处以罚款：

（一）发生一般事故的，处 10 万元以上 20 万元以下的罚款；

（二）发生较大事故的，处 20 万元以上 50 万元以下的罚款；

（三）发生重大事故的，处 50 万元以上 200 万元以下的罚款；

（四）发生特别重大事故的，处 200 万元以上 500 万元以下的罚款。

第三十八条 事故发生单位主要负责人未依法履行安全生产管理职责，导致事故发生的，依照下列规定处以罚款；属于国家工作人员的，并依法给予处分；构成犯罪的，依法追究刑事责任：

（一）发生一般事故的，处上一年年收入 30% 的罚款；

（二）发生较大事故的，处上一年年收入 40% 的罚款；

（三）发生重大事故的，处上一年年收入 60% 的罚款；

（四）发生特别重大事故的，处上一年年收入 80% 的罚款。

第三十九条 有关地方人民政府、安全生产监督管理部门和负有安全生产监督管理职责的有关部门有下列行为之一的，对直接负责的主管人员和其他直接责任人员依法给予处分；构成犯罪的，依法追究刑事责任：

（一）不立即组织事故抢救的；

（二）迟报、漏报、谎报或者瞒报事故的；

（三）阻碍、干涉事故调查工作的；

（四）在事故调查中作伪证或者指使他人作伪证的。

第四十条 事故发生单位对事故发生负有责任的，由有关部门依法暂扣或者吊销其有关证照；对事故发生单位负有事故责任的有关人员，依法暂停或者撤销其与安全生产有关的执业资格、岗位证书；事故发生单位主要负责人受到刑事处罚或者撤职处分的，自刑罚执行完毕或者受处分之日起，5 年内不得担任任何生产经营单位的主要负责人。

为发生事故的单位提供虚假证明的中介机构，由有关部门依法暂扣或者吊销其有关证照及其相关人员的执业资格；构成犯罪的，依法追究刑事责任。

第四十一条 参与事故调查的人员在事故调查中有下列行为之一的，依法给予处分；构成犯罪的，依法追究刑事责任：

（一）对事故调查工作不负责任，致使事故调查工作有重大疏漏的；

（二）包庇、袒护负有事故责任的人员或者借机打击报复的。

第四十二条 违反本条例规定，有关地方人民政府或者有关部门故意拖延或者拒绝落实经批复的对事故责任人的处理意见的，由监察机关对有关责任人员依法给予处分。

第四十三条 本条例规定的罚款的行政处罚，由安全生产监督管理部门决定。

法律、行政法规对行政处罚的种类、幅度和决定机关另有规定的，依照其规定。

第六章　附　　则

第四十四条 没有造成人员伤亡，但是社会影响恶劣的事故，国务院或者有关地方人民政府认为需要调查处理的，依照本条例的有关规定执行。

国家机关、事业单位、人民团体发生的事故的报告和调查处理，参照本条例的规定执行。

第四十五条 特别重大事故以下等级事故的报告和调查处理，有关法律、行政法规或者国务院另有规定的，依照其规定。

第四十六条　本条例自 2007 年 6 月 1 日起施行。国务院 1989 年 3 月 29 日公布的《特别重大事故调查程序暂行规定》和 1991 年 2 月 22 日公布的《企业职工伤亡事故报告和处理规定》同时废止。

参考文献

GB 12801—2008. 生产过程安全卫生要求总则.

GB 13495—92. 消防安全标识.

GB 16179—1996. 安全标志使用导则.

GB 18218—2018. 危险化学品重大危险源辨识.

GB 2893—1982. 安全色.

GB 2894—1996. 安全标志.

GB 3608—1993. 高处作业分级.

GB 50016—2014. 建筑设计防火规范.

GB 50028—2006. 城镇燃气设计规范.

GB 6441—1986. 企业职工伤亡事故分类标准.

GB 6527.2—1986. 安全色使用导则.

GB 7231—2003. 工业管道的基本识别色、识别符号和安全标识.

GB 8958—2006. 缺氧危险作业安全规程.

GB 8958—2006. 缺氧危险作业安全规程.

GB/T 13861—2009. 生产过程危险和有害因素分类及代码.

GB/T 18664—2002. 呼吸防护用品的选择、使用与维护.

GB/T 51063—2014. 大中型沼气工程技术规范.

GBT 29639—2013. 生产经营单位生产安全事故应急预案编制导则.

GBZ 158—2003. 工业场所职业危害警示标识.

GBZ 2.1—2007. 工作场所有害因素 职业接触限值第1部分：化学有害因素.

NY/T 1220—2006. 沼气工程技术规范.

NY/T 1221—2006. 规模化畜禽养殖场沼气工程运行、维护及安全技术规程.

NY/T 1222—2006. 规模化畜禽养殖场沼气工程设计规范.

NY/T 1223—2006. 沼气发电机组.

NY/T 1700—2009. 沼气中甲烷和二氧化碳的测定气相色谱法.

NY/T 1704—2009. 沼气电站技术规范.

NY/T 2371—2013. 农村沼气集中供气工程技术规范.

NY/T 2372—2013. 秸秆沼气工程运行管理规范.

NY/T 667—2011. 沼气工程规模分类.

YBT 9256—1996. 钢结构、管道涂装技术规程.

白金明，崔明，王久臣.2004. 沼气生产工 [M]. 北京：中国农业出版社.

邓良伟 . 2015. 沼气工程［M］. 北京：科学出版社.

董仁杰，伯恩哈特·蓝宁阁 . 2013. 沼气工程与技术［M］. 北京：中国农业大学出版社.

胡明阁 . 2015. 农村沼气生产与综合利用实用技术［M］. 北京：中国农业科学技术出版社.

花景新 . 2009. 燃气工程管理与技术丛书燃气工程施工［M］. 北京：化学工业出版社.

黄春芳，任东江，陈晓红，等 . 2017. 天然气管道输送技术［M］. （第 2 版）. 北京：中国石化出版社有限公司.

李刚 . 2017. 农村沼气工程安全管理手册［M］. 兰州：甘肃科学技术出版社.

梁平 . 2012. 天然气操作技术与安全管理［M］. （第 2 版）. 北京：化学工业出版社.

刘洋 . 2018. 燃气运行中常见问题及安全运行管理措施分析［J］. 价值工程，37（34）：52-53.

彭知军 . 2017. 燃气行业有限空间安全管理实务［M］. 北京：石油工业出版社.

宋丹丹，万超 . 2017. 天然气输气场站风险分析以及安全管理［J］. 化工管理（26）：279.

汤林，汤晓勇，刘永茜 . 2017. 天然气集输工程手册［M］. 北京：石油工业出版社.

唐秀岐 . 2012. 燃气输配与运营管理［M］. 北京：石油工业出版社.

田水承，景国勋 . 2015. 安全管理学［M］. 北京：机械工业出版社.

王久臣，杨世关，万晓春 . 2016. 沼气工程安全生产管理手册［M］. 北京：中国农业出版社.

王俊奇，刘炜，郑欣 . 2011. 天然气利用与安全［M］. 北京：中国石化出版社.

吴庚金 . 2017. 农村沼气后续服务管理现状与对策［J］. 农业与技术，37（19）：180-181.

严铭卿 . 2009. 燃气工程设计手册［M］. 北京：中国建筑工业出版社.

杨坚，高俊才，杨邵品，等 . 2009. 农村沼气建设管理实践与研究［M］. 北京：中国农业出版社.

杨世关，李继红，李刚 . 2013. 气体生物燃料技术与工程［M］. 上海：上海科学技术出版社.

詹淑慧，李德英 . 2008. 燃气工程［M］. 北京：水利水电出版社.

张全国 . 2013. 沼气技术及其应用［M］. （第 3 版）. 北京：化学工业出版社.

张社霞 . 2018. 加强农业安全生产管理的思路与措施［J］. 农业装备技术，44（5）：4-7.

张无敌，刘伟伟，尹芳 . 2016. 农村沼气工程技术［M］. 北京：化学工业出版社.

张真祥 . 2018. 农村沼气管理体系建设存在的问题与对策［J］. 农家科技（下旬刊）（7）：5.

朱以刚 . 2008. 石油化工生产操作安全必读［M］. 北京：中国石化出版社.